高等工科院校机械类专业规划教材

数控机床编程及加工技术

主　编　蒙　斌

副主编　李富荣　王　忠

参　编　胡彦萍　李鹏祥

机械工业出版社

本书共 8 章，其中，第 1~6 章为基本篇，第 7 章和第 8 章为提高篇。第 1 章介绍数控机床基本知识，第 2 章介绍数控机床编程基础，第 3 章介绍数控机床加工工艺，第 4 章介绍数控车床编程及加工，第 5 章介绍数控铣床编程及加工，第 6 章介绍加工中心编程及加工，第 7 章介绍数控车床宏程序，第 8 章介绍数控铣床的简化编程指令及宏程序。

本书内容安排力求层次分明、由浅入深、图文并茂、易学易懂。为了满足不同学习者的需要，本书内容分为基本篇和提高篇；为了让学习者理解和掌握编程指令，对每个数控编程的知识点均安排有相应的例题；在容易出问题和必须重点掌握的地方均设有提示；对较为抽象和难理解的内容均用图表加以诠释，便于初学者理解和掌握；对数控车床、数控铣床和加工中心的编程内容进行介绍后均安排有相关加工案例，便于学习者通过数控编程知识的综合运用来提高实践技能，从而满足技术技能型人才培养的需要。

为了便于不同学习者学习，本书主要以 FANUC 系统为例来介绍，同时考虑到目前学校使用更多的是华中（HNC）系统，所以也介绍了华中系统的编程。

本书可作为高等院校（本科、高职、高专、技师学院、成人高校）机械制造类、机电类、数控类、自动控制类专业学生的教材和参考书，也可作为各种数控职业培训的培训教材和相关专业工程技术人员的参考书。

本书配有电子课件，凡使用本书作为教材的教师可登录机械工业出版社教育服务网 www.cmpedu.com 注册后下载。咨询电话：010-88379375。

图书在版编目（CIP）数据

数控机床编程及加工技术/蒙斌主编. —北京：机械工业出版社，2018.8
（2020.9 重印）
高等工科院校机械类专业规划教材
ISBN 978-7-111-60899-8

Ⅰ.①数… Ⅱ.①蒙… Ⅲ.①数控机床—程序设计—高等职业教育—教材②数控机床—加工—高等职业教育—教材 Ⅳ.①TG659

中国版本图书馆 CIP 数据核字（2018）第 213557 号

机械工业出版社（北京市百万庄大街 22 号 邮政编码 100037）
策划编辑：王英杰 责任编辑：王英杰 武 晋 刘良超
责任校对：陈 越 封面设计：路恩中
责任印制：常天培
涿州市殷润文化传播有限公司印刷
2020 年 9 月第 1 版第 2 次印刷
184mm×260mm·14.75 印张·360 千字
1901—2900 册
标准书号：ISBN 978-7-111-60899-8
定价：39.80 元

前　言

　　数控技术是先进制造技术的重要组成部分。数控技术和数控装备是制造工业现代化的重要基础。这个基础是否牢固直接影响到一个国家的经济发展和综合国力，关系到一个国家的战略地位。因此，世界上各工业发达国家均大力发展自己的数控技术及数控产业。

　　在我国，数控技术与装备的发展也得到了高度重视，取得了相当大的进步。近年来，虽然国家不断加大数控高技能应用型人才的培养力度，但该类人才仍然存在着很大的缺口。为了适应国家发展战略的需要，培养紧缺的数控高技能应用型人才，国内很多工科院校开设了与数控技术相关或相近的专业，而数控编程与加工技术便是这些专业学生需要重点学习的内容。

　　本书正是为了适应数控专业建设的需要和人才培养的需求，结合编者多年从事数控技术教学科研的实践和感悟编写而成的。

　　本书内容安排力求层次分明、由浅入深、图文并茂、易学易懂。本书有如下特点：

　　1）为了满足不同学习者的需要，本书内容分为基本篇和提高篇。

　　2）为了让学习者理解和掌握编程指令，对每个数控编程的知识点均安排有相应的例题。

　　3）在容易出问题和必须重点掌握的地方均设有提示，可以引起学习者的注意。

　　4）对较为抽象和难理解的内容均用图表加以诠释，便于初学者理解和掌握。

　　5）对数控车床、数控铣床和加工中心的编程内容进行介绍后均安排有相关加工案例，便于学习者通过数控编程知识的综合运用来提高实践技能，从而满足技术技能型人才培养的需要。

　　为了便于不同学习者学习，本书主要以 FANUC 系统为例来介绍，同时考虑到目前学校使用更多的是华中（HNC）系统，因此也介绍了华中系统的编程。

　　本书基本篇可供初学者系统学习数控机床的编程指令与编程方法，掌握数控机床加工的一般编程方法；提高篇可供掌握了数控基本编程技术的学习者进行提高性学习，丰富自己的数控编程手段，提高数控编程技能，掌握数控机床加工的高效编程方法。

　　本书由蒙斌任主编并负责统稿和定稿，李富荣、王忠任副主编，参加编写工作的还有胡彦萍、李鹏祥。编写分工如下：第1章由宁夏理工学院李鹏祥编写，第2章由兰州石化职业技术学院胡彦萍编写，第3章和第5章由宁夏大学蒙斌编写，第4章由聊城市技师学院王忠编写，第6~8章由银川能源学院李富荣编写。

　　本书在编写过程中参考了大量资料，在此向相关作者表示衷心感谢。由于编者水平有限，书中疏漏之处在所难免，恳请读者不吝指教，以便进一步修改和完善。

编　者

目 录

基 本 篇

数控机床基本知识

知识提要：本章主要介绍数控机床的产生与发展、数控机床的工作原理与组成、数控机床的分类、数控机床的特点及应用范围、数控技术的发展趋势等内容。

学习目标：通过学习本章内容，学习者应对数控技术及数控机床的基本概念有全面掌握，对数控机床的基本结构有初步认识，对数控机床的工作原理有初步掌握，对数控技术及数控机床的发展有基本了解。

1.1 数控机床的产生与发展

1.1.1 数控机床的产生

随着科学技术和社会生产的不断发展，机械产品日趋精密、复杂，改型也日益频繁，对机械产品的质量和生产率提出了越来越高的要求，从而对机床的性能、精度及自动化程度提出了越来越高的要求。机械加工工艺过程的自动化是实现上述要求的重要措施之一，不仅可以提高产品质量和生产率，降低生产成本，还可以改善工人的劳动条件。为此，许多行业（如汽车、拖拉机、家用电器等）都采用了自动机床、组合机床和自动生产线。但是，采用这种自动、高效的设备，需要很大的初始投资以及较长的生产准备周期，只有在大批量的生产条件下才会有显著的效益，而机械制造业中单件与小批（批量在10~100件）生产的零件约占机械加工总量的80%。科学技术的进步和机械产品市场竞争的日趋激烈，使机械产品不断改型和更新换代，批量相对减少，质量要求越来越高。而采用专用的自动加工设备投资大、时间长、转型难，显然很难满足竞争日趋激烈的市场需要。因此，为了解决上述问题，满足多品种、小批量，尤其是复杂型面零件的自动化生产，迫切需要一种灵活的、通用的、能够适应产品频繁变化的自动化机床。

数字控制机床就是在这样的背景下诞生与发展起来的，简称数控机床。它极其有效地解决了上述一系列矛盾，为单件、小批生产的精密复杂零件提供了自动化加工手段。1952年，美国帕森斯（Parsons）公司和麻省理工学院（MIT）共同研制成功了世界上第一台以电子计算机为控制基础的数字控制机床，其名称为三坐标直线插补连续控制的立式数控铣床，主要用来加工直升机叶片轮廓检查用样板。从此，机械制造业进入了一个崭新的发展阶段。

1.1.2 数字控制的概念

数字控制（Numerical Control，NC）是近代发展起来的一种自动控制技术，GB/T

8129—2015《工业自动化系统　机床数值控制　词汇》中定义为"用数值数据的控制装置，在运行过程中不断引入数值数据，从而对某一生产过程实现自动控制"，简称数控。

数控技术（Numerical Control Technology）是指用数字量及字符发出指令并实现自动控制的技术，它已成为实现制造业自动化、柔性化、集成化的基础技术。计算机辅助设计与制造（CAD/CAM）、计算机集成制造系统（CIMS）、柔性制造系统（FMS）和智能制造（IM）等先进制造技术都是建立在数控技术之上的。数控技术广泛应用于金属切削机床和其他机械设备，如数控铣床、数控车床、机器人、坐标测量机和剪裁机等。

数控机床（Numerical Control Machine Tools）是指采用数字控制技术对机床的加工过程进行自动控制的一类机床。国际信息处理联盟（International Federation of Information Processing，IFIP）第五技术委员会对数控机床所做的定义是："数控机床是一个装有程序控制系统的机床，该系统能够逻辑地处理具有控制代码或其他符号指令规定的程序。"它是集现代机械制造技术、自动控制技术及计算机信息技术于一体，采用数控装置或计算机来全部或部分地取代一般通用机床在加工零件时的各种动作（如起动、加工顺序、改变切削用量、主轴变速、选择刀具、切削液开停以及停机等）的人工控制，是高效率、高精度、高柔性和高自动化的光、机、电一体化的数控设备。

数控加工技术（Numerical Control Machining Technology）是高效、优质地实现产品零件特别是复杂形状零件的加工技术，是自动化、柔性化、敏捷化和数字化制造加工的基础与关键技术。数控加工过程包括由给定的零件加工要求（零件图样、CAD 数据或实物模型）进行加工的全过程，其主要内容涉及数控机床加工工艺和数控编程技术两大方面。

1.1.3　数控技术的发展

1. 数控技术在国际上的发展

从第一台数控机床问世至今的 60 多年中，随着微电子技术及相关技术的不断发展，数控系统也在不断地更新换代，先后经历了以电子管（1952 年）、晶体管（1959 年）、小规模集成电路（1965 年）、大规模集成电路及小型计算机（1970 年）和微型计算机（1974 年）为标志的五代数控系统。

前三代数控系统是采用专用控制计算机的硬接线数控系统，一般称为普通数控系统，简称 NC 系统，其控制功能主要由硬件逻辑电路实现。20 世纪 70 年代初，随着计算机技术的发展，小型计算机的价格急剧下降，采用小型计算机代替专用控制计算机的第四代数控系统应运而生。它不仅降低了经济成本，而且许多控制功能可编写为专用程序，将专用程序存储在小型计算机的存储器中，构成了系统控制软件，提高了系统的可靠性和灵活性，也增强了系统的控制功能。这种数控系统也称为软接线数控系统，即计算机数控系统，简称为 CNC 系统。1974 年又研制成以微型计算机为核心的第五代数控系统，简称 MNC 系统。

在近 40 多年内，生产中实际使用的数控系统大多为第五代数控系统，其性能和可靠性随着技术的发展得到了根本性的提高。从 20 世纪 90 年代开始，微电子技术和计算机技术的发展突飞猛进，个人计算机（PC）的发展尤为突出，无论是其软件、硬件还是外围器件，都得到了迅速的发展，计算机采用的芯片集成化程度越来越高，功能越来越强，而成本却越来越低，原来在大、中型机上才能实现的功能现在微型机上就可以实现。美国首先推出了基于个人计算机的数控系统，即 PCNC 系统，它被划入所谓的第六代数控系统。

目前，世界主要工业发达国家的数控机床已进入批量生产阶段，如美国、日本、德国、法国等。目前世界能生产 NC 机床的国家（地区）约 20 个，在欧洲有 12 个国家（德国、意大利、瑞士、西班牙、英国、法国、奥地利、芬兰、瑞典、捷克、比利时、俄罗斯）；在亚洲有 6 个国家及地区（中国大陆、日本、韩国、印度、新加坡、泰国及中国台湾省）；在美洲有 2 个国家（美国、加拿大）。经过持久研发和创新，德国、美国、日本等国已基本掌握了数控系统的领先技术，是目前世界上在数控机床科研、设计、制作和应用方面，技术最先进、经验最丰富的国家。

目前，在数控技术研究应用领域主要有两大阵营：一个是以发那科（FANUC）公司、西门子（SIEMENS）公司为代表的专业数控系统厂商；另一个是以山崎马扎克（MAZAK）公司、德玛吉（DMG）公司为代表，自主开发数控系统的大型机床制造商。

2. 数控技术在我国的发展

我国数控机床的研制始于 1958 年。20 世纪 50 年代末 60 年代初，我国研制成功了一些晶体管式的数控系统，并将其用于生产，主要有数控线切割机、数控铣床等。但是数控机床的品种及数量都很少，数控系统的稳定性及可靠性都不够，没能在生产中广泛应用。这一阶段是我国数控机床发展的初期阶段。

自 20 世纪 80 年代开始，我国先后引进了日本、德国、美国等国的著名数控系统和伺服系统制造商的技术，陆续发展了一批具有 20 世纪 70 年代末 80 年代初水平的数控系统。这些数控系统性能完善，稳定性和可靠性高，结束了我国数控机床发展停滞不前的局面，推动了我国数控机床的稳定发展，使我国数控机床在质量及性能水平上有了一个质的飞跃。

近年来，国产中高档数控机床技术取得了显著的进展。我国汽车、航空航天、船舶、电力设备、工程机械等行业的快速发展，对机床市场尤其是数控机床产生了巨大的需求，数控机床行业成长迅猛。据统计，2014～2016 年，我国数控机床销售收入均超过 2400 亿元。2013 年我国数控机床产量为 20 多万台，到 2017 年，增长至 28 万台，国产立式加工中心、数控车床、数控齿轮机床、数控磨床、数控大重型机床取得使用单位的广泛认可，认知度迅速提高。在国外数控技术向高速、精密、多轴、复合发展的总趋势下，我国高速加工技术、精密加工技术、五轴联动及复合加工技术取得了突破，打破了国外长期垄断和封锁。我国自主创新开发的一大批新产品，也已进入国民经济中的重要领域和国外市场。武汉华中数控股份有限公司、北京航天数控系统有限公司、北京机电院机床有限公司、北京精雕集团等单位在多轴联动控制、功能复合化、网络化、智能化和开放性等领域取得了一定成绩。

总体而言，国内产品与国外产品在结构上的差别并不大，采用的新技术也相差无几，但在先进技术应用和制造工艺水平上与世界先进国家还有一定差距。国内数控机床生产企业自主创新能力、新产品开发能力和制造周期还满足不了国内用户需要，零部件制造精度和整机精度保持性、可靠性尚需很大提高，尤其是与大型机床配套的数控系统、功能部件，如刀库、机械手和两坐标铣头等部件，还需要国外厂家配套满足。

1.1.4 基于数控技术的先进自动化生产系统

1. 分布式数字控制系统

分布式数字控制（Distributed Numerical Control，DNC）系统是用一台计算机直接控制和管理一群数控机床进行零件加工或装配的系统。它将一群数控机床与存储有零件加工程序和机床控制程序的公共存储器相连接，根据加工要求向机床分配数据和指令，具有编程与控制相结合及零件程序存储容量大等特点。在 DNC 系统中，基本保留原来各数控机床 CNC 系统，中央计算机并不取代各数控装置的常规工作，CNC 系统与 DNC 系统的中央计算机组成计算机网络，实现分级管理。它具有计算机集中处理和分时控制、现场自动编程、对零件程序进行编辑和修改，以及生产管理、作业调度、工况显示监控、刀具寿命管理等功能。

2. 柔性制造单元及柔性制造系统

（1）柔性制造单元 柔性制造单元（Flexible Manufacturing Cell，FMC）既可作为独立运行的生产设备进行自动加工，也可作为柔性制造系统的加工模块，具有占地面积小、便于扩充、成本低、功能完善和加工适应范围广等特点，非常适用于中小企业。它由加工中心与自动交换工件装置组成，同时数控系统还增加了自动检测与工况自动监控等功能。柔性制造单元的结构根据加工对象、CNC 机床的类型与数量以及工件更换与存储的方式不同，可以有多种形式。图 1-1 所示为 FMC 的结构。

（2）柔性制造系统 柔性制造系统（Flexible Manufacturing System，FMS）是 20 世纪 70 年代末发展起来的先进的机械加工系统，它具有多台制造设备，大多在 10 台以下，一般以 4~6 台为最多，这些设备包括切削加工、电加工、激光加工、热处理、冲压剪切、装配、检验等设备。一个典型的 FMS 由计算机辅助设计、生产系统、数控机床、智能机器人、自动上下料装置、全自动化输送系统和自动

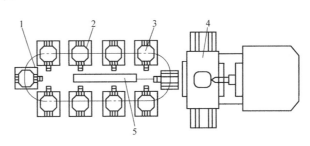

图 1-1 FMC 的结构

1—环形交换工作台 2—托盘座 3—托盘
4—加工中心 5—托盘交换装置

仓库等组成，其全部生产过程由一台中央计算机进行生产调度，由若干台控制计算机进行工位控制，是一个各种制造单元相对独立而又便于灵活调节、适应性很强的制造系统。FMS 由一个物料运输系统将所有设备连接起来，可以进行没有固定加工顺序和无节拍的随机自动制造。它具有高度的柔性，是一种计算机直接控制的自动化可变加工系统。它由计算机进行高度自动的多级控制与管理，对一定范围内的多品种、中小批量零部件进行加工制造。图 1-2 所示为 FMS 的结构。

3. 计算机集成制造系统

计算机集成制造系统（Computer Integrated Manufacturing System，CIMS）是一种先进的生产模式，它是将企业的全部生产、经营活动所需的各种分布的自动化子系统，通过新的生产管理模式、工艺理论和计算机网络有机地集成起来，以获得适应于多品种、中小批量生产的高效益、高柔性和高质量的智能制造系统。它是在柔性制造技术、计算机技术、信息技术、自动化技术和现代管理科学

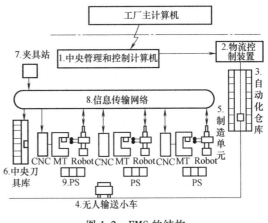

图 1-2 FMS 的结构

的基础上发展产生的，其最基本的内涵是用集成的观点组织生产经营，即用全局的、系统的观点处理企业的经营和生产。"集成"包括信息的集成、功能的集成、技术的集成以及人、技术、管理的集成。集成的发展大体可划分为信息集成、过程集成和企业集成3个阶段。目前，CIMS的集成已经从原先的企业内部的信息集成和功能集成，发展到当前的以并行工程为代表的过程集成，并正在向以敏捷制造为代表的企业集成发展。

一个典型的CIMS由管理信息、工程设计自动化、制造自动化、质量保证、计算机网络和数据库6个子系统组成，如图1-3所示。企业能否获得最大的效益，很大程度上取决于这些子系统各种功能的协调程度。

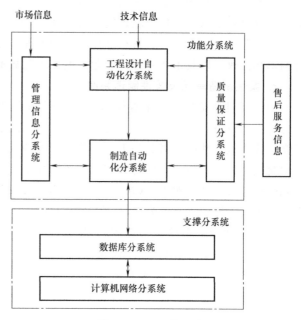

图1-3 CIMS的组成

1.2 数控机床的工作原理及组成

1.2.1 数控机床的工作原理

用数控机床加工零件时，首先应将加工零件的几何信息和工艺信息编制成加工程序，由输入部分输入数控装置，经过数控装置的处理、运算，将各坐标轴的分量送到各轴的驱动电路，经过转换、放大后驱动伺服电动机，带动各轴运动，并进行反馈控制，使刀具与工件及其他辅助装置严格地按照加工程序规定的顺序、轨迹和参数有条不紊地工作，从而加工出零件的全部轮廓。其工作流程如下：

（1）数控加工程序的编制 在零件加工前，首先根据零件图样所规定的零件形状、尺寸、材料及技术要求等，确定零件的工艺过程、工艺参数、几何参数以及切削用量等，然后根据数控机床编程手册规定的代码和程序格式编写零件加工程序单。对于比较简单的零件，通常采用手工编程；对于形状复杂的零件，则在编程机上进行自动编程，或者在计算机上用CAD/CAM软件自动生成零件加工程序。

（2）输入 输入的任务是把零件程序、控制参数和补偿数据输入到数控装置中去。输入的方法有键盘输入、磁盘输入以及通信方式输入等。输入工作方式通常有两种：

1）边输入边加工，即在执行前一个程序段加工时，输入后一个程序段的内容。

2）一次性地将整个零件加工程序输入到数控装置的内部存储器中，加工时再把一个个程序段从存储器中调出来进行处理。

（3）译码 数控装置接收的程序是由程序段组成的，程序段中包含零件轮廓信息、加工进给速度等加工工艺信息和其他辅助信息，计算机不能直接识别。译码程序就像一个翻译，按照一定的语法规则将上述信息解释成计算机能够识别的数据形式，并按一定的数据格式存放在指定的内存专用区域。在译码过程中对程序段还要进行语法检查，有错则立即报警。

（4）刀具补偿 零件加工程序通常是按零件轮廓轨迹编制的。刀具补偿的作用是把零件轮廓轨迹转换成刀具中心运动轨迹，而加工出所需要的零件轮廓。刀具补偿包括刀具半径补偿和刀具长度补偿。

（5）插补 插补的目的是控制加工运动，使刀具相对于工件做符合零件轮廓轨迹的相对运动。具体地说，插补就是数控装置根据输入的零件轮廓数据，通过计算把零件轮廓描述出来，边计算边根据计算结果向各坐标轴发出运动指令，使机床在相应的坐标方向上移动，将工件加工成所需的轮廓形状。插补只有在辅助功能（换刀、换档、切削液开关等）完成之后才能进行。

（6）位置控制和机床加工 插补的结果是产生一个周期内的位置增量。位置控制的任务是在每个采样周期内，将插补计算出的指令位置与实际反馈位置相比较，用其差值去控制伺服电动机，使机床的运动部件带动刀具按规定的轨迹和速度进行加工。在位置控制中通常还应完成位置回路的增量调整、各坐标方向的螺距误差补偿和反向间隙补偿，以提高机床的定位精度。

1.2.2 数控机床的组成

数控机床一般由控制介质、程序输入装置、数控装置、伺服系统、辅助控制装置、检测装置（仅闭环和半闭环系统有）和机床本体所组成，如图 1-4 所示。

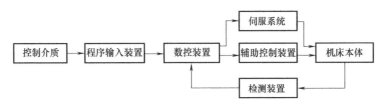

图 1-4 数控机床的组成

1. 控制介质与输入装置

数控机床工作时，不需要人参与直接操作，但人的意图又必须被体现出来，所以人和数控机床之间必须建立某种联系，这种联系的介质称为控制介质或输入介质。

控制介质上存储着加工零件所需要的全部操作信息和刀具相对于工件的位移信息。以前常用的控制介质有标准穿孔带、磁带和磁盘等（主要指软盘）。对应的输入装置分别为光电纸带输入机、磁带录音机和磁盘（软盘）驱动器。控制介质上记载的加工信息由按一定规则排列的文字、数字和代码所组成。目前国际上通常使用 EIA（Electronic Industries Association）代码以及 ISO（International Organization for Standardization）代码，这些代码由输入装置传入数控装置。

2. 数控装置

数控装置是数控机床的核心，也是其区别于普通机床最重要的特征之一。数控装置的功能是：接收并处理控制介质的信息，进行代码识别、存储、运算，输出相应的指令脉冲，经过功率放大驱动伺服系统，使机床按规定要求动作。它能完成加工程序的输入、编辑及修改，实现信息存储、数据交换、代码转换、插补运算以及各种控制功能。通常，数控装置由一台通用或专用微型计算机构成，包括输入接口、存储器、中央处理器、输出接口等部分，如图1-5所示。

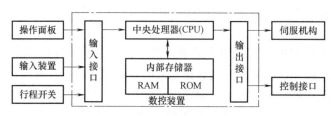

图1-5　数控装置的结构

3. 伺服系统

伺服系统包括驱动系统和执行机构两大部分。常用的位移执行机构有功率步进电动机、直流伺服电动机和交流伺服电动机等。伺服系统将数控装置输出的脉冲信号放大，驱动机床移动部件运动或使执行机构动作，以加工出符合要求的零件。

伺服驱动系统性能的好坏直接影响数控机床的加工精度和生产率，因此要求其具有良好的快速响应性能，能准确而迅速地跟踪数控装置的数字指令信号。

4. 辅助控制装置

辅助控制装置是介于数控装置和机床机械、液压部件之间的控制装置。现在的数控机床大多是由可编程序控制器（Programmable Logic Controller，PLC）实现辅助控制功能的，PLC和数控装置相互配合，共同完成数控机床的控制。数控装置主要完成与数字运算和程序管理等有关的功能，如零件程序的编辑、译码、插补运算、位置控制等；PLC主要完成与逻辑运算有关的动作。零件加工程序中的M代码、S代码、T代码等顺序动作信息，经译码后转换成对应的控制信号送至PLC，再由PLC控制执行机构完成机床的相应开关动作，如主轴运动部件的变速、换向和启停，工件的松开与夹紧，刀具的选择与交换，切削液的开关等辅助功能。PLC接收来自机床操作面板和数控装置的指令，一方面通过接口电路直接控制机床的动作，另一方面通过主轴驱动装置控制主轴电动机的转动。

5. 位置检测装置

在半闭环和闭环伺服控制装置中，使用位置检测装置间接或直接测量执行部件的实际进给位移，并与指令位移进行比较，将其误差转换放大后控制执行部件的进给运动。常用的位移检测元件有脉冲编码器、旋转变压器、感应同步器、光栅及磁栅等。

6. 机床本体

机床本体是用于完成各种切削加工的机械部分。机床是被控制的对象，其运动的位移和速度以及各种开关量是被控制的。机床本体包括机床的主运动部件、进给运动部件、执行部件和基础部件，如底座、立柱、工作台（刀架）、滑鞍、导轨等。为了保证数控机床的快速响应特性，数控机床上普遍采用精密滚珠丝杠和直线运动导轨副。为了保证数控机床的高精度、高效率和高自动化加工，数控机床的机械结构具有较高的动态特性、动刚度、阻尼精度、耐磨性和抗热变形等性能。在加工中心上，还配备有刀库和自动交换刀具的机械手。

为了保证数控机床功能的充分发挥，还有一些配套部件，如冷却装置、润滑装置、防护装置、排屑装置、照明装置、储运装置等。另外还有一些特殊应用装置，如检测装置、监控装置、编程机、对刀仪等。

1.2.3　数控机床的工作过程

如图 1-6 所示，数控机床的编程人员在拿到图样后，首先阅读零件图，进行工艺分析和设计，然后编制零件加工程序（手工编程或自动编程）。程序编好后，就可以由操作人员输入（包括 MDI 输入、由输入装置输入和以通信方式输入）至数控装置，并存储在数控装置的零件程序存储区内。实际加工时，操作者需要确定刀具和夹具方案，进行工件的装夹和刀具的安装，并完成对刀操作，然后将零件加工程序调入加工缓冲区，进行程序校验和首件试切，在反复检查并确保程序正确、试切合格后，按下控制面板的"循环启动"按钮。数控装置在采样到"循环启动"指令后，即对加工缓冲区内的零件加工程序进行自动处理（如运动轨迹处理、机床输入/输出处理等），然后输出控制命令到相应的执行部件（伺服单元、驱动装置和 PLC 等），从而加工出符合图样要求的零件。

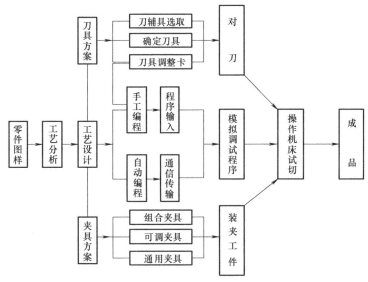

图 1-6　数控机床的工作过程

1.3　数控机床的分类

数控机床的品种繁多，根据其控制方式、组成特点、应用范围、功能水平等不同可从如下角度进行分类。

1.3.1　按控制运动的方式分类

1. 点位控制数控机床

点位控制数控机床主要用于加工平面内的孔系，只要求获得精确的孔系坐标定位精度。这类机床仅控制机床运动部件从一点准确地移动到另一点，在移动过程中不进行加工，对运动部件的移动速度和运动轨迹没有严格要求，可先沿机床一个坐标轴移动完毕，再沿另一个坐标轴移动，如图 1-7 所示。为了提高加工效率，保证定位精度，系统常要求运动部件沿机床坐标轴快速移动接近目标点，再以低速趋近并准确定位。采用点位控制的机床有数控钻床、数控镗床、数控压力机、数控测量机等。

2. 直线控制数控机床

直线控制数控机床除了控制机床运动部件从一点到另一点的准确定位外，还要控制两相关点之间的移动速度和运动轨迹，如图 1-8 所示。在移动的过程中，刀具只能以指定的进给速度切削，其运动轨迹平行于机床坐标轴，一般只能加工矩形、台阶形零件。采用直线控制的机床有简易数控车床、数控铣床等。

3. 轮廓控制数控机床

轮廓控制也称为连续控制。轮廓控制数控机床能够对两个以上机床坐标轴的移动速度和运动轨迹同时进行连续相关的控制。它要求数控装置具有插补运算功能，并根据插补结果向坐标轴控制器分配脉冲，从而控制各坐标轴联动，进行各种斜线、圆弧、曲线的加工（见图 1-9），实现连续控制。采用轮廓控制的机床有数控车床、数控铣床、加工中心等。

数控火焰切割机、电火花加工机床以及数控绘图机等也都采用轮廓控制系统。轮廓控制系统的结构要比点位、直线控制系统更为复杂，在加工过程中需要不断进行插补运算，然后进行相应的速度与位移控制。

现代计算机数控装置的控制功能均由软件实现，增加轮廓控制功能不会带来成本的增加。因此，除少数专用控制系统外，现代计算机数控装置都具有轮廓控制功能。

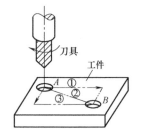

图 1-7　点位控制数控钻削

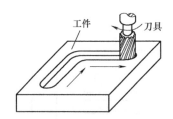

图 1-8　直线控制数控铣削

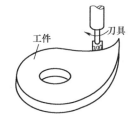

图 1-9　轮廓控制数控铣削

1.3.2　按驱动装置的特点分类

1. 开环控制数控机床

开环控制机床没有任何检测反馈装置，数控装置发出的指令脉冲信号经驱动电路进行功率放大后，通过步进电动机带动机床工作台移动，信号的传输是单方向的，如图 1-10 所示。机床工作台的位移量、速度和运动方向取决于进给脉冲的个数、频率和通电方式。因此，这类机床结构简单，价格低廉，便于维护，控制方便，主要用于加工精度要求不是很高的场合。该类机床为经济型数控机床。

2. 半闭环控制数控机床

半闭环控制数控机床采用角位移检测装置，该装置直接安装在伺服电动机轴或滚珠丝杠

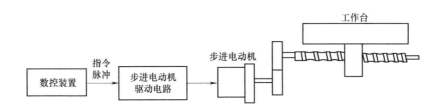

图 1-10　开环控制数控机床的原理

端部，用来检测伺服电动机或滚珠丝杠的转角，推算出工作台的实际位移量，反馈到数控装置的比较器中，与程序指令值进行比较，用差值进行控制，直到差值为零，如图 1-11 所示。这类机床没有将工作台和滚珠丝杠副的误差包括在内，因此，由这些装置造成的误差无法消除，会影响移动部件的位移精度，但其控制精度比开环控制系统高，成本较低，稳定性好，测试与维修也较容易，主要用于加工精度要求较高的场合。该类机床为中、高档数控机床。

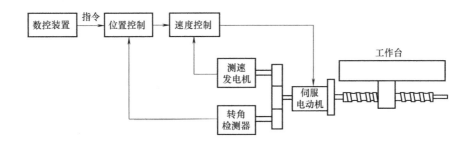

图 1-11　半闭环控制数控机床的原理

3. 闭环控制数控机床

闭环控制数控机床采用直线位移检测装置，该装置安装在机床运动部件或工作台上，将检测到的实际位移反馈到数控装置的比较器中，与程序指令值进行比较，用差值进行控制，直到差值为零，如图 1-12 所示。

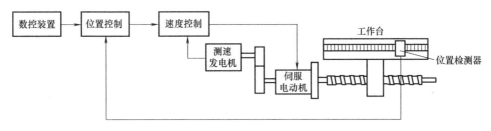

图 1-12　闭环控制数控机床的原理

闭环控制数控机床可以将工作台和机床的机械传动链造成的误差消除，因此，其控制精度比开环、半闭环控制系统高，但其成本较高，结构复杂，调试、维修较困难，主要用于加工精度要求高的场合。

1.3.3　按加工工艺方法分类

1. 金属切削类数控机床

金属切削类数控机床主要用于切削金属，具体类型有数控车床、数控铣床、数控钻床、数控磨床、数控齿轮加工机床等。虽然这些机床在加工工艺及控制方式上存在很大差别，但它们都有明显的切削刀具（或工具），加工过程中刀具（或工具）要接触工件，主要靠工件与刀具之间的机械力来完成工件材料的去除，都具有很高的精度一致性、较高的生产率和自动化程度。

在普通数控机床上加装一个刀库和自动换刀装置就成为加工中心（Machining Center，MC）。加工中心比普通数控机床的自动化程度和生产率高。例如铣镗钻加工中心，它是在数控铣床上装配一个容量较大的刀库和自动换刀装置形成的，工件只需一次装夹，就可以对大部分待加工面进行铣、镗、钻、扩、铰以及攻螺纹等多工序加工，尤其适合箱体类零件的加工。加工中心可以有效地避免由于工件多次装夹造成的定位误差，减少数控机床的台数和占地面积，缩短零件加工辅助时间，从而大大提高生产率和加工质量。

2. 特种加工类数控机床

除了切削加工数控机床以外，还有一些数控机床是利用热学、光学、电学等物理学或化学原理工作的，具体有数控电火花线切割机床、数控电火花成形机床、数控等离子弧切割机床、数控火焰切割机以及数控激光加工机床等。

3. 板材加工类数控机床

板材加工类数控机床主要用于金属板材类零件的加工，常见的有数控压力机、数控折弯机和数控剪板机等。

1.3.4　按同时控制（联动）轴数分类

对于数控机床来说，所谓的几坐标机床是指有几个运动采用数字控制的机床。坐标联动加工是指数控机床的几个坐标轴能够同时进行运动，从而获得平面直线、平面圆弧、空间直线、空间螺旋线等复杂加工轨迹的能力。

1. 两轴联动数控机床

两轴联动指同时控制两个坐标轴的运动。例如数控车床，两轴联动可加工曲面回转体；某些数控镗床，两轴联动可镗铣斜面。图 1-13 所示为立式数控铣床的 X、Y 轴两轴联动加工。

2. 两轴半联动数控机床

两轴半联动数控机床实为两坐标联动，在某平面内进行联动控制，第三轴做单独周期性进给。该类机床不能进行空间直线或空间螺旋线插补。两轴半联动可以实现分层加工，如图 1-14 所示。

3. 三轴联动数控机床

三轴联动数控机床同时控制 X、Y、Z 三个坐标，实现三坐标联动加工，刀具在空间的任意方向都可移动，如一般的数控铣床、加工中心。三轴联动可加工曲面零件，如图 1-15 所示。

4. 多轴联动数控机床

四轴及四轴以上联动称为多轴联动。四轴联动指同时控制四个坐标，即在三个移动坐标之外，再加一个旋转坐标，如图 1-16 所示。

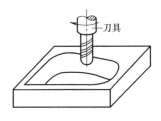
图 1-13 两轴联动加工

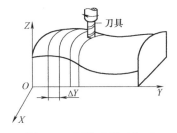
图 1-14 两轴半联动加工

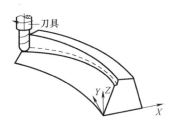
图 1-15 三轴联动加工

五轴联动铣床，工作台除沿 X、Y、Z 三个方向可直线进给外，还可绕 Z 轴做旋转进给（C 轴），刀具主轴可绕 Y 轴做摆动进给（B 轴），如图 1-17 所示。

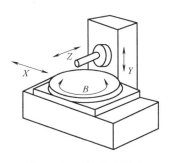
图 1-16 四轴联动示意

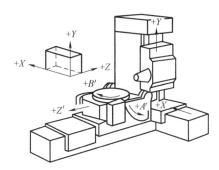
图 1-17 五轴联动示意

1.3.5 按数控系统的功能水平分类

按数控系统的功能水平，通常把数控机床相对地分为低、中、高三档，见表 1-1。

表 1-1 数控系统按功能水平的分类

功能水平	低 档	中 档	高 档
系统分辨率	$10\mu m$	$1\mu m$	$0.1\mu m$
G00 速度	$3\sim 8$ m/min	$10\sim 24$ m/min	$24\sim 100$ m/min
伺服类型	开环及步进电动机	半闭环及直、交流伺服	闭环及直、交流伺服
联动轴数	$2\sim 3$ 轴	$2\sim 4$ 轴	5 轴或 5 轴以上
通信功能	无	RS232C 或 DNC	RS232C、DNC、MAP
显示功能	数码管、CRT 字符显示	CRT:图形、人机对话	CRT、LCD:三维图形、自诊断
内装 PLC	无		强功能内装 PLC
主 CPU	8 位、16 位 CPU	16 位、32 位 CPU	32 位、64 位 CPU
结构	单片机或单板机	单微处理机或多微处理机	分布式多微处理机

1. 低档经济型数控机床

低档经济型数控机床仅能满足一般精度要求的加工，能加工形状较简单的直线、斜线、圆弧及带螺纹的零件，采用的微机系统为单板机或单片机系统，具有数码显示、CRT 字符显示功能，机床进给由步进电动机实现开环驱动，控制的轴数和联动轴数在 3 轴或 3 轴以下。

2. 中档普及型数控机床

中档普及型数控机床功能较多，除了具有一般数控系统的功能以外，还具有一定的图形显示功能及面向用户的宏程序功能等，采用的微机系统为 16 位或 32 位微处理机，具有

RS232C 通信接口，机床的进给多用交流或直流伺服驱动，一般系统能实现 4 轴或 4 轴以下的联动控制。

3. 高档数控机床

高档数控机床采用的微机系统为 32 位以上微处理机系统，机床的进给大多采用交流伺服驱动，除了具有一般数控系统的功能以外，应该至少能实现 5 轴或 5 轴以上的联动控制。这类机床还具有三维动画图形功能和宜人的图形用户界面，同时还具有丰富的刀具管理功能、宽调速主轴系统、多功能智能化监控系统和面向用户的宏程序功能，以及很强的智能诊断和智能工艺数据库，能实现加工条件的自动设定，且能实现与计算机的联网和通信。

1.4 数控机床的特点及应用范围

1.4.1 数控机床的加工特点

现代数控机床具有许多普通机床无法实现的特殊功能，其特点是：

（1）加工零件适应性强，灵活性好 数控机床是一种高度自动化和高效率的机床，可适应不同品种和不同尺寸规格零件的自动加工，能加工很多普通机床难以胜任或者根本不可能加工出来的复杂型面的零件。当加工对象改变时，只要改变数控加工程序即可，为复杂结构的单件小批生产以及新产品试制提供了极大的便利。数控机床首先在航空航天等领域获得应用，如复杂曲面的模具加工、螺旋桨及涡轮叶片加工等。

（2）加工精度高，产品质量稳定 数控机床按照预定的程序自动加工，不受人为因素的影响，加工同批零件时尺寸一致性好；其加工精度由机床来保证，还可利用软件来校正和补偿误差，加工精度高，质量稳定，产品合格率高。因此，数控机床加工能获得比机床本身精度还要高的加工精度及重复精度（中、小型数控机床的定位精度可达 0.005mm，重复定位精度可达 0.002mm）。

（3）综合功能强，生产率高 数控机床的生产率较普通机床高 2~3 倍。尤其是某些复杂零件的加工，用数控机床加工时生产率可提高十几倍甚至几十倍。这是因为数控机床具有良好的结构刚性，可进行大切削用量的强力切削，能有效地节省机动时间，还具有自动变速、自动换刀、自动交换工件和其他辅助操作自动化等功能，使辅助时间缩短，而且无需工序间的检测和测量。对壳体零件采用加工中心进行加工，利用回转工作台自动换位、自动换刀，几乎可以实现在一次装夹的情况下完成零件的全部加工，节约了工序之间的运输、测量、装夹等辅助时间。

（4）自动化程度高，工人劳动强度减少 数控机床主要是自动加工，能自动换刀、自动启停切削液、自动变速等，其大部分操作不需人工完成，可大大减轻操作者的劳动强度和紧张程度，改善劳动条件。

（5）生产成本降低，经济效益好 数控机床自动化程度高，减少了操作人员的人数，同时加工精度稳定，降低了废品率、次品率，使生产成本下降。在单件小批生产情况下，使用数控机床加工，可节省划线工时，减少调整、加工和检验时间，节省直接生产费用和工艺装备费用。此外，数控机床可实现一机多用，节省厂房面积和建厂投资。因此，使用数控机床可获得良好的经济效益。

（6）数字化生产，管理水平提高 在数控机床上加工，能准确地计算零件加工时间，加强了零件的计时性，便于实现生产计划调度，简化和减少了检验、工具与夹具准备、半成品调度等管理工作。数控机床具有通信接口，可实现计算机之间的联网，组成工业局域网（Local Area Network，LAN），采用制造自动化协议（Manufacture Automation Protocol，MAP）规范，实现生产过程的计算机管理与控制。

1.4.2 数控机床的使用特点

数控机床采用计算机控制，驱动系统具有较高的技术复杂性，机械部分的精度要求也比较高。因此，要求数控机床的操作、维修及管理人员具有较高的文化水平和综合技术素质。

数控机床是根据程序进行加工的，零件形状简单时可采用手工编制程序。当零件形状比较复杂时，编程工作量大，手工编程较困难且往往易出错，因此必须采用计算机自动编程。所以，数控机床的操作人员除了应具有一定的工艺知识和普通机床的操作经验之外，还应对数控机床的结构特点、工作原理非常了解，具有熟练操作计算机的能力，须在程序编制方面接受专门的培训，考核合格才能操作机床。

正确的维护和有效的维修是使用数控机床时的一个重要问题。数控机床的维修人员应有较高的理论知识水平和维修技术水平，要了解数控机床的机械结构，懂得数控机床的电气原理及电子电路，还应有比较宽的机、电、气、液专业知识，这样才能综合分析，判断故障的根源，正确地进行维修，保证数控机床的良好运行状况。因此，数控机床维修人员和操作人员一样，必须接受专门的培训。

1.4.3 数控机床的适用范围

数控机床与普通机床相比有许多优点，应用范围也在不断扩大。但是，数控机床的初始投资费用较高，对操作、维修人员和管理人员的素质要求比较高，维修维护的费用高，技术难度大。在实际选用时，一定要充分考虑本单位的实际情况及其技术经济效益。

在机械加工中，大批量零件的生产宜采用专用机床或自动线。对于小批量产品的生产，由于产品品种变换频繁、批量小、加工方法的区别大，宜采用数控机床。数控机床的适用范围如图 1-18 所示，从图中可看出随零件复杂程度和零件批量的变化不同类型机床的适用情况。当零件不太复杂、生产批量较小时，宜采用通用机床；当生产批量较大时，宜采用专用机床；而当零件复杂程度较高时，宜采用数控机床。

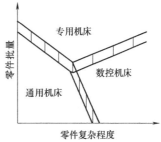

图 1-18 数控机床的适用范围

1.5 数控技术的发展趋势

数控技术综合了当今世界上许多领域最新的技术成果，主要包括精密机械、计算机及信息处理、自动控制及伺服驱动、精密检测及传感、网络通信等技术。随着科学技术的发展，特别是微电子技术、计算机控制技术、通信技术的不断发展，世界先进制造技术的兴起和不断成熟，数控设备性能日趋完善，应用领域不断扩大，成为新一代设备发展的主流。随着社会的多样化需求及相关技术的不断进步，数控技术也向着更广的领域和更深的层次发展。当前，数控技术的发展趋势主要有以下几个方面。

1.5.1 高速度

数控机床向高速化方向发展，可充分发挥现代刀具材料的性能，不但能大幅度提高加工效率、降低加工成本，而且能提高零件的表面加工质量和精度。超高速加工技术对制造业实现高效、优质、低成本生产有广泛的适用性。

20 世纪 90 年代以来，美、日及欧洲各国争相开发应用新一代高速数控机床，加快机床高速化的发展步伐。高速主轴单元（电主轴转速达 15000~100000r/min）、高速且高加/减速度的进给运动部件（快移速度达 60~120m/min，切削进给速度高达 60m/min）、高性能数控和伺服系统以及数控工具系统都出现了新的突破，达到了新的技术水平。随着超高速切削机理、超硬耐磨长寿命刀具材料和磨料磨具、大功率高速电主轴、高加/减速度直线电动机驱动进给部件以及高性能控制系统（含监控系统）和防护装置等一系列技术领域中关键技术的解决，新一代高速数控机床将得以开发。只有通过高速化、大幅度缩短切削工时，才可能进一步提高其生产率。超高速加工特别是超高速铣削与新一代高速数控机床特别是高速加工中心的开发应用紧密相关。

目前，由于采用新型刀具，车削和铣削的切削速度可以达到 5000~8000m/min 甚至以上；主轴转速在 30000r/min（有的高达 100000r/min）以上；工作台的移动速度、进给速度在分辨率为 1μm 时达到 100m/min 以上（有的达 200m/min），在分辨率为 0.1μm 时达到 24m/min 以上；自动换刀时间在 1s 以内；小线段插补进给速度达到 12m/min。随着高效率、大批量生产需求和电子驱动技术的飞速发展，以及高速直线电动机的推广应用，开发出一批高速、高效、高响应速度的数控机床，以满足汽车、农机、航空和军事等行业的需求。

1.5.2 高精度

现代科学技术的发展对超精密加工技术不断提出了新的要求。新材料及新零件的生产、更高精度要求的提出等，都需要采用超精密加工工艺，发展新型超精密加工机床，完善现代超精密加工技术，以提高机电产品的性能、质量和可靠性。

从精密加工到超精密加工（特高精度加工），是世界各工业强国致力发展的方向。其精度从微米级到亚微米级，乃至纳米级（<10nm），应用范围日趋广泛。当前，机械加工高精度的发展情况是：普通的加工精度提高了 1 倍，达到 5μm；精密加工精度提高了两个数量级；超精密加工精度进入纳米级（0.001μm），主轴回转精度达到 0.01~0.05μm，圆度误差达 0.1μm，加工表面粗糙度值 $Ra = 0.003μm$。超精密加工主要包括超精密切削（车、铣）、超精密磨削、超精密研磨抛光以及超精密特种加工（激光束加工、电子束加工、粒子束加工、微细电火花加工、微细电解加工和各种复合加工等）。

提高数控机床加工的精度有如下两种方法：

① 减少数控系统的误差。可采取提高数控系统的分辨率、提高位置检测精度、在位置伺服系统中采用前馈控制与非线性控制等方法。

② 采用机床误差补偿技术。可采用齿隙补偿、丝杠螺距误差补偿、刀具补偿和设备热变形误差补偿等技术。

1.5.3　高可靠性

数控机床的可靠性一直是用户重点关心的主要指标之一。这里的高可靠性是指数控系统的可靠性要高于被控设备的可靠性一个数量级以上，但也不是可靠性越高越好，而是适度可靠，因为商品受性能价格比的约束。当前国外数控装置的平均无故障运行时间（MTBF）已达 6000h 以上，驱动装置的平均无故障运行时间达 30000h 以上。

提高数控系统可靠性的措施是：采用更高集成度的电路芯片，利用大规模或超大规模的专用及混合式集成电路，以减少元器件的数量，提高可靠性；通过硬件功能软件化，以适应各种控制功能的要求，同时采用硬件结构机床本体的模块化、标准化、通用化及系列化设计，既可提高硬件生产批量，又便于组织生产和质量把关；通过自动运行启动诊断、在线诊断、离线诊断等多种诊断程序，实现对系统内硬件、软件和各种外部设备进行故障诊断和报警；利用报警提示，及时排除故障；利用容错技术，对重要部件采用"冗余"设计，以实现故障部位恢复；利用各种测试、监控技术，当发生超程、刀具破损、干扰、断电等各种意外时，自动进行相应的保护。

1.5.4　高柔性

柔性是指机床适应加工对象变化的能力，即当加工对象变化时，只需要通过修改程序而不必更换或调整硬件即可满足加工要求的能力。数控机床对满足加工对象的变换有很强的适应能力。提高数控机床柔性化正朝着两个方向努力：一是提高数控机床的单机柔性化，二是向单元柔性化和系统柔性化发展。例如，在数控机床软、硬件的基础上，增加不同容量的刀库和自动换刀机械手，增加第二主轴，增加交换工作台装置，或配以工业机器人和自动运输小车，以组成柔性加工单元或柔性制造系统。

采用柔性自动化设备或系统，可以提高加工效率，缩短生产和供货周期，并能对市场需求的变化做出快速反应，提高企业的竞争力。

1.5.5　功能复合化

功能复合化的目的是进一步提高机床的生产率，使用于非加工的辅助时间减至最少。通过功能的复合化，可以扩大机床的使用范围、提高效率，实现一机多用、一机多能。例如一台具有自动换刀装置、回转工作台及托盘交换装置的五面体镗铣加工中心，工件一次装夹后可以完成镗、铣、钻、铰、攻螺纹等工序，对于箱体件可以完成五个面的粗、精加工全部工序。宝鸡机床集团有限公司的 CX25Y 数控车铣中心具有 X 轴、Z 轴以及 C 轴和 Y 轴，通过 C 轴和 Y 轴可以实现平面铣削和偏孔、槽的加工。该机床还配置有强动力刀架和副主轴。副主轴采用内藏式电主轴结构，通过数控系统可直接实现主、副主轴转速同步。该机床工件一次装夹即可完成全部加工，极大地提高了生产率。

近年来，又相继出现了许多跨度更大的、功能更集中的复合型数控机床，如集冲孔、成形与激光切割于一体的复合加工中心等。

1.5.6　智能化

智能化是 21 世纪制造技术发展的一个很重要的方向。所谓智能加工就是基于网络技术、数字技术、电子技术和模糊控制的一种加工的更高级形式。智能加工是在加工过程中模拟人类智能的活动，以解决加工过程中许多不确定性因素，并利用智能进行预见及干预这些不确定性，使加工过程实现高速安全化。智能化的内容包括在数控系统中的各个方面：为追求加工效率和加工质量的智能化，如自适应控制，工艺参数自动生成；为提高驱动性能及使用连接方便的智能化，如前馈控制、电动机参数的自适应运算、自动识别负载、自动选定模型、自整定等；简化编程、简化操作的智能化，如智能化的自动编程、智能化的人机界面等；智能诊断、智能监控，方便系统的诊断及维修等。

1.5.7　网络化

现在国外已经广泛使用了数控机床联网的技术。所谓数控机床联网，就是把机床用网络连接起来，实现机床管理的统一化和程序传输的便捷化。现阶段的数控机床联网一般具有以下几个功能：将程序从办公室送到每台机床并实现实时监控；采集每台机床的性能指标到计算机备份；实现机床与机床之间的程序互相转移；将每台机床的生产数据及时传送到计算机处理；数控机床的刀具磨损及寿命情况及时反馈到计算机，实现计算机监控自动换刀。

机床联网可实现远程控制和无人化操作。通过机床联网，可在任何一台机床上对其他机床进行编程、设定、操作、运行，使不同机床的画面同时显示在每一台机床的屏幕上。这不仅利于数控系统生产厂对其产品进行监控和维修，也适于大规模现代化生产的无人化车间的网络管理，还适于在操作人员不宜到现场的环境（如对环境要求很高的超精密加工和对人体有害的环境）中工作。

1.5.8　开放化

开放式体系结构的数控系统大量采用通用微机技术，使编程、操作以及软件升级和更新变得更加简单快捷。开放式的新一代数控系统，其硬件、软件和总线规范都是对外开放的，数控系统制造商和用户可以根据这些开放的资源进行系统集成；同时它也为用户根据实际需要灵活配置数控系统带来极大方便，促进了数控系统多档次、多品种的开发和广泛应用，开发生产周期大大缩短；同时这种数控系统可随 CPU 升级而升级，而结构保持不变。

计算机具有良好的人机界面，软件资源特别丰富，近年来计算机 CPU 主频已高达 1000MHz 以上，内存达 128M 以上，外存达 30GB 以上；相应的 Windows、Windows NT 界面更加友好，功能更趋完善，其通信功能、联网功能、远程诊断和维修功能也更加完善。更重要的是，计算机成本低廉，可靠性高。目前，日本、美国及欧洲各国正在开放式的微机平台上进行"开放式数控系统"的研究。

1.5.9　编程自动化

随着数控加工技术的迅速发展、设备类型的增多、零件品种的增加以及零件形状的日益复杂，迫切需要速度快、精度高的编程，以便对加工过程的直观检查。为弥补手工编程和 NC 语言编程的不足，近年来开发出多种自动编程系统，如图形交互式编程系统、数字化自动编程系统、会话式自动编程系统、语音数控编程系统等，其中图形交互式编程系统的应用越来越广泛。图形交互式编程系统是以计算机辅助设计（CAD）软件为基础，首先生成零件的图形文件，然后再调用数控编程模块，自动编制加工程序，同时可动态显示刀具的加工轨迹。其特点是速度快、精度高、直观性好、使用简便，已成为国内外先进的 CAD/CAM 软件所采用的数控编程方法。目前常用的图形交互式软件有 Mastercam、Cimatron、Creo、UG、CAXA、SolidWorks、CATIA 等。

1.6　典型数控系统

1.6.1　华中数控系统

华中数控系统可谓国产数控系统中的佼佼者，其发展至今经过不断的改进升级，功能和性能都有很大的提高。华中数控系统的系列产品如图 1-19 所示。

华中"世纪星"数控系统是在华中 I 型、华中 2000 系列数控系统的基础上，为满足用户对低价格、高性能、简单、可靠的要求而开发的数控系统。华中"世纪星"数控系统包括 HNC-21、HNC-22、HNC-18i、HNC-19i 四个系列产品。其中，HNC-21T、HNC-21/22M 数控系统采用先进的开放式体系结构，内置嵌入式工业计算机，配置 7.5in 或 9.4in（1in＝25.4mm）彩色液晶显示屏和通用工程面板，集成进给轴接口、主轴接口、手持单元接口、内嵌式 PLC 接口于一体，支持硬盘、电子盘等程序存储方式以及软驱、DNC、以太网等程序交换功能，具有低价格、高性能、配置灵活、结构紧凑、易于使用、可靠性高的特点，主要应用于车床、铣床、加工中心等。

在国家 863 计划、国家科技攻关计划项目和国债项目的支持下，武汉华中数控股份有限公司开发了具有自主知识产权的新一代开放式、网络化数控系统，数字交流伺服驱动和伺服电动机，伺服主轴驱动和主轴电动机，并建成年产 5000 台套的数控产业基地。

HNC-8 系列数控系统是华中数控 2010 年通过自主创新、研发的新一代基于多处理器的总线型高档数控系统。系统充分发挥多处理器的优势，在不同的处理器中分别执行人机界面（Human Machine Interface，HMI）交互、数控核心软件及 PLC，充分满足运动控制和高速 PLC 控制的强实时性要求，HMI 操作安全、友好。采用总线技术，突破了传统伺服在高速度、高精度时数据传输的瓶颈，在极高精度和分辨率的情况下可获得更高的速度，极大提高了系统的性能。采用 3D 实体显示技术实时监控和显示加工过程，直观地保证了机床的安全操作。HNC-8 系列数控系统的硬件配置及连接如图 1-20 所示。

图 1-19　华中数控系统的系列产品

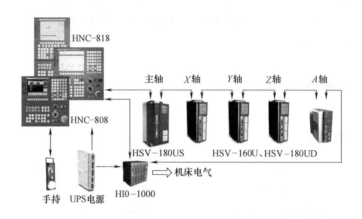

图 1-20　HNC-8 系列数控系统的硬件配置及连接

1.6.2　FANUC 数控系统

　　日本 FANUC 公司是从事数控产品生产早、产品市场占有率高、影响力大的数控产品开发、制造厂家之一，该公司自 20 世纪 50 年代开始生产数控产品以来，至今已开发、生产了数十个系列的控制系统。FANUC 数控系统是数控机床上使用较广、维修中遇到较多的系统之一。FANUC 公司系列产品如图 1-21 所示。

图 1-21　FANUC 公司系列产品

1. FANUC 数控系统的发展（见表 1-2）

表 1-2　FANUC 数控系统的发展

年代	系统种类	控制轴数/联动轴数	伺服种类	应用情况
1976 年	FS-5/FS-7 Power Mate 系列		DC 伺服电动机	
1979 年	FS-6 系列			
1984 年	FS10/FS11/FS12 系列		AC 伺服电动机（模拟控制）	
1985 年	FS 0 系列	4/4		一般机床、小型机床、经济型机床

（续）

年代	系统种类	控制轴数/联动轴数	伺服种类	应用情况
1987年	FS 15 系列	24/16	AC 伺服电动机（数字控制）	高精度机床、复合机床、五面体加工中心
1990年	FS 16 系列	8/6		高性能机床、五面体加工中心
1991年	FS 18 系列	6/4		高性能机床
1992年	FS 20 系列	4/3		
1993年	FS 21 系列	5/4		高性能机床、一般机床
1996年	FS 16i 系列	8/6		高性能机床、五面体加工中心、一般机床
	FS 18i 系列	6/4、8/4 18i-MB5 8/5		
	FS 21i 系列	5/4		
1998年	FS 15i 系列	24/24		高精度机床、复合机床、五面体加工中心
2001年	FS 0i-A 系列	4/4		一般机床、小型机床、经济型机床
2003年	FS 0i-B 系列	4/4		
	FS 0i Mate-B 系列	3/3		
	FS 0i-C 列	4/4、5/4		
	FS 0i Mate-C 系列	3/3		
2004年	FS 30i/31i/32i 系列	30i 32/24		高精度机床、复合机床、五面体加工中心、生产线
		31i 20/4		
		31i-A5 20/5		
		32i 9/4		
2008年	FANUC 0i-D 系列	5/4		高速、高精度机床
2015年	FANUC 0i 系列	12/4		高速、高质量加工机床

2. FANUC 数控系统主要产品系列

（1）高可靠性的 Power Mate 产品

0 系列：用于控制 2 轴的小型车床，取代步进电动机的伺服系统；可配置画面清晰、操作方便、中文显示的 CRT/MDI，也可配置性能价格比高的 DPL/MDI。

（2）普及型产品

0-D 系列：0-TD 数控系统用于车床，0-MD 数控系统用于铣床及小型加工中心，0-GCD 数控系统用于圆柱磨床，0-GSD 数控系统用于平面磨床，0-PD 数控系统用于压力机。

（3）全功能型产品

0-C 系列：0-TC 数控系统用于通用车床、自动车床，0-MC 数控系统用于铣床、钻床、加工中心，0-GCC 数控系统用于内、外圆磨床，0-GSC 数控系统用于平面磨床，0-TTC 数控系统用于双刀架 4 轴车床。

（4）高性能价格比型产品

0i 系列数控系统有整体软件功能包，可用于高速、高精度加工，并具有网络功能。其中，0i-MB/MA 数控系统用于加工中心和铣床，4 轴 4 联动；0i-TB/TA 数控系统用于车床，

4轴2联动，0i-MateMA数控系统用于铣床，3轴3联动；0i-MateTA数控系统用于车床，2轴2联动。

（5）具有网络功能的超小型、超薄型产品

16i/18i/21i系列：控制单元与LCD集成于一体，具有网络功能，超高速串行数据通信。其中，FS 16i-MB数控系统的插补、位置检测和伺服控制以nm为单位。16i数控系统最大可控8轴，6轴联动；18i数控系统最大可控6轴，4轴联动；21i数控系统最大可控4轴，4轴联动。除此之外，还有实现机床个性化的CNC16/18/160/180系列。

FANUC 0i系统的硬件配置及连接如图1-22所示。

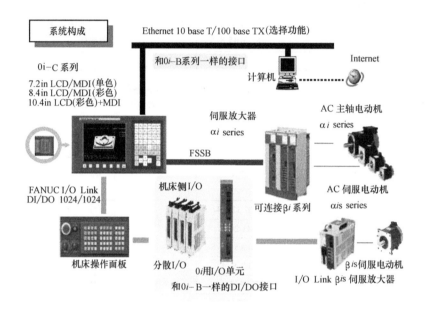

图1-22　FANUC 0i系统的硬件配置及连接

1.6.3　SINUMERIK数控系统

SIEMENS公司是生产数控系统的著名厂家，其开发的SINUMERIK数控系统主要有SINUMERIK 3/8/810/820/850/802/840系列等，每个系列的数控系统都有适用于不同加工类型的机床数控装置。典型产品如图1-23所示。

SINUMERIK 3数控系统是西门子公司20世纪80年代初期开发出来的中档全功能型数控系统，是西门子公司销售量最大的产品，是20世纪80年代欧洲的典型系统。

SINUMERIK 810/820数控系统是西门子公司20世纪80年代中期开发的CNC、PLC一体型数控系统，它适合于普通车床、铣床、磨床的控制，系统结构简单、体积小、可靠性高，在80年代末、90年代初的数控机床上使用较广。

SINUMERIK 850/880数控系统是西门子公司20世纪80年代末期开发的机床及柔性制造系统，它具有机器人功能，适合多功能复杂机床FMS、CIMS的需要，是一种多CPU轮廓控制的数控系统。

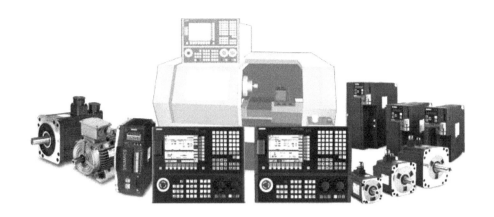

图 1-23　SIEMENS 公司典型产品

SINUMERIK 802 系列系统包括 802S/Se/Sbase line、802C/Ce/Cbase line、802D 等型号，是西门子公司 20 世纪 90 年代末开发的集 CNC、PLC 于一体的经济型数控系统，近年来在国产经济型、普及型数控机床上有较大量的使用。SINUMERIK 802 系列数控系统的共同特点是结构简单、体积小、可靠性较高。

SINUMERIK 810D/840D 系统的结构相似，但在性能上有较大的差别。SINUMERIK 840D 是于 1994 年 6 月正式推出上市的全数字式数控系统，而 SINUMERIK 810D 是 1996 年 1 月正式推出上市的数控系统。这两个系统在开发上具有非常高的系统一致性，有相同的 HMI（MMC100/MMC103/PCU20/PCU50/PCU70）、机床操作面板（OP010/OP010S/OP010C/OP012/OP015/OP015A）和触摸面板（TP015A）、STEP 7-300 PLC 输入/输出模块、PLC-S7 编程语言、数控系统操作、工件程序编程、文件管理、参数设定、诊断、系统资料、伺服驱动等。在硬件结构上，二者的不同点是：SINUMERIK 840D 的控制核心是数控单元（Numerical Control Unit，NCU）模块，它将数控系统、PLC 和通信任务组合在单个的 NCU 多处理器模块中；SINUMERIK 810D 的控制核心是一个高性能 CCU（Compact Control Unit）模块，它将所有的 CNC、PLC、闭环控制和通信任务集成在一个 CCU 中。

2012 年 6 月，西门子在中国国际机床工具展览会（CIMES）正式向全球推出新款经济型数控系统 SINUMERIK 808D。该系统结构紧凑、坚固耐用，不仅能够提高机床的生产力，同时可以给用户带来简单易用的操作体验，其卓越的性能在提高机床加工精度和加工效率方面设立了新的标准。它与 SINAMICS V60 驱动器及 Simotics 1FL5 伺服电动机的结合，为普及型数控机床提供了系统解决方案。SINUMERIK 808D 数控系统的硬件配置及连接如图 1-24 所示。

除以上典型系统外，SIEMENS 公司还有早期生产的 SINUMERIK 6（与 FANUC 公司合作生产）、SINUMERIK 8、SINUMERIK 840C 等系统。以上系统多见于进口机床，且 840C 与 840D 功能相同。

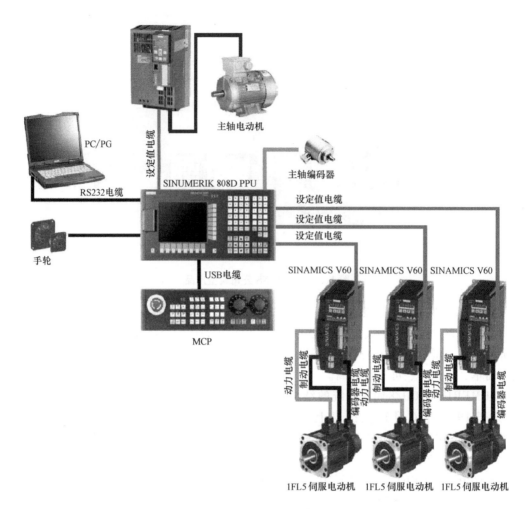

图 1-24 SINUMERIK 808D 数控系统的硬件配置及连接

思考与训练

1-1　什么是数字控制？什么是数控机床？

1-2　什么是点位控制、直线控制和轮廓控制？它们各有何特点？

1-3　数控机床由哪几部分组成？它们各有什么作用？

1-4　开环、闭环、半闭环数控机床各有何特点？

1-5　数控机床的加工特点是什么？

1-6　数控机床对操作人员和维修人员分别有哪些要求？

1-7　数控机床适合加工哪些类型的零件？

1-8　数控技术的主要发展方向是什么？

第 2 章

数控机床编程基础

> **知识提要:** 本章主要介绍数控机床的程序编制基础。主要内容包括数控编程的内容与方法、数控机床的坐标轴和运动方向、数控编程的程序格式等。
>
> **学习目标:** 通过学习本章内容,学习者应对数控编程的概念有较为全面的认识,掌握数控机床的程序编制基础。

2.1　数控编程的内容与方法

2.1.1　数控编程的基本概念

数控机床是一种高效的自动化加工机床,它严格按照加工程序,自动对工件进行加工。因此,用数控机床加工零件时,首先应对零件进行加工工艺分析,以确定加工方法、加工工艺路线,正确地选择数控加工刀具和装夹方法;其次,按照加工工艺要求,根据所用数控机床规定的指令代码及程序格式,将刀具的运动轨迹、位移量、切削参数(主轴转速、进给量、背吃刀量等)以及辅助功能(换刀、主轴正转或反转、切削液开或关等)编写成加工程序清单,传送或输入到数控装置中,从而使数控机床进行自动加工。这种从分析零件图到获得加工程序清单的全过程称为数控程序的编制,简称数控编程。数控编程是数控加工的重要步骤。

2.1.2　数控编程的内容与步骤

一般来讲,数控机床的程序编制主要包括:分析零件图样、确定加工工艺、数值计算、编写程序清单、制作控制介质、程序校验与首件试切,如图 2-1 所示。

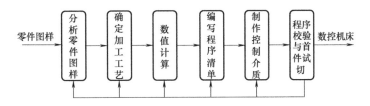

图 2-1　数控编程的内容及步骤

1. 分析零件图样

编程人员首先要根据零件图样,对零件的材料、形状、尺寸、精度和热处理要求等进行分析，确定合适的数控机床。

2. 确定加工工艺

在分析零件图样的基础上，确定零件的加工工艺过程，包括确定加工顺序、加工路线、装夹方式，选择合理的刀具及切削参数等，同时还要考虑所用数控机床的指令功能，充分发挥机床的效能。

3. 数值计算

根据零件图样的几何尺寸、走刀路线及设定的工件坐标系，确定零件粗、精加工运动的轨迹，得到刀位数据。对于形状比较简单的零件的轮廓加工，要计算出几何元素的起点、终点、圆弧的圆心、两几何元素的交点或切点的坐标值。对于形状比较复杂的零件，需要用直线段或圆弧段逼近，根据加工精度的要求计算出节点坐标值，这种数值计算一般要用计算机来完成。

4. 编写程序清单

编程人员根据走刀路线、工艺参数及数值计算结果，按照数控系统规定的功能指令代码及程序段格式，逐段编写加工程序清单。

5. 制作控制介质

简单的数控程序直接采用手工输入机床；当程序需自动输入机床时，必须制作控制介质。现在大多数程序采用移动存储器（CF 卡）、硬盘作为存储介质，采用计算机传输或直接在 CF 卡槽内插卡把程序输入到数控机床。目前老式的穿孔纸带已基本停止使用。

6. 程序校验与首件试切

程序必须校验正确后才能使用。一般采用机床空运行的方式进行校验，有图形显示功能的数控机床可直接在阴极射线管（Cathode Ray Tube，CRT）或 LCD 显示器上进行校验。程序校验只能进行数控程序、运动动作的校验，如果要校验切削参数和加工精度，则要进行首件试切校验。

2.1.3 数控机床的编程方法

数控机床的编程方法一般分为手工编程和自动编程两种。

1. 手工编程

手工编程从分析零件图样，确定加工工艺、数值计算，编写零件加工程序清单，到程序校验都是由人工完成的。对于加工形状简单、计算量小、程序不长的零件，采用手工编程较容易。因此，在点位加工或由直线与圆弧组成的零件轮廓加工中，手工编程仍广泛应用。本书主要介绍的就是手工编程方法。

2. 自动编程

自动编程是利用计算机专用软件编制数控加工程序的方法。编程人员仅分析零件图样的要求和制订工艺方案，其余由计算机自动地进行数值计算及后置处理，编写出零件加工程序清单，加工程序通过直接通信的方式送入数控机床，指挥机床自动地完成零件加工。

自动编程使得一些计算烦琐、手工编程困难或无法编出的程序能够顺利地编制完成。

2.2 数控机床的坐标轴和运动方向

2.2.1 标准坐标系及运动方向

为了简化编程和保证程序的通用性，对数控机床的坐标轴和方向命名制定了统一的标准，我国现在所用的标准为 GB/T 19660—2005，它与国际上通用的标准 ISO 841 等效。该标准规定数控机床的坐标系采用右手直角笛卡儿坐标系，直线进给坐标轴用 X、Y、Z 表示，称为基本坐标轴。X、Y、Z 坐标轴的相互关系用右手定则确定，如图 2-2 所示，大拇指指向 X 轴的正方向，食指指向 Y 轴的正方向，中指指向 Z 轴的正方向。

围绕 X、Y、Z 轴旋转的圆周进给坐标轴用 A、B、C 表示，根据右手螺旋定则，以大拇指指向 $+X$、$+Y$、$+Z$ 方向，则四指环绕的方向分别为 $+A$、$+B$、$+C$ 方向。

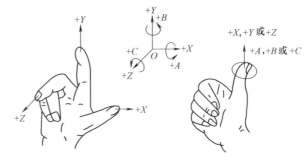

2.2.2 坐标轴的确定

机床各坐标轴及其正方向的确定原则是：

图 2-2 数控机床的坐标轴和运动方向

（1）先确定 Z 轴　以平行于机床主轴的刀具运动坐标为 Z 轴。若有多根主轴，则可选垂直于工件装夹面的主轴为主要主轴，Z 坐标则平行于该主轴轴线。若没有主轴，则规定垂直于工件装夹表面的坐标轴为 Z 轴。Z 轴正方向是使刀具远离工件的方向。

（2）再确定 X 轴　X 轴为水平方向且垂直于 Z 轴并平行于工件的装夹面。

在工件旋转的机床（如车床、外圆磨床）上，X 轴的方向是径向的，与横向导轨平行，刀具离开工件旋转中心的方向是正方向。图 2-3 和图 2-4 所示分别为前置刀架和后置刀架数控车床的坐标系。

对于刀具旋转的机床，若 Z 轴为水平（如卧式铣床、镗床），则沿刀具主轴后端向工件方向看，右手平伸出方向为 X 轴正向，如图 2-5 所示的卧式数控铣床的坐标系；若 Z 轴为垂直（如立式铣床、镗床、钻床），则从刀具主轴向床身立柱方向看，右手平伸出方向为 X 轴正向，如图 2-6 所示的立式数控铣床坐标系。

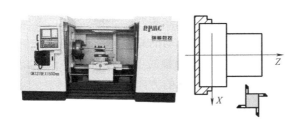

图 2-3　前置刀架数控车床坐标系

图 2-4 后置刀架数控车床坐标系

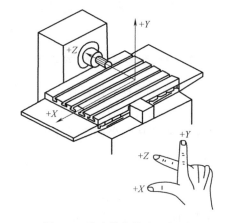

图 2-5 卧式数控铣床坐标系

（3）最后确定 Y 轴 在确定了 X、Z 轴的正方向后，即可按照右手直角笛卡儿坐标系确定 Y 轴正方向。

2.2.3 附加坐标系

为了编程和加工的方便，有时还要设置附加坐标系。对于直线运动，平行于标准坐标系中相应坐标轴的进给轴，称为直线附加坐标轴，第一组附加坐标分别用 U、V、W 表示，第二组附加坐标分别用 P、Q、R 表示。如图 2-7 所示，在 XOY 坐标系中，以 A 点为坐标原点 O_1，可以建立附加坐标系 UO_1V，以 D 点为坐标原点 O_2，可以建立附加坐标系 PO_2Q。对于旋转运动，除 A、B、C 轴外，如果还有其他旋转轴，则称为旋转附加坐标轴，用 D 或 E 表示。

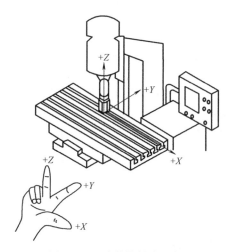

图 2-6 立式数控铣床坐标系

2.2.4 工件相对静止而刀具产生运动的原则

通常在坐标轴命名或编程时，不论加工中是刀具移动，还是工件移动，都一律假定工件相对静止不动，而刀具在移动，即刀具相对运动的原则，并同时规定刀具远离工件的方向为坐标轴的正方向。按照标准规定，在编程中，坐标轴的方向总是刀具相对工件的运动方向，用 X、Y、Z 等表示。在实际中，对数控机床的坐标轴进行标注时，根据坐标轴的实际运动情况，用工件相对刀

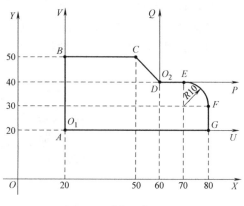

图 2-7 附加坐标系

具的运动方向进行标注，此时需用 X'、Y'、Z' 等表示，以示区别。如图 2-8 所示，工件与刀具运动之间的关系为：$+X'=-X$，$+Y'=-Y$，$+Z'=-Z$。

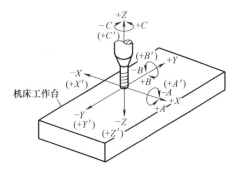

图 2-8　工件与刀具运动之间的关系

2.2.5　绝对坐标和增量坐标

当运动轨迹的终点坐标是相对于起点来计量时，称为相对坐标，也叫增量坐标。若按这种方式进行编程，则称为相对坐标编程。当所有坐标点的坐标值均从某一固定的坐标原点计量时，称为绝对坐标，按这种方式进行编程即为绝对坐标编程。如图 2-9 所示，A 点和 B 点的绝对坐标分别为（30，35）、（12，15），A 点相对于 B 点的增量坐标为（18，20），B 点相对于 A 点的增量坐标为（-18，-20）。

2.2.6　数控机床的坐标系

1. 机床坐标系

以机床原点为坐标原点建立起来的 X、Y、Z 轴直角坐标系，称为机床坐标系。机床原点为机床上的一个固定点，也称机床零点。图 2-10 和图 2-11 所示分别为数控车床和数控铣床的原点。它在机床装配、调试时就已确定下来，是数控机床进行加工运动的基准参考点。机床零点是通过机床参考点间接确定的。

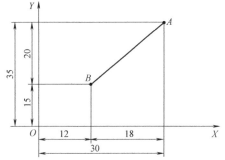

图 2-9　绝对坐标和增量坐标

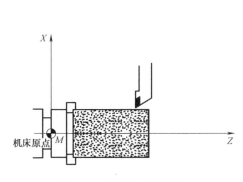

图 2-10　数控车床的原点

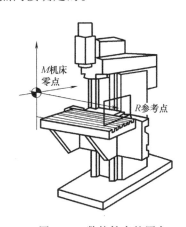

图 2-11　数控铣床的原点

机床参考点也是机床上的一个固定点，其与机床零点之间有确定的相对位置，一般设置在刀具运动的 X、Y、Z 正向极限位置，是用于对机床运动进行检测和控制的固定位置点。机床参考点的位置是由机床制造厂家在每个进给轴上用限位开关精确调整好的，坐标值已输入数控系统中。因此，机床参考点对机床原点的坐标是一个已知数。图 2-12 所示为数控车床参考点与机床原点的位置关系。

在机床每次通电之后、工作之前，必须进行回机床零点操作，使刀具运动到机床参考点，其位置由机械挡块确定。通过机床回零操作确定了机床零点，从而准确地建立机床坐标系，即相当于数控系统内部建立一个以机床零点为坐标原点的机床坐标系。

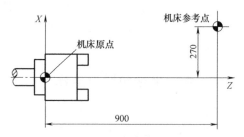

图 2-12　数控车床的参考点与机床原点的位置关系

机床坐标系是机床固有的坐标系，一般情况下，机床坐标系在机床出厂前已经调整好，不允许用户随意变动。

2. 编程坐标系

编程坐标系是为确定工件几何图形上各几何要素（如点、直线、圆弧等）的位置而建立的坐标系，其原点简称编程原点，如图 2-13a 中的 O_2 点。编程原点应尽量选择在零件的设计基准或工艺基准上，并考虑到编程的方便性，编程坐标系中各轴的方向应该与所使用数控机床相应的坐标轴方向一致。

3. 工件坐标系

工件坐标系是为确定零件的加工位置而建立的坐标系。工件坐标系的原点简称工件原点，是指工件被装夹好后，相应的编程原点在机床坐标系中的位置。在加工过程中，数控机床是按照工件装夹好后的工件原点及程序要求进行自动加工的。工件原点如图 2-13b 中的 O_3 所示。工件坐标系原点在机床坐标系 $O_1X_1Y_1Z_1$ 中的坐标值为 $(-X_3$、$-Y_3$、$-Z_3)$，需要通过对刀操作输入数控系统。

因此，编程人员在编制程序时，只需要根据零件图样确定编程原点，建立编程坐标系，计算坐标值，而不必考虑工件毛坯装夹的实际位置。对加工人员来说，则应在装夹工件、调试程序时确定工件原点的位置，并在数控系统中给予设定（即给出原点设定值），这样数控机床才能按照准确的工件坐标系位置开始加工。

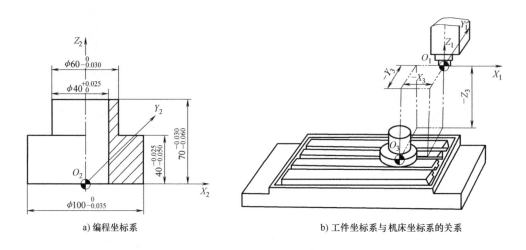

a) 编程坐标系

b) 工件坐标系与机床坐标系的关系

图 2-13　编程坐标系（工件坐标系）及其与机床坐标系之间的关系

2.3 数控编程的程序格式

2.3.1 零件加工程序结构及格式

1. 程序结构

一个零件程序是由遵循一定结构、句法和格式规则的若干个程序段组成的，而每个程序段是由若干个指令字组成的，如图 2-14 所示。每个程序段一般占一行，在屏幕显示程序时也是如此。一个指令字是由地址符（指令字符）和带符号（如定义尺寸的字）或不带符号（如准备功能字 G 代码）的数字组成的。程序段中不同的指令字符及其后续数值确定了每个指令字的含义，如 N：程序段号，G：准备功能，F：进给速度等。

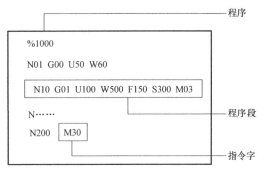

图 2-14 零件加工程序结构

2. 程序格式

常规加工程序由开始符（单列一段）、程序名（单列一段）、程序内容和程序结束指令（一般单列一段）组成，程序的最后还有一个程序结束符。程序开始符与程序结束符（现在大多数系统可以不用）是同一个字符：在 ISO 代码中是%，在 EIA 代码中是 ER。程序名是由字母 O（FANUC 系统）或字符%（华中系统）开头，通常后跟 4 位数字组成的。程序结束指令为 M02 或 M30。常见的程序格式如下：

```
O0001               程序名（程序号）
N05 G90 G54 M03 S800 ⎫
N10 T0101           ⎪
N15 G00 X49 Z2      ⎪
N20 G01 Z-100 F0.1  ⎬   程序内容
N25 X51             ⎪
N30 G00 X60 Z150    ⎪
N35 M05             ⎭
N40 M30             程序结束
```

2.3.2 程序段格式

1. 固定程序段格式

以固定程序段格式编制的程序，各字均无地址码，字的顺序即为地址的顺序，各字的顺序及字符行数是固定的（不管某一字的需要与否），即使与上一段相比某些字没有改变，也要重写而不能略去。一个字的有效位数较少时，要在前面用"0"补足规定的位数，如图 2-15 所示。

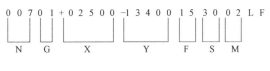

图 2-15 固定程序段格式

2. 带分隔符的程序段格式

由于有分隔符号，不需要的字或与上一程序段相同的字可以省略，但必须保留相应的分隔符号（即各程序段的分隔符号数目相等），如图 2-16 所示。

图 2-16　带分隔符的程序段格式

以上两种格式目前已很少使用，现代数控机床普遍使用字地址程序段格式。

3. 字地址程序段格式

在字地址程序段格式中，每个坐标轴和各种功能都是用表示地址的字母和数字组成的特定字来表示的，而在一个程序段内，坐标字和各种功能字常按一定的顺序排列（也可以不按顺序排列，但编程不方便），且地址的数目可变，数据的位数可多可少，不需要的字以及与上一程序段相同的续效字可以不写。该格式的优点是程序简短、直观以及容易检查和修改。程序段内的各字也可以不按顺序，但为了编程方便，常按如下的顺序排列：

N_ G_ X_ Y_ Z_ I_ J_ K_ P_ Q_ R_ A_ B_ C_ F_ S_ T_ M_ ;

注意：上述程序段中包括的各种指令并非在加工程序的每个程序段中都必须有，而是根据各程序段的具体功能来编入相应的指令。

功能字的含义见表 2-1。

表 2-1　功能字的含义

功　能	地　址	意　义
程序名	O	程序名
顺序号	N	程序段号
准备功能	G	指定移动方式(直线、圆弧等)
尺寸字	X,Y,Z,U,V,W,A,B,C	坐标轴移动指令
	I,J,K	圆弧中心的坐标
	R	圆弧半径
进给功能	F	每分钟进给速度,每转进给速度
主轴速度功能	S	主轴速度
刀具功能	T	刀号
辅助功能	M	机床上的开/关控制
	B	工作台分度等
偏置号	D,H	偏置号
暂停	P,X	暂停时间
程序名指定	P	子程序名
重复次数	P	子程序重复次数
参考	P,Q	固定循环参数

思考与训练

2-1　数控加工编程的主要内容有哪些？

2-2　数控机床上常用的编程方法有哪些？各有何特点？

2-3　试阐述数控铣床坐标轴的方向及命名规则。

2-4　什么是绝对坐标与增量坐标？

2-5　什么是机床原点、机床参考点？它们之间有何关系？

2-6　什么是机床坐标系、工件坐标系？机床坐标系与工件坐标系有何区别和联系？

2-7　什么是"字地址程序段格式"，为什么现在数控系统常用这种格式？

第3章

数控机床加工工艺

> **知识提要：**本章主要介绍数控加工工艺基础和数控加工工艺制订（零件的定位与装夹，工序、工步及加工顺序的安排，数控加工路线的确定、切削用量的确定、数控加工刀具、数值计算、数控专用加工技术文件编写）等方面的内容。
>
> **学习目标：**通过学习本章内容，学习者应学会数控机床加工零件的工艺分析，并能制订相应的零件加工工艺。

3.1 数控加工工艺基础

3.1.1 数控加工工艺内容和特点

数控加工与通用机床加工最大的区别表现在控制方式上。以切削加工为例，通用机床加工零件时，就某道工序而言，其工步的安排、机床运动的先后次序、位移量、走刀路线及有关切削参数的选择等，可由操作者自行考虑和确定，并且是以手工操作方式进行控制的。数控机床上加工时，情况就不同了。加工前，需要把以前通用机床加工时需要操作工人考虑和决定的操作内容及动作，如工步的划分与顺序、走刀路线、位移量和切削参数等，在数控加工程序中规定下来，数控装置控制伺服系统去驱动机床按所编程序进行动作，加工出所要求的零件，这个过程一般不需要操作者进行干预。数控机床能正确加工出一个零件，靠的是正确的数控程序，而数控程序的实质是对零件加工工艺过程的描述。所以，数控加工的核心问题是工艺问题。工艺设计是对零件加工规程的规划，必须在编制数控程序之前完成。

数控加工的工艺设计主要包括下列内容：

① 根据数控加工的适应性，确定零件是否适于数控加工，以及适于什么类型的数控加工。

② 对零件进行数控工艺性分析。

③ 拟订数控加工的工艺路线。

④ 设计数控加工工序。

⑤ 编写数控加工专用技术文件。

由于数控机床具有加工自动化、设备费用高等特点，导致数控加工工艺呈现出以下特点：

（1）工艺内容详细　通用机床加工时，许多具体的工艺问题，如工艺中各工步的划分与安排、刀具的几何角度、走刀路线及切削用量等，在很大程度上都是由操作工人根据自己的实践经验和习惯自行考虑和决定的，一般无须工艺人员在设计工艺规程时进行过多的规定。而在数控加工中，上述这些具体工艺问题，不仅是数控工艺设计时必须考虑的内容，而且还是必须做出正确选择的问题。也就是说，本来是由操作工人在加工中灵活掌握并可通过适时调整来处理的许多具体工艺问题和细节，在数控加工时就转变为编程人员必须事先考虑和安排的内容。

（2）工艺设计严密　数控机床虽然自动化程度高，但自适应性差。它不同于通用机床，加工时操作人员可以根据加工过程中出现的问题，比较灵活地适时进行调整。即使数控机床在自适应调整方面有所发展与进步，但进展不大。例如，数控机床上加工内螺纹，当孔中挤满切屑时，数控机床无法自行判断和处理，必须由工艺人员在工艺中解决。所以，在数控加工的工艺设计中必须注意加工过程的每一个细节。

（3）注重加工适应性　也就是要根据数控加工的特点，正确选择加工方法和加工对象。由于数控加工自动化程度高、质量稳定、可多坐标联动、便于工序集中，但设备价格昂贵、操作技术要求高等特点均比较突出，加工对象选择不当往往会造成较大损失。为了充分发挥数控加工的优点，达到较好的经济效益，在选择加工方法和对象时要慎重，甚至有时还要在基本不改变工件原有性能的前提下，对其形状、尺寸、结构等做适应数控加工的改进。

工艺设计缺陷是造成数控加工问题的主要原因之一，不合理的加工工艺，往往使零件的加工时间成倍增加，严重影响加工效率。所以，一定要谨慎对待工艺设计问题，这就要求技术人员除必须具备较扎实的工艺基本知识和较丰富的实践工作经验外，还必须具有耐心和严谨的工作作风。

3.1.2　数控加工的工艺适应性

数控机床通常最适合加工具有以下特点的零件：
① 多品种、小批量生产的零件或新产品试制中的零件。
② 轮廓形状复杂、对加工精度要求较高的零件。
③ 用普通机床加工时，需要有昂贵的工艺装备（工具、夹具和模具）的零件。
④ 需要多次改型的零件。
⑤ 价格昂贵，加工中不允许报废的关键零件。
⑥ 需要最短生产周期的急需零件。

数控加工的设备费用较高。尽管如此，随着高新技术的迅速发展、数控机床的普及和人们对数控机床认识上的提高，其应用范围必将日益扩大。

3.1.3　零件的数控加工工艺性分析

数控加工工艺性分析涉及面很广，在此仅从数控加工的可能性和方便性两方面加以分析。

1. 零件图样上尺寸数据的给出应符合编程方便的原则

（1）零件图的尺寸标注方法应适应数控加工的特点　在数控加工零件图上，应以同一基准引注尺寸或直接给出坐标尺寸。这种尺寸标注方法既便于编程，也便于尺寸之间的相互协调，为保持设计基准、工艺基准、检测基准与编程原点设置的一致性带来很大的方便。由于零件设计人员采用局部分散的标注方法，会给工序安排与数控加工带来许多不便，因此可将局部的分散标注法改为同一基准引注尺寸或直接给出坐标尺寸的标注法。

（2）构成零件轮廓的几何元素的条件应充分　在手工编程时，要计算每个基点坐标。在自动编程时，要对构成零件轮廓的所有几何元素进行定义。因此在分析零件图时，要分析几何元素的给定条件是否充分。例如圆弧与直线、圆弧与圆弧在图样上相切，但根据图上给出的尺寸进行计算时，相切条件变成了相交或相离状态，遇到这种情况，应与零件设计者协商解决。

2. 零件各加工部位的结构工艺性应符合数控加工的特点

1）零件的内腔和外形最好采用统一的几何类型和尺寸，这样可以减少刀具规格和换刀次数，使编程方便，生产率提高。

2）内腔圆角的大小决定着刀具直径的大小，因而内腔圆角半径不应过小。如图 3-1 所示，零件工艺性的好坏与被加工轮廓的高低、转接圆弧半径 r 的大小等有关。图 3-1b 与图 3-1a 相比，转接圆弧半径大，可以采用较大直径的铣刀来加工。加工平面时，进给次数也相应减少，表面加工质量也会好一些，所以工艺性较好。通常 $r<0.2H$（H 为被加工零件轮廓面的最大高度）时，可以判定零件的该部位工艺性不合理。

3）零件铣削底平面时，槽底圆角半径 r 不应过大。如图 3-2 所示，r 越大，铣刀端刃铣削平面的能力越差，效率也越低。当 r 大到一定程度时，甚至必须用球头刀加工，这是应该尽量避免的。因为铣刀与铣削平面接触的最大直径 $d=D-2r$（D 为铣刀直径），当 D 一定时，r 越大，铣刀端刃铣削平面的面积越小，加工表面的能力越差，工艺性也越差。

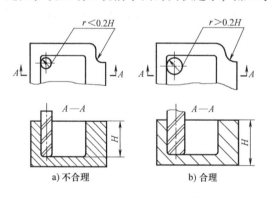

图 3-1　内腔圆角的工艺性

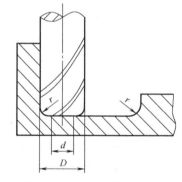

图 3-2　底平面的铣削工艺性

4）采用统一的基准定位。若没有统一的基准定位，无法保证两次装夹加工后其相对位置的准确性，会因工件的重新安装而导致加工后的两个面上轮廓位置及尺寸不协调。

零件上最好有合适的孔作为定位基准孔。若没有，要设置工艺孔作为定位基准孔（如在毛坯上增加工艺凸耳或在后续工序要铣去的余量上设置工艺孔）。若无法设置出工艺孔时，要用经过精加工的表面作为统一基准，以减少两次装夹产生的误差。

此外，还应分析零件所要求的加工精度、尺寸公差等是否可以得到保证，有无引起矛盾的多余尺寸或影响工序安排的封闭尺寸等。

3.1.4　数控加工内容及加工方法的确定

数控加工工艺设计的原则和内容在许多方面与普通工艺相同，下面仅针对不同点分别进行简要分析。

1. 选择并决定进行数控加工的内容

当选择并决定对某个零件进行数控加工后，并不等于要把它所有的加工内容都包括进来，而可能只是选择对其中的一部分进行数控加工，因此必须对零件图样进行仔细的工艺分析，选择那些适合、需要进行数控加工的内容和工序。在选择并做出决定时，应结合本单位的实际，立足于解决难题、攻克关键和提高生产率，充分发挥数控加工的优势。选择时，一般可按下列顺序考虑：

① 普通机床无法加工的内容应作为优先选择内容。

② 普通机床难加工，质量也难以保证的内容应作为重点选择内容。

③ 普通机床加工效率低，工人手工操作劳动强度大的内容。

一般来说，上述这些加工内容采用数控加工后，产品质量、生产率与综合经济效益等方面都会得到明显提高。相比之下，下列一些加工内容则不宜采用数控加工：

① 需要通过较长时间占机调整的加工内容，如以毛坯的粗基准定位来加工第一个精基准的工序等。

② 必须按专用工装协调的孔及其他加工内容（主要原因是采集编程用的数据有困难，协调效果也不一定理想）。

③ 不能在一次安装中加工完成的其他零星部位，采用数控加工效果不明显，可安排普通机床补充加工。

此外，在选择和决定数控加工内容时，也要考虑生产批量、生产周期、工序间周转情况等。总之，要尽量做到合理，达到多、快、好、省的目的，要防止把数控机床降格为普通机床使用。

2. 选择数控加工方法

（1）回转体零件的加工 这类零件用数控车床或数控磨床来加工。由于车削零件毛坯多为棒料或锻坯，加工余量较大且不均匀，因此在编程中，粗车的加工线路往往是要考虑的主要问题。

对于以棒料为毛坯的零件，如图 3-3a 所示，往往加工余量大而且不均匀，因此在粗加工中常采用分层切削的方法。对于铸造或锻造毛坯，如图 3-3b 所示，由于已基本具备零件形状，余量较小且比较均匀，可以采用按零件轮廓形状进行切削的方式。

（2）孔系零件的加工 这类零件孔较多，孔间位置精度要求较高，宜用点位直线控制的数控钻床或镗床加工。这样不仅可以减轻工人的劳动强度，提高生产率，而且易于保证精度。加工孔系零件时，孔系的定位都用快速运动。此外，在编制加工程序时，还可采用子程序调用的方法来减少程序段的数量，以减小加工程序的长度和提高加工的可靠性。

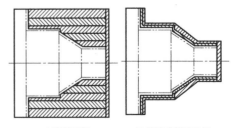

a) 棒料毛坯   b) 铸造或锻造毛坯

图 3-3　回转体零件的加工

（3）平面与曲面轮廓零件的加工 平面轮廓零件的轮廓多由直线和圆弧组成，一般在两坐标联动的铣床上加工。图 3-4 所示为铣削平面轮廓实例，若选用的铣刀半径为 R，则细双点画线为刀具中心的运动轨迹。具有曲面轮廓的零件，多采用三个或三个以上坐标联动的铣床或加工中心加工，为了保证加工质量和刀具受力状况良好，加工中尽量使刀具回转轴线与加工表面垂直或相切。

（4）模具型腔的加工　该类零件型腔表面复杂、不规则，表面质量及尺寸精度要求高，常采用球头铣刀加工。对于采用硬、韧的难加工材料的零件，可考虑选用粗铣后数控电火花成形加工。

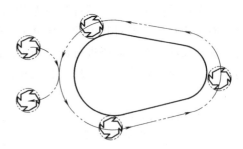

图 3-4　铣削平面轮廓实例

（5）板材零件的加工　对于板类零件，可根据零件形状考虑采用数控剪板机、数控板料折弯机及数控压力机加工。传统的冲压工艺是根据模具的形状决定工件，然而模具结构复杂，易磨损，价格昂贵，生产率低。采用数控冲压设备，能使加工过程按程序要求自动控制，可采用小模具冲压加工形状复杂的大工件，一次装夹集中完成多工序加工。采用软件排样，既能保证加工精度，又能获得高的材料利用率。所以采用数控板材冲压技术，节省模具、材料，生产率高，特别是工件形状复杂、精度要求高、品种更换频繁、生产批量不大时，更具有良好的技术经济效益。

（6）平板形零件的加工　对平板形零件可选择数控电火花线切割机床加工。这种加工方法除了工件内侧角部的最小半径受金属丝直径限制外，任何复杂的内、外侧形状都可以加工，而且加工余量少，加工精度高，无论被加工零件的硬度如何，只要是导体或半导体材料都能加工。

3.2　数控加工工艺制订

3.2.1　零件的定位与装夹

1. 定位安装的基本原则

在数控机床上加工零件时，定位安装的基本原则与普通机床相同，也要合理选择定位基准和夹紧方案。为了提高数控机床的效率，在确定定位基准与夹紧方案时应注意以下三点：

1）力求设计、工艺与编程计算的基准统一。

2）尽量减少装夹次数，尽可能在一次定位装夹后加工出全部待加工面。

3）避免采用占机人工调试加工方案，以充分发挥数控机床的效能。

2. 选择夹具的基本原则

数控加工的特点对夹具提出了两个基本要求：一是要保证夹具的坐标方向与机床的坐标方向相对固定；二是要协调零件和机床坐标系的尺寸关系。除此之外，还要考虑以下四点：

1）当零件加工批量不大时，应尽量采用组合夹具、可调式夹具及其他通用夹具，以缩短生产准备时间、节省生产费用。

2）在成批生产时才考虑专用夹具，并力求结构简单。

3）零件的装卸要快速、方便、可靠，以缩短机床的停顿时间。

4）夹具上各零部件应不妨碍机床对零件各表面的加工，即夹具要开敞，其定位、夹紧机构元件不能影响加工中的走刀（如产生碰撞等）。

此外，为了提高数控加工的效率，在成批生产中还可以采用多位、多件夹具。例如在数控铣床或立式加工中心的工作台上，可安装一块与工作台大小一样的平板，它既可作为大工件的基础板，也可作为多个中小工件的公共基础板，依次并排加工装夹的多个中小工件。

3.2.2　工序、工步的划分及加工顺序的安排

1. 工序的划分

在数控机床上加工零件，工序可以比较集中，在一次装夹中尽可能完成大部分或全部工序。首先应根据零件图样，考虑是否可以在一台数控机床上完成整个零件的加工工作，若不能则应决定其中哪一部分在数控机床上加工，哪一部分在其他机床上加工，即对零件的加工工序进行划分。一般工序划分有以下几种方式：

（1）按零件装夹定位方式划分工序　由于每个零件结构形状不同，各表面的技术要求也有所不同，故加工时，其定位方式各有差异。一般加工外形时，以内形定位，加工内形时又以外形定位。因而可根据定位方式的不同来划分工序。通常以一次安装、加工作为一道工序，这种方法适合于加工内容不多的零件，加工完后就能达到待检状态。

（2）以加工部位划分工序　对于加工内容较多的零件可按其结构特点将加工部位分成几个部分，按照加工部位的先后顺序来划分工序。

（3）按粗、精加工划分工序　根据零件的加工精度、刚度和变形等因素来划分工序时，可按粗、精加工分开的原则来划分工序，即先粗加工再精加工，此时可用不同的机床或不同的刀具进行加工。粗、精加工之间最好隔一段时间，使零件得以充分的时效处理，以保证精加工精度。

（4）按所用刀具划分工序　为了减少换刀次数、压缩空程时间，可按使用的刀具划分工序。在一次装夹后，尽可能用同一把刀具加工出可能加工的所有部位，然后再换另一把刀具加工其他部位。在专用数控机床和加工中心中常采用这种工序划分方法。

2. 工步的划分

工步的划分主要从加工精度和效率两方面考虑。在一个工序内往往需要采用不同的刀具和切削用量，对不同的表面进行加工。为了便于分析和描述较复杂的工序，在工序内又细分为工步。下面以加工中心为例来说明工步划分的原则。

1）同一表面按粗加工、半精加工、精加工依次完成，或全部加工表面按先粗后精加工分开进行。

2）对于既有铣面又有镗孔的零件，可先铣面后镗孔。按此方法划分工步，可以提高孔的加工精度。因为铣削时切削力较大，工件易发生变形，先铣面后镗孔，使工件有一段时间恢复，可减少变形对孔的精度影响。

3）按刀具划分工步。某些机床工作台回转时间比换刀时间短，可采用按刀具划分工步，以减少换刀次数，提高加工效率。

总之，工序与工步的划分要根据具体零件的结构特点、技术要求等情况综合考虑。

3. 加工顺序的安排

加工顺序的安排应根据零件的结构和毛坯状况，以及定位安装与夹紧的需要来考虑，重点是保证定位夹紧时工件的刚度和加工精度。加工顺序安排一般应按下列原则进行：

1）上道工序的加工不能影响下道工序的定位与夹紧，中间穿插有通用机床加工工序的

也要综合考虑。

2）先进行外形加工工序，后进行内形加工工序。

3）以相同定位、夹紧方式或同一把刀具加工的工序，最好连续进行，以减少重复定位次数、换刀次数与挪动压紧元件次数。

4）在同一次安装中进行的多道工序，应先安排对工件刚度破坏较小的工序。

4. 数控加工工序与普通工序的衔接

数控加工的工艺路线常常只包括几道数控加工工艺过程，而不是指毛坯到成品的整个工艺过程。由于数控加工工序常穿插于零件加工的整个工艺过程中间，因此在工艺路线设计中应使之与整个工艺过程协调。最好的办法是建立相互状态要求，如留多少加工余量、定位面与定位孔的精度要求及几何公差、对校形工序的技术要求、对毛坯的热处理状态要求等。目的是达到相互能满足加工需要，且质量目标及技术要求明确、交接验收有依据。

数控加工工艺路线设计是下一步工序设计的基础，其设计的质量会直接影响零件的加工质量与生产率。设计工艺路线时应对零件图、毛坯图认真消化，结合数控加工的特点，灵活运用普通加工工艺的一般原则，尽量把数控加工工艺路线设计得更合理一些。

3.2.3 数控加工路线的确定

在数控加工中，刀具的刀位点相对于工件运动的轨迹称为加工路线。所谓"刀位点"，是指刀具对刀时的理论刀尖点。例如，平头立铣刀的刀位点为刀头底面中心，钻头的刀位点为钻尖，球头铣刀的刀位点为球头中心，车刀、镗刀的刀位点为刀尖，如图 3-5 所示。

编程时，加工路线的确定原则主要有以下几点：

① 加工路线应保证被加工零件的精度和表面粗糙度，且效率较高。

② 使数值计算简单，以减少编程工作量。

③ 应使加工路线最短，这样既可减少程序段，又可减少空行程时间。

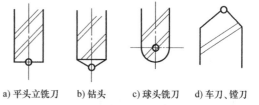

a) 平头立铣刀　b) 钻头　c) 球头铣刀　d) 车刀、镗刀

图 3-5　刀具的刀位点

此外，确定加工路线时，还要考虑工件的加工余量和机床、刀具的刚度等情况，确定是通过一次走刀还是多次走刀来完成加工，以及在铣削加工中是采用顺铣还是逆铣等。

1. 车削加工路线的确定

（1）最短的车削加工路线　车削加工路线为最短，可有效地提高生产率，降低刀具的损耗等。图 3-6 所示为三种不同的粗车路线。其中，图 3-6a 表示利用数控系统具有的封闭式复合循环功能控制车刀沿着工件轮廓进行的粗车路线；图 3-6b 所示为利用程序循环功能安排的三角形粗车路线；图 3-6c 所示为利用矩形循环功能安排的矩形粗车路线。

对以上三种粗车路线，经分析和判断后可知矩形循环粗车路线的进给长度总和最短。因此，在同等条件下，其所需时间（不含空行程）最短，刀具的损耗最少。

（2）大余量毛坯的阶梯车削加工路线　图 3-7 所示为车削大余量工件的两种加工路线，图 3-7a 所示为错误的阶梯车削加工路线，图 3-7b 所示为按 1~5 的顺序车削，每次车削所留余量相等，是正确的阶梯车削路线。因为在同样背吃刀量的条件下，按图 3-7a 所示的方式加工所剩的余量过多。

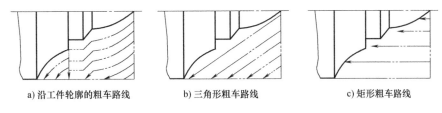

a) 沿工件轮廓的粗车路线　　　b) 三角形粗车路线　　　c) 矩形粗车路线

图 3-6　三种不同的粗车路线

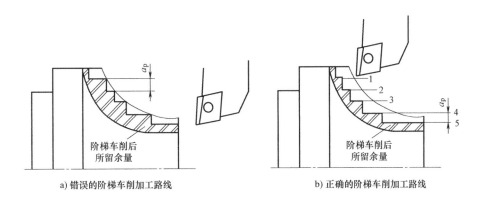

a) 错误的阶梯车削加工路线　　　　　　b) 正确的阶梯车削加工路线

图 3-7　车削大余量工件的两种加工路线

（3）完整轮廓的连续车削进给路线　在安排可以一刀或多刀进行的精加工工序时，零件的完整轮廓应由最后一刀连续加工而成，这时，加工刀具的进刀、退刀位置要考虑妥当，尽量不要在连续的轮廓中安排切入和切出或换刀及停顿，以免因切削力突然变化而造成弹性变形，致使光滑连接轮廓上产生表面划伤、形状突变或滞留刀痕等缺陷。

（4）螺纹的车削加工路线　在数控车床上车螺纹时，沿螺距方向的 Z 向进给应和车床主轴的转速保持严格的比例关系，因此应避免在进给机构加速或减速的过程中进行螺纹切削。为此要有升速进刀段（引入距离）δ_1 和降速退刀段（超越距离）δ_2，如图 3-8 所示，δ_1 一般为 $2\sim5mm$，δ_2 一般为 $1\sim2mm$。这样在切削螺纹时，能保证在升速后使刀具接触工件，刀具离开工件后再降速。

（5）槽的车削加工路线

1）对于宽度、深度相对不大，且精度要求不高的槽，可采用与槽等宽的刀具，直接切入一次成形的方法加工，如图 3-9 所示。刀具切入到槽底后可利用延时指令使刀具短暂停留，以修整槽底圆度，退出过程中可采用工进速度。

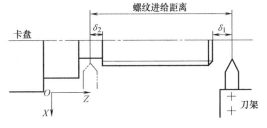

图 3-8　车螺纹时的引入距离和超越距离

2）对于宽度不大，但深度较大的深槽零件，为了避免切槽过程中由于排屑不畅，使刀具前部压力过大出现扎刀和折断刀具的现象，应采用分次进刀的方式，即刀具在切入工件一定深度后，停止进刀并退回一段距离，达到排屑和断屑的目的，如图 3-10 所示。

3）宽槽的切削。通常把大于一个切刀宽度的槽称为宽槽，宽槽的宽度、深度的精度及表面质量要求相对较高。在切削宽槽时常采用排刀的方式进行粗切，然后用精切槽刀沿槽的一侧切至槽底，精加工槽底至槽的另一侧，再沿侧面退出，切削方式如图 3-11 所示。

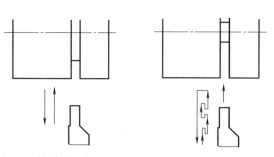

图 3-9　简单槽的加工方式　图 3-10　深槽的加工方式

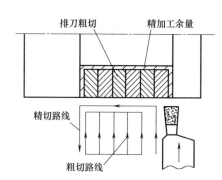

图 3-11　宽槽的加工方式

2. 铣削加工路线的确定

（1）顺铣和逆铣　铣削有顺铣和逆铣两种方式，如图 3-12 所示。当工件表面无硬皮、机床进给机构无间隙时，应选用顺铣，按照顺铣安排加工路线。因为采用顺铣加工后，零件已加工表面质量好，刀齿磨损小。精铣时，尤其是零件材料为铝镁合金、钛合金或耐热合金时，应尽量采用顺铣。当工件表面有硬皮、机床进给机构有间隙时，应采用逆铣，按照逆铣安排加工路线。因为逆铣时，刀齿是从已加工表面切入的，不会崩刃；机床进给机构的间隙也不会引起振动和爬行。

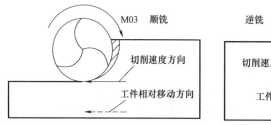
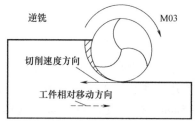

图 3-12　顺铣和逆铣

（2）铣削外轮廓的加工路线　铣削平面零件外轮廓时，一般采用立铣刀侧刃切削。刀具切入工件时，应避免沿工件外轮廓的法向切入，以免在切入处产生刀痕，而是应沿切削起点的切线（见图 3-13a）或与切削起点所在圆弧相切的圆弧方向（见图 3-13b）逐渐切入工件，保证零件曲线的平滑过渡。同样，在切出工件时，也应避免在切削终点处直接抬刀，而是沿着切削终点的切线（见图 3-13a）或与切削终点所在圆弧相切的圆弧方向（见图3-13b）逐渐切出工件。

（3）铣削内轮廓的加工路线　铣削封闭的内轮廓侧面时，一般较难从轮廓曲线的切线方向切入、切出，这时应在区域相对较大的地方，沿圆弧切向切入和切向切出（见图 3-14 中 $A \rightarrow B \rightarrow C \rightarrow B \rightarrow D$）的方法进行。

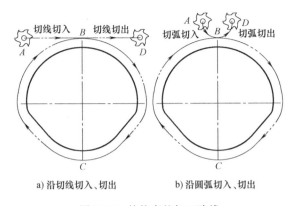

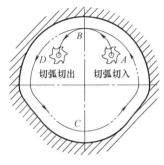

a) 沿切线切入、切出　　　b) 沿圆弧切入、切出

图 3-13　外轮廓的加工路线　　　　　　　　　图 3-14　内轮廓的加工路线

（4）铣削内槽的加工路线　所谓内槽是指以封闭曲线为边界的平底凹槽。这种内槽在模具零件中较常见，一般采用平底立铣刀加工，刀具圆角半径应符合内槽的图样要求。图3-15 所示为内槽的三种加工路线。图 3-15a 和图 3-15b 所示分别为行切法和环切法加工路线。这两种加工路线的共同点是都能切净内腔中全部面积，不留死角，不伤轮廓，同时能减少重复进给的搭接量。不同点是行切法的加工路线比环切法短，但行切法会在每两次进给的起点与终点间留下残留面积，达不到所要求的表面粗糙度；用环切法获得的表面质量要好于用行切法，但环切法需要逐次向外扩展轮廓线，刀位点计算稍微复杂一些。综合行切法、环切法的优点，采用图 3-15c 所示的加工路线，即先用行切法切去中间部分余量，最后用环切法切一刀，既能使总的加工路线较短，又能获得较好的表面质量。

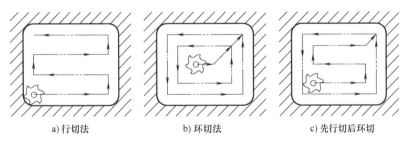

a) 行切法　　　　　　　b) 环切法　　　　　　c) 先行切后环切

图 3-15　内槽的三种加工路线

（5）铣削曲面的加工路线　对于边界敞开的曲面加工，可采用图 3-16 所示的两种加工路线。对于发动机大叶片，当采用图 3-16a 所示的加工路线时，每次沿直线加工，刀位点计算简单，程序少，加工过程符合直纹面的形成，可以准确保证母线的直线度。当采用图3-16b 所示的加工路线时，符合这类零件数据给出情况，便于加工后检验，叶形的准确度高，但程序较多。由于曲面零件的边界是敞开的，没有其他表面限制，所以曲面边界可以延伸，球头铣刀应由边界外开始加工。当边界不敞开时，要重新确定加工路线，另行处理。

3. 孔加工路线的确定

加工孔时，一般是先使刀具在 XY 平面内快速定位运动到孔中心线的位置上，然后使刀具沿 Z 向（轴向）运动进行加工。孔加工进给路线的内容有两方面。

（1）确定 XY 平面内的加工路线　孔加工时，刀具在 XY 平面内的运动属于点位运动，

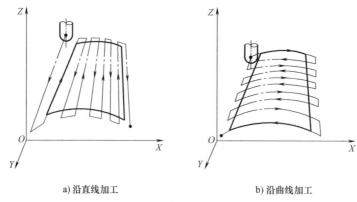

a) 沿直线加工　　　　　　　　　　b) 沿曲线加工

图 3-16　曲面的加工路线

确定加工路线时，主要考虑以下几点。

① 定位要迅速。刀具不与工件、夹具和机床碰撞的前提下空行程时间应尽可能短。例如，加工图 3-17a 所示零件时，按图 3-17b 所示加工路线进给比按图 3-17c 所示加工路线节省定位时间近一半。这是因为在定位运动情况下，刀具由一点运动到另一点时，通常是沿 X、Y 坐标轴方向同时快速移动的，当沿两轴的移动距离不同时，短移动距离方向的运动先停止，待长移动距离方向的运动停止后刀具才达到目标位置。图 3-17b 所示方案中，沿两轴方向的移动距离较近，所以定位过程迅速。

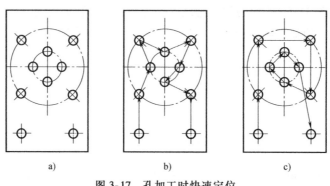

a)　　　　　　　　　b)　　　　　　　　　c)

图 3-17　孔加工时快速定位

② 定位要准确。安排加工路线时，要避免机械进给系统反向间隙对孔位精度的影响。例如，镗削图 3-18a 所示零件上的四个孔时，按图 3-18b 所示加工路线加工，由于 4 孔与 1、2、3 孔的定位方向相反，Y 向反向间隙会使定位误差增加，从而影响 4 孔与其他孔的位置精度。按图 3-18c 所示加工路线，加工完 3 孔后往上多移动一段距离至 P 点，然后再折回来在 4 孔处进行定位加工，这样方向一致，就可避免反向间隙的引入，提高了 4 孔的定位精度。

有时定位迅速和定位准确两者难以同时满足。例如在上述两例中，图 3-18b 所示是按最短路线加工，但不是从同一方向趋近目标位置，影响了刀具定位精度，图 3-18c 所示是从同一方向趋近目标位置，但不是最短路线，增加了刀具的空行程。这时应抓主要矛盾，若按最短路线加工能保证定位精度，则取最短路线，反之，应取能保证定位精度的路线。

（2）确定 Z 向（轴向）的加工路线　刀具在 Z 向的加工路线分为快速移动进给路线和工作进给路线。刀具先从初始平面快速运动到距工件加工表面一定距离的 R 平面（距工件

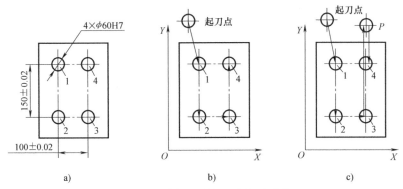

图 3-18 孔加工时的反向间隙消除

加工表面一定切入距离的平面）上，然后按工作进给速度运动进行加工。图 3-19a 所示为加工单个孔时刀具的加工路线。对多孔加工，为减少刀具空行程进给时间，加工中间孔时，刀具不必退回到初始平面，只要退到 R 平面即可，其加工路线如图 3-19b 所示。

在工作进给路线中，工作进给距离 Z_f 包括加工孔的深度 H、刀具的切入距离 Z_a 和切出距离 Z_o（加工通孔），如图 3-20 所示，图中 T_t 为刀头尖端长度。加工不通孔时，工作进给距离（见图 3-20a）为

$$Z_f = Z_a + H + T_t$$

加工通孔时，工作进给距离（见图 3-20b）为

$$Z_f = Z_a + H + Z_o + T_t$$

式中刀具切入、切出距离的经验数据见表 3-1。

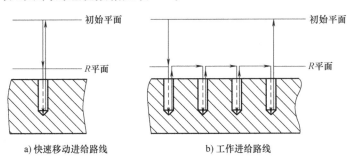

a) 快速移动进给路线　　　　　　b) 工作进给路线

图 3-19 孔加工时的 Z 向加工路线

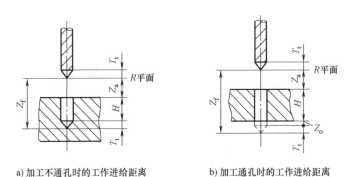

a) 加工不通孔时的工作进给距离　　　　　　b) 加工通孔时的工作进给距离

图 3-20 工作进给距离的确定

表 3-1　刀具切入、切出距离的经验数据　　　　　（单位：mm）

加工方式 ＼ 表面状态	已加工表面	毛坯表面	加工方式 ＼ 表面状态	已加工表面	毛坯表面
钻孔	2~3	5~8	车削	2~3	5~8
扩孔	3~5	5~8	铣削	3~5	5~10
镗孔	3~5	5~8	攻螺纹	5~10	5~10
铰孔	3~5	5~8	车削螺纹（切入）	2~5	5~8

3.2.4　切削用量的确定

切削用量包括主轴转速（或切削速度）、背吃刀量、进给量（或进给速度），铣削时还有侧吃刀量和行距。对于不同的加工方法，需要选择不同的切削用量，并应将其编入程序单内。

合理选择切削用量的原则是：粗加工时，一般以提高生产率为主，但也应考虑经济性和加工成本；半精加工和精加工时，应在保证加工质量的前提下，兼顾切削效率、经济性和加工成本。具体数值应根据机床说明书、切削用量手册，并结合经验而定。

1. 切削速度 v_c

提高 v_c 是提高生产率的一个措施，但 v_c 与刀具寿命的关系比较密切。随着 v_c 的增大，刀具寿命急剧下降，故 v_c 的选择主要取决于刀具寿命。另外，切削速度与加工材料也有很大关系。例如，用立铣刀铣削合金钢 30CrNi2MoV 时，v_c 可选择 8m/min 左右；而用同样的立铣刀铣削铝合金时，v_c 可选择 200m/min 以上。

2. 主轴转速 n

主轴转速一般根据切削速度 v_c 来选定的。计算公式为

$$n = 1000v_c / (\pi D)$$

式中　D——刀具或工件直径（mm）。

数控机床的控制面板上一般备有主轴转速修调（倍率）开关，操作者可在加工过程中对主轴转速按整数倍数进行调整。

3. 背吃刀量 a_p

在机床、工件和刀具刚度允许的情况下，a_p 等于加工余量，这是提高生产率的一个有效措施。为了保证零件的加工精度和表面粗糙度，一般应留一定的余量进行精加工。数控机床上加工时的精加工余量可略小于普通机床上加工时的精加工余量，一般取 0.2~0.5mm。

4. 侧吃刀量 a_e 与行距 L

这两个参数主要用在铣削编程中。侧吃刀量指铣刀径向的切削深度，一般 a_e 与刀具直径 D 成正比，与背吃刀量成反比。如图 3-21 所示，行距表示相邻两行刀具轨迹之间的偏移距离。铣削型腔内部余量时，行距 L 与刀具尺寸有关，即与刀具直径 D 和刀具圆角半径 r 有关。刀具直径与两个圆弧半径的差值则为刀具的有效铣削直径 d。有效铣削直径越小，则行距应越小，反之，则行距应越大。行距大，则走刀路径短，效率高，但行距过大会造成两刀交接处留下残余金属。一般取行距为刀具直径的 75% 左右。

5. 进给速度 v_f（或进给量 f）

进给速度是指单位时间内，刀具与工件沿进给运动方向的相对位移量，单位为 mm/

min；进给量是指工件（或刀具）转一周，刀具与工件沿进给运动方向的相对位移量。进给速度与进给量的关系为 $v_f = nf$（n 为主轴转速，单位 r/min）。

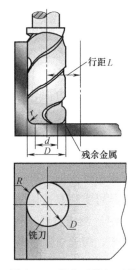

行距 L

残余金属

铣刀

图 3-21 侧吃刀量与刀具直径的关系

进给速度应根据零件的加工精度和表面粗糙度要求以及刀具和工件材料来选择。进给速度的增加也可以提高生产率。在加工过程中，进给速度也可通过机床控制面板上的修调开关进行人工调整，但是最大进给速度受到设备刚度和进给系统性能等的限制。

在数控编程中，还应考虑在不同情形下选择不同的进给速度。

1）当零件的质量要求能够得到保证时，为提高生产率，可选择较高的进给速度，一般在 100~200mm/min 范围内选取。

2）在切断、加工深孔或用高速钢刀具加工时，宜选择较低的进给速度，一般在 20~50mm/min 范围内选取。

3）当加工精度、表面粗糙度要求高时，进给速度应选小一些，一般在 20~50mm/min 范围内选取。

4）刀具空行程时，特别是远距离回零时，可以选择该机床数控系统给定的最高进给速度。

5）数控铣削加工中，沿 Z 轴下刀时，因为是进行端铣，受力较大，同时考虑安全问题，所以应以相对较慢的速度进给。

随着数控机床在生产实际中的广泛应用，数控编程已经成为数控加工中的关键问题之一。在数控程序的编制过程中，要在人机交互状态下即时选择刀具和确定切削用量。因此，编程人员必须熟悉刀具的选择方法和切削用量的确定原则，从而保证零件的加工质量和加工效率，充分发挥数控机床的优点，提高企业的经济效益和生产水平。

3.2.5 数控加工刀具

刀具的选择是数控加工工艺中的重要内容之一，它不仅影响机床的加工效率，而且直接影响加工质量。与传统的加工方法相比，数控加工对刀具的要求更高，不仅要求精度高、刚度好、寿命长，而且要求尺寸稳定、安装调整方便。

1. 数控加工刀具材料

（1）高速工具钢 高速工具钢又称锋钢、白钢。它是含有钨（W）、钼（Mo）、铬（Cr）、钒（V）、钴（Co）等元素的合金钢，分为钨、钼两大系列，是传统的刀具材料。其常温硬度为 62~65HRC，热硬性可提高到 500~600℃，淬火后变形小，易刃磨，可锻制和切削。它不仅可用来制造钻头、铣刀，还可用来制造齿轮刀具、成形铣刀等复杂刀具。但由于其允许的切削速度较低（50m/min），所以大都用于数控机床的低速加工。普通高速工具钢以 W18Cr4V 为代表。

（2）硬质合金 硬质合金是由硬度和熔点都很高的碳化物（WC、TiC、TaC、NbC 等），用 Co、Mo、Ni 做黏结剂制成的粉末冶金产品。其常温硬度可达 74~82HRC，可耐 800~1000℃的高温。硬质合金的生产成本较低，可在中速（150m/min）、大进给切削中发挥优良的切削性能，因此成为数控加工中最为广泛使用的刀具材料。但其冲击韧度与抗弯强度远比高速工具钢低，因此很少做成整体式刀具。在实际使用中，一般将硬质合金刀块用焊接或机械夹固的方式固定在刀体上。常用的硬质合金有 P 类硬质合金（P30、P10、P01）、M 类硬质合金（M20、M10）和 K 类硬质合金（K20、K10、K01）三大类。

（3）涂层硬质合金　涂层硬质合金刀具是在韧性较好的硬质合金刀具上涂覆一层或多层耐磨性好的 TiN、TiCN、TiAlN 和 Al_2O_3 等，涂层的厚度为 $2 \sim 18 \mu m$。涂层通常起到两方面的作用：一方面，它具有比刀具基体和工件材料低得多的导热系数，减弱了刀具基体的热作用；另一方面，它能够有效地改善切削过程的摩擦和黏附作用，降低切削热的生成。TiN 具有低摩擦特性，可减少涂层组织的损耗；TiCN 可降低后刀面的磨损；TiAlN 涂层硬度较高；Al_2O_3 涂层具有优良的隔热效果。涂层硬质合金刀具与硬质合金刀具相比，在强度、硬度和耐磨性方面均有很大的提高。对于硬度为 45~55HRC 的工件，用低成本的涂层硬质合金刀具可实现高速切削。

（4）陶瓷材料　陶瓷是近 20 年来发展速度快、应用日趋广泛的刀具材料之一。在不久的将来，陶瓷可能继高速工具钢、硬质合金以后引起切削加工的第三次革命。陶瓷刀具具有高硬度（91~95HRA）、高强度（抗弯强度为 750~1000MPa）、耐磨性好、化学稳定性好、良好的抗黏结性能、摩擦因数低且价格低廉等优点。不仅如此，陶瓷刀具还具有很高的高温硬度，1200℃时硬度达到 80HRA。使用正常时，陶瓷刀具寿命极长，切削速度可比硬质合金刀具提高 2~5 倍，特别适合高硬度材料加工、精加工以及高速加工，可用于加工硬度达 60HRC 的各类淬硬钢和硬化铸铁等。常用的陶瓷刀具有氧化铝基陶瓷刀具、氮化硅基陶瓷刀具和金属陶瓷刀具等。

（5）立方氮化硼（CBN）　CBN 是人工合成的高硬度材料，其硬度可达 7300~9000HV，其硬度和耐磨性仅次于金刚石，有极好的高温硬度。与陶瓷相比，立方氮化硼的耐热性和化学稳定性稍差，但冲击韧度和抗破碎性能较好。它广泛适用于淬硬钢（50HRC 以上）、珠光体灰铸铁、冷硬铸铁和高温合金等的切削加工。与硬质合金刀具相比，立方氮化硼刀具的切削速度可提高一个数量级。CBN 含量高的 PCBN（聚晶立方氮化硼）刀具硬度高、耐磨性好、抗压强度高及冲击韧性好，其缺点是热稳定性差和化学惰性低，适用于耐热合金、铸铁和铁系烧结金属的切削加工。复合 PCBN 刀具中 CBN 颗粒含量较低，采用陶瓷作为黏结剂，其硬度较低，但弥补了 CBN 含量高的 PCBN 热稳定性差、化学惰性低的特点，适用于淬硬钢的切削加工。

（6）聚晶金刚石（PCD）　PCD 作为最硬的刀具材料，硬度可达 10000HV，具有很好的耐磨性，用它制成的刀具能够以高速度（1000m/min）和高精度加工软的有色金属材料，但它对冲击敏感，容易碎裂，而且对黑色金属中铁的亲和力强，易引起化学反应，一般情况下只能用于加工有色金属及其合金、玻璃纤维、工程陶瓷和硬质合金等极硬的材料。

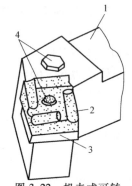

图 3-22　机夹式可转位车刀

1—刀杆　2—刀片
3—刀垫　4—夹紧元件

2. 数控加工刀具种类

（1）车削加工刀具　数控车床使用的刀具，无论是车刀、镗刀、切断刀还是螺纹车刀等，均有焊接式和机夹式之分。除经济型数控车床外，目前在其他数控车床上已广泛地使用机夹式可转位车刀，其结构如图 3-22 所示。它由刀杆 1、刀片 2、刀垫 3 以及夹紧元件 4 组成。刀片每边都有切削刃，当某切削刃磨损钝化后，只需松开夹紧元件，将刀片转一个位置便可继续使用。

刀片是机夹式可转位车刀的一个最重要的组成元件。按照国家标准 GB/T 2076—2007《切削刀具用可转位刀片型号表示规则》，可转位刀片大致可分为带圆孔、带沉孔以及无孔三大类，形状有正三角形、正方形、五边形、六边形、圆形以及菱形等共 17 种。图 3-23 所示为常见可转位车刀刀片形状及实物。图 3-24 所示为数控车床常见机夹式车刀的实物。

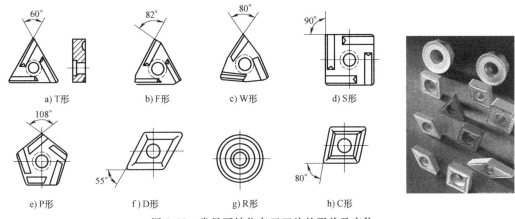

a) T形　　b) F形　　c) W形　　d) S形

e) P形　　f) D形　　g) R形　　h) C形

图 3-23　常见可转位车刀刀片的形状及实物

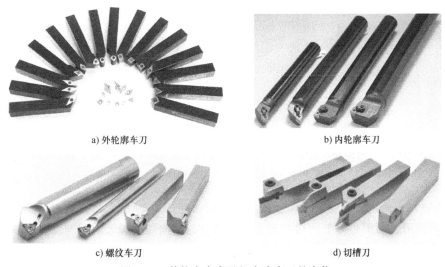

a) 外轮廓车刀　　　　　　　　　b) 内轮廓车刀

c) 螺纹车刀　　　　　　　　　d) 切槽刀

图 3-24　数控车床常见机夹式车刀的实物

（2）铣削加工刀具　铣刀种类很多，选择铣刀时，要使刀具的尺寸与被加工工件的表面尺寸和形状相适应。

1）立铣刀。立铣刀是数控加工中用得最多的一种铣刀，主要用于加工凹槽、较小的台阶面以及平面轮廓。如图 3-25 所示，立铣刀的圆柱表面和端面上都有切削刃，它们既可以同时进行切削，也可以单独进行切削。圆柱表面的切削刃为主切削刃，端面上的切削刃为副切削刃。主切削刃一般为螺旋槽，这样可增加切削的平稳性，提高加工精度。端面刃主要用来加工与侧面垂直的底平面，普通立铣刀的端面中心处无切削刃，故一般立铣刀不宜做轴向进给。目前，市场上已推出有过中心刃的立铣刀，这种立铣刀可直接轴向进给，如图 3-26

所示。

如图 3-27 所示，选择立铣刀时要考虑以下几个方面。

① 刀具半径 r 应小于零件内轮廓面的最小曲率半径 ρ，一般取 $r=(0.8\sim0.9)\rho$。

② 零件的加工高度 $H\leqslant(1/4\sim1/6)r$，以保证刀具有足够的刚度。

③ 对不通孔（深槽），选取 $l=H+(5\sim10)$ mm（l 为刀具切削部分长度，H 为零件高度）。

④ 加工外形及通槽时，选取 $l=H+r_e+(5\sim10)$ mm（r_e 为刀尖圆弧半径）。

⑤ 粗加工内轮廓面时，铣刀最大直径 D 可按下式计算（见图 3-28）：

$$D_{粗}=\frac{2\left[\delta\sin(\varphi/2)-\delta_1\right]}{1-\sin(\varphi/2)}+D$$

式中　D——轮廓的最小凹圆角半径（mm）；

　　　　δ——圆角邻边夹角等分线上的精加工余量（mm）；

　　　　δ_1——精加工余量（mm）；

　　　　φ——圆角两邻边的最小夹角（°）。

⑥ 加工肋时，刀具直径 $D=(5\sim10)b$，b 为肋的厚度（mm）。

  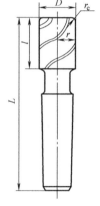 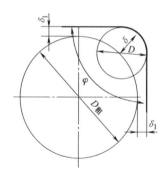

图 3-25　一般立铣刀　　图 3-26　过中心四　　图 3-27　刀具尺　　图 3-28　铣刀直径估算

　　　　　　　　　　　　　刃立铣刀　　　　　寸选择

2）面铣刀。面铣刀主要用于加工较大的平面。如图 3-29 所示，面铣刀的圆周表面和端面上都有切削刃，圆周表面上的切削刃为主切削刃，端面切削刃为副切削刃。面铣刀多制成套式镶齿结构，刀齿为高速工具钢或硬质合金钢。

3）键槽铣刀。键槽铣刀主要用于加工封闭的键槽，如图 3-30 所示。键槽铣刀的结构与立铣刀相近，圆柱面和端面都有切削刃，它只有两个刀齿，端面刃延至中心，既像立铣刀，又像钻头，加工时，先沿轴向进给达到键槽深度，然后，沿键长方向铣出键槽全长。

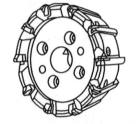 

图 3-29　面铣刀结构及实物

4）其他常见铣刀。对一些立体型面和变斜角轮廓外形的加工，常采用球头铣刀、环形铣刀、鼓形铣刀、锥形铣刀和盘形铣刀等，

图 3-30 键槽铣刀

如图 3-31 所示。

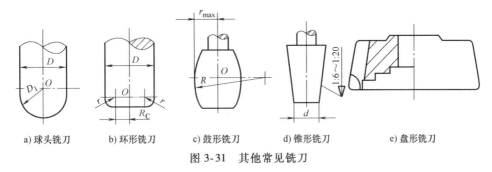

a) 球头铣刀　　b) 环形铣刀　　c) 鼓形铣刀　　d) 锥形铣刀　　e) 盘形铣刀

图 3-31 其他常见铣刀

曲面加工常采用球头铣刀，但加工曲面较平坦部位时，刀具以球头顶端刃切削，切削条件较差，因而应采用环形铣刀。在单件或小批量生产中，为取代多坐标联动机床，常采用鼓形铣刀或锥形铣刀来加工变斜角零件。加镶齿的盘形铣刀适用于在五坐标联动的数控机床上加工一些球面，其效率比用球头铣刀高近 10 倍，并可获得高的加工精度。

图 3-32 所示为数控铣床常用刀具实物。其中，图 3-32a 所示为整体式刀具，图 3-32b 所示为可转位镶嵌式刀具。

a) 整体式刀具　　　　　　　　　　b) 可转位镶嵌式刀具

图 3-32 数控铣床常用刀具实物

（3）孔加工刀具　常用数控孔加工刀具有钻头、镗刀、铰刀和丝锥等。

1）钻头。在数控机床上钻孔大多采用普通麻花钻。直径为 8~80mm 的麻花钻多为莫氏锥柄，如图 3-33 所示，可直接装在带有莫氏锥孔的刀柄内；直径为 0.1~20mm 的麻花钻多为圆柱柄，如图 3-34 所示，可装在钻夹头刀柄上；中等尺寸麻花钻两种柄部形式均可选用。由于在数控机床上钻孔都是无钻模直接钻孔，因此，一般钻孔深度约为直径的 5 倍，细长孔的加工刀具易于折断，要注意冷却和排屑，在钻孔前最好先用中心钻钻中心孔，或用刚性较好的短钻头锪窝。

钻削直径为 20~60mm、孔的深径比小于或等于 3 的中等浅孔时，可选用图 3-35 所示的可转位浅孔钻，其结构是在带排屑槽及内冷却通道的钻体的头部装有一组刀片（多为凸多边形、菱形和四边形），多采用深孔刀片，通过该孔压紧刀片，靠近钻芯的刀片用韧性较好的材料，靠近钻头外径的刀片选用较为耐磨的材料。这种钻头具有切削效率高、加工质量好的特点，适用于箱体类零件的钻孔加工。

图 3-33　莫氏锥柄麻花钻

图 3-34　圆柱柄麻花钻

图 3-35　可转位浅孔钻

2）镗刀。镗刀按切削刃数量可分为单刃镗刀和双刃镗刀。镗削通孔、阶梯孔和不通孔可分别选用图 3-36 所示的单刃镗刀。

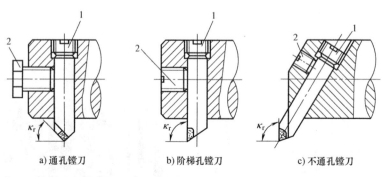

a) 通孔镗刀　　　　　　b) 阶梯孔镗刀　　　　　　c) 不通孔镗刀

图 3-36　单刃镗刀

1—调节螺钉　2—紧固螺钉

单刃镗刀头的结构类似车刀，用螺钉装夹在镗杆上。调节螺钉 1 用于调整尺寸，紧固螺钉 2 起锁紧作用。单刃镗刀刚性差，切削时易引起振动，所以镗刀的主偏角选得较大，以减小径向力。镗铸铁孔或精镗时，一般取 $\kappa_r = 90°$；粗镗钢件孔时，取 $\kappa_r = 60°~75°$，以延长刀具寿命。所镗孔直径的大小要靠调整刀具的悬伸长度来保证，调整麻烦，效率低，只能用于单件小批生产。但单刃镗刀结构简单，适应性较广，粗、精加工都适用。

在孔的精镗中，目前较多地选用精镗微调镗刀。这种镗刀的径向尺寸可以在一定范围内进行微调，调节方便，且精度高，其结构如图 3-37 所示。调整尺寸时，先松开拉紧螺钉 6，然后转动带刻度盘的调整螺母 3，等调至所需尺寸，再拧紧拉紧螺钉 6，使用时应保证锥面靠近大端接触（即镗杆 90°锥孔的角度公差为负值），且与直孔部分同轴。键与键槽配合间隙不能太大，否则微调时不能达到较高的精度。

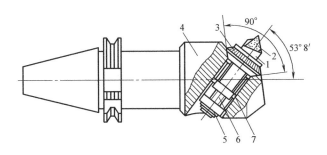

图 3-37　精镗微调镗刀结构

1—刀体　2—刀片　3—调整螺母　4—刀杆　5—螺母　6—拉紧螺钉　7—导向键

3）铰刀。铰刀用于孔的精加工。大螺旋升角（小于或等于 45°）切削刃、无刃挤压铰削及油孔内冷却的结构是其总体发展方向，最大铰削孔径已达 $\phi400\text{mm}$。图 3-38 所示为机用铰刀的结构及实物。

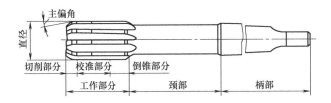

图 3-38　机用铰刀的结构及实物

4）丝锥。丝锥用于内螺纹加工，与螺纹种类相适应，根据各种直径的螺纹又有粗、细牙之分。数控机床上使用的是机用丝锥，为了安全可靠，直径一般为 M8～M20。图 3-39 所示为常见丝锥实物。

3.2.6　数值计算

根据零件图样，用适当的方法，将编制程序所需的有关数据计算出来的过程，称为数值计算。数值计算的内容包括计算零件轮廓的基点和节点坐标以及辅助计算。

1. 基点和节点的坐标计算

零件的轮廓是由许多不同的几何要素组成的，如直线、圆弧、二次曲线等。各几何要素之间的连接点称为基点，如两直线间的交点、直线与圆弧或圆弧与圆弧间的交点或切点、圆弧与二次曲线的交点或切点等。基点坐标是编程中必需的重要数据，计算的方法

图 3-39　常见丝锥实物

可以是联立方程组求解，也可以利用几何元素间的三角函数关系求解或采用计算机辅助计算编程，计算比较方便，如图 3-40 所示。

数控系统一般只能做直线插补和圆弧插补的切削运动。如果零件的轮廓曲线不是由直线或圆弧构成（如可能是由椭圆、双曲线、抛物线、一般二次曲线、阿基米德螺旋线等曲线

构成），而数控装置又不具备其他曲线的插补功能时，要采取用直线或圆弧逼近的数学处理方法。即在满足允许编程误差的条件下，用若干直线段或圆弧段分割逼近给定的曲线。相邻逼近直线段或圆弧段的交点或切点称为节点，如图 3-41 所示。对于立体型面零件，应根据允许误差将曲线分割成不同的加工截面，各截面上的轮廓曲线也要进行基点和节点计算。节点计算一般都比较复杂，有时靠手工处理已经不大可能，必须借助计算机辅助处理，最好是采用计算机自动编程高级语言来编制加工程序（目前通常采用 CAD/CAM 软件）。

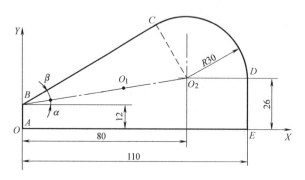

图 3-40　零件轮廓的基点

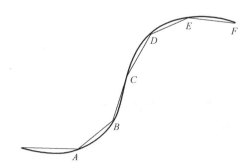

图 3-41　零件轮廓的节点

2. 辅助计算

辅助计算包括增量值计算、附加路径相关点坐标计算等。

（1）增量值计算　增量值计算是仅就增量坐标的数控系统或绝对坐标中某些数据仍要求以增量方式输入时，所进行的由绝对坐标数据到增量坐标数据的转换。例如在数值计算过程中，已按绝对坐标值计算出某运动段的起点坐标及终点坐标，以增量方式表示时，其换算公式为

$$增量坐标值=终点坐标值-起点坐标值$$

计算应在各坐标轴方向上分别进行。如图 3-42 所示，要求以直线插补方式，使刀具从 A 点（起点）运动到 B 点（终点），A 点坐标为（10，70），B 点坐标为（35，35），若以增量方式表示时，其 X、Y 轴方向上的增量分别为 $\Delta X = 35 - 10 = 25$，$\Delta Y = 35 - 70 = -35$。

（2）附加路径相关点坐标计算　数控编程时，通常除了确定基本的走刀路线外，还需要设置附加走刀路径。

1）开始加工时，刀具从起始点到切入点，或加工完毕时，刀具从切出点返回到起始点而特意安排走刀路径，如图 3-43a 所示。切入/切出点位置的选择应依据零件加工余量的情况，适当离开零件一段距离。

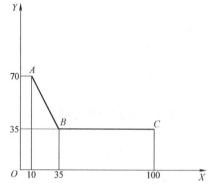

图 3-42　增量坐标计算

2）使用刀具补偿功能时，应在加工零件之前附加建立刀补的路径，加工完成后应附加取消刀补的路径，如图 3-43b 所示。

3）某些零件的加工，要求刀具弧向切入和弧向切出，需要设置弧向切入和切出路径，如图 3-43c 所示。

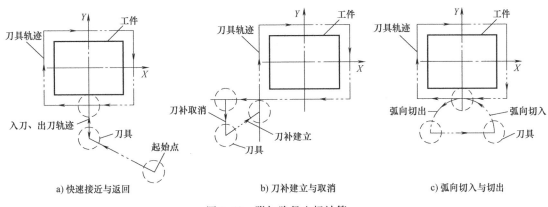

a) 快速接近与返回 b) 刀补建立与取消 c) 弧向切入与切出

图 3-43 附加路径坐标计算

以上附加路径的安排，在绘制进给路线时，应明确表示出来。数值计算时，按照进给路线的安排，计算出各相关点的坐标，其数值计算一般比较简单。

3.2.7 数控加工专用技术文件的编写

编写数控加工专用技术文件是数控加工工艺设计的重要内容之一。这些专用技术文件既是数控加工依据、产品验收依据，也是需要操作者遵守、执行的规程；有的则是加工程序的具体说明或附加说明，目的是让操作者更加明确程序的内容、安装与定位方式、各个加工部位所选用的刀具及其他问题。

为加强技术文件管理，数控加工专用技术文件也应该走标准化、规范化的道路，但目前还有较大困难，只能先做到按部门或按单位局部统一。

1. 数控加工工序卡

数控加工工序卡是编制程序的依据，以及指导操作者进行生产的一种工艺文件。其内容包括：工序及各工步的加工内容；本工序完成后工件的形状、尺寸和公差；各工步切削参数；本工序所使用的机床、刀具和工艺工装等，见表3-2。若在数控机床上只加工零件的一个工步时，也可不填写工序卡。在工序加工内容不十分复杂时，可把零件草图反映在工序卡上，并注明编程原点和对刀点等。

表 3-2 数控加工工序卡

（工厂）	数控加工工序卡		产品名称或代号		零件名称		材料	零件图号	
工序号	程序编号	夹具名称	夹具编号		使用设备			车间	
工步号	工步内容		加工面	刀具号	刀具规格/mm	主轴转速/(r/min)	进给速度/(mm/min)或进给量/(mm/r)	背吃刀量/mm	备注
1									
2									
3									
4									
5									
编制		审核		批准			共 页	第 页	

2. 数控加工刀具卡

数控加工时，对刀具的要求十分严格，一般要在机外对刀仪上事先调整好刀具的直径和长度。刀具卡主要反映刀具号、刀具名称、刀具结构、刀柄型号等，它是组装刀具和调整刀具的依据。数控加工刀具卡见表 3-3。

表 3-3　数控加工刀具卡

产品名称		零件名称		零件图号		程序编号	
工步	刀具号	刀具名称	刀柄型号	刀具		补偿量/mm	备　注
				直径/mm	长度/mm		
1							
2							
3							
4							
5							
编制		审核		批准		共　页	第　页

3. 数控加工走刀路线图

走刀路线就是刀具在整个加工工序中的运动轨迹，它不但包括工步的内容，也反映出工步顺序。走刀路线是编写程序的重要依据之一。数控加工走刀路线见表 3-4。

表 3-4　数控加工走刀路线

零件图号	×××	工序号	×××	工步号	×××	程序号	×××
机床型号	×××	程序段号	×××	加工内容	铣轮廓周边	共　页	第　页

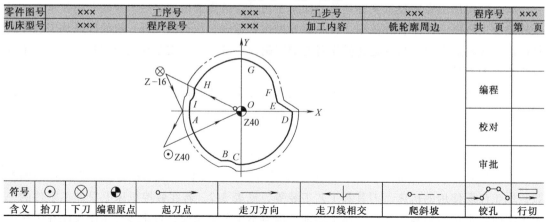

				编程		
				校对		
				审批		

符号	⊙	⊗	◉	•→	→→→	←↓	●--●	●／●\●	⌐⌐
含义	抬刀	下刀	编程原点	起刀点	走刀方向	走刀线相交	爬斜坡	铰孔	行切

思考与训练

3-1　数控加工工艺分析包括哪些内容？

3-2　数控机床最适合加工哪几种类型的零件？

3-3　数控加工工序的划分有几种方式？各适用于什么场合？

3-4　数控加工对刀具有何要求？常用数控刀具材料有哪些？各有什么特点？

3-5　数控加工切削用量的选择原则是什么？它们与哪些因素有关？应如何确定？

3-6　确定数控加工路线的一般原则是什么？

3-7　顺铣和逆铣各有何特点？分别适用于什么场合？

3-8　环切法和行切法各有何特点？分别适用于什么场合？

3-9　选择夹具的基本原则有哪些？

3-10　什么是数控编程的数值计算？什么是基点？

第4章

数控车床编程及加工

> **知识提要：** 本章全面介绍数控车床的编程及加工。主要内容包括数控车床的编程指令及编程方法、华中世纪星 HNC-21/22T 编程指令简介、数控车床综合加工实例等。为了满足不同学习者的需要，主要以 FANUC 0i 系统为例来介绍，同时也介绍了 HNC-21/22T 系统的编程。
>
> **学习目标：** 通过学习本章内容，学习者应对数控车床的手工编程有全面认识，系统掌握数控车床的程序编制方法，掌握手工程序编制的技巧，注意不同系统的编程差异，掌握其编程特点及要点。

4.1 数控车床的编程指令及编程方法

目前市场上数控车床及数控车削系统的种类很多，但其基本编程功能指令相同，只在个别编程指令和格式上有差异。本节以 FANUC 0i 数控系统为例来说明。

4.1.1 数控车床的坐标系

1. 机床坐标系的建立

在数控车床上加工零件前，必须首先建立机床坐标系。在数控车床通电之后，首先完成返回机床参考点的操作，CRT 屏幕上显示刀架中心在机床坐标系中的坐标值，即建立起机床坐标系。数控车床的机床原点一般设在主轴前端面的中心上。

2. 工件坐标系的建立

数控车床的工件坐标系原点一般设在主轴轴线与工件左端面或右端面的交点处。

工件坐标系设定后，CRT 显示屏幕上显示的是基准车刀刀尖相对工件坐标系原点的坐标值。

加工时，工件各尺寸的坐标值都是相对工件坐标系原点而言的。数控车床工件坐标系与机床坐标系之间的关系如图 4-1 所示。

建立工件坐标系使用 G50 功能指令，具体见后面所讲内容。

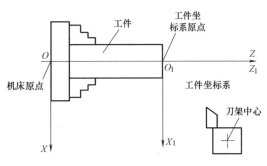

图 4-1 数控车床坐标系之间的关系

4.1.2 数控车床的基本功能指令

1. F、S、T 指令

（1）F 指令——进给功能　F 指令表示工件被加工时刀具相对于工件的合成进给速度，F 的单位取决于 G99（每转进给量，mm/r）或 G98（每分钟进给量，mm/min），如图 4-2 所示。

1）设定每转进给量。

指令格式：G99 F ___；

指令说明：F 后面的数字为主轴每转进给量，单位为 mm/r。例如 "G99 F0.2" 表示进给量为 0.2mm/r。

2）设定每分钟进给量。

指令格式：G98 F ___；

指令说明：F 后面的数字为每分钟进给量，单位为 mm/min。例如 "G98 F100；" 表示进给速度为 100mm/min。

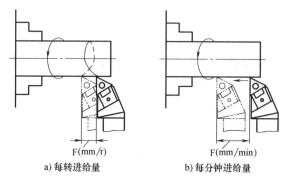

a) 每转进给量　　b) 每分钟进给量

图 4-2　每转进给与每分钟进给

FANUC 0i 系统默认为每转进给（G99）。每分钟进给量与每转进给量之间的关系为每分钟进给量＝每转进给量×主轴转速，主轴转速的单位为 r/min。

当工作在 G01、G02 或 G03 方式下，编程的 F 一直有效，直到被新的 F 值所取代；而工作在 G00 方式下时，快速定位的速度是各轴的最高速度，与所编 F 值无关。

注意：借助于机床控制面板上的倍率按键，可在一定范围内对 F 进行修调。当执行螺纹切削循环时，倍率开关失效，进给倍率固定在 100%。

（2）S 指令——主轴功能　S 功能主要用于控制主轴转速，其后的数值在不同场合有不同含义，具体如下：

1）恒线速度控制（G96）。

指令格式：G96 S ___；

指令说明：S 后面的数字表示恒定的切削速度（线速度），单位为 m/min。例如 "G96 S150；" 表示切削点线速度控制在 150m/min。

G96 指令用于接通机床恒线速控制。数控装置从刀尖位置处计算出主轴转速，自动而连续地控制主轴转速，使切削线速度始终保持主轴功能字 S 指定的数值。设定恒线速度可以使工件各表面获得一致的表面粗糙度。

注意：在恒线速度控制中，由于数控系统是将 X 坐标值当作工件的直径来计算主轴转速的，所以在使用 G96 指令前必须正确地设定工件坐标系。

对图 4-3 所示的零件，为保持 A、B、C 各点的线速度为 150m/min，在加工时各点的主轴转速分别为

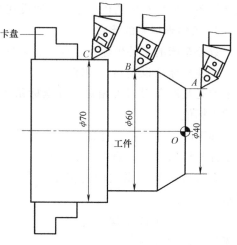

图 4-3　恒切削线速度控制

$$n_\text{A} = (1000\times150)\,\text{mm/min} \div (\pi\times40\text{mm}) = 1194\text{r/min}$$

$$n_\text{B} = (1000\times150)\,\text{mm/min} \div (\pi\times60\text{mm}) = 796\text{r/min}$$

$$n_\text{C} = (1000\times150)\,\text{mm/min} \div (\pi\times70\text{mm}) = 682\text{r/min}$$

2）最高转速控制（G50）。

指令格式：G50 S ___ ;

指令说明：S 后面的数字表示最高转速，单位为 r/min。例如"G50 S3000;"表示最高转速限制为 3000r/min。

采用恒线速度控制加工端面、锥面和圆弧时，由于 X 坐标（工件直径）的不断变化，当刀具逐渐移近工件旋转中心时，主轴的转速就会越来越高，离心力过大，有可能使工件从卡盘中飞出。为了防止事故，必须将主轴的最高转速限定为一个固定值。这时，可用 G50 指令来限制主轴最高转速。

3）直接转速控制（G97）。

指令格式：G97 S ___ ;

指令说明：S 后面的数字表示恒线速度控制取消后的主轴转速，单位为 r/min，如 S 未指定，将保留执行 G96 指令时计算出的最终转速值。例如"G97 S800;"表示恒线速度控制取消后主轴转速为 800r/min。

（3）T 指令——刀具功能

指令格式：T ___ ;

指令说明：T 指令用于选刀，其后有 4 位数字，其中前两位表示刀具号，后两位表示刀具补偿号。执行 T 指令，转塔刀架转动，系统选用指定的刀具。当一个程序段中同时包含 T 指令与刀具移动指令时，先执行 T 指令，而后执行刀具移动指令。

执行 T 指令的同时调入刀补寄存器中的补偿值。

2．M 指令——辅助功能

M 功能（指令）由地址字 M 和其后的一或两位数字组成，从 M00～M99 共 100 种，主要用于控制机床各种辅助功能的开关动作，如主轴旋转、切削液的开关等。

M 功能有非模态 M 功能和模态 M 功能两种形式。非模态 M 功能（当段有效代码）只在书写了该指令的程序段中有效；模态 M 功能（续效代码）是一组可相互注销的 M 功能，它们在被同一组的另一个功能注销前一直有效。模态 M 功能组中包含一个默认功能，系统上电时将被初始化为该功能。

M 功能还可分为前作用 M 功能和后作用 M 功能两类。前作用 M 功能在程序段编制的轴运动之前执行；后作用 M 功能在程序段编制的轴运动之后执行。

各种数控系统的 M 功能代码规定有差异，必须根据系统编程说明书选用。FANUC 0i 系统常用的 M 功能代码见表 4-1。

表 4-1　FANUC 0i 系统常用的 M 功能代码

代码	是否模态	功能说明	代码	是否模态	功能说明
M00	非模态	程序停止	M03	模态	主轴正转（顺时针方向）
M01	非模态	选择停止	M04	模态	主轴反转（逆时针方向）
M02	非模态	程序结束	M05	模态	主轴停止
M30	非模态	程序结束并返回	M07	模态	切削液打开（雾状）
M98	非模态	调用子程序	M08	模态	切削液打开（液状）
M99	非模态	子程序结束	M09	模态	切削液关闭

下面仅介绍常用的几种 M 功能及其使用方法。

（1）程序停止指令 M00

指令格式：M00；

指令说明：①系统执行 M00 指令后，机床的所有动作均停止，机床处于暂停状态，重新按下起动按钮后，系统继续执行 M00 程序段后面的程序。若此时按下复位键，程序将返回到开始位置。此指令主要用于尺寸检验、排屑或插入必要的手工动作等。②M00 指令必须单独设一个程序段。

（2）选择停止指令 M01

指令格式：M01；

指令说明：①在机床操作面板上有"选择停"开关，当该开关置于"ON"位置时，M01 功能同 M00；当该开关置于"OFF"位置时，数控系统不执行 M01 指令。②M01 指令同 M00 一样，必须单独设一个程序段。

（3）程序结束指令 M30、M02

指令格式：M30/M02；

指令说明：①M30 表示程序结束，机床停止运行，并且系统复位，程序返回到开始位置；M02 表示程序结束，机床停止运行，程序停在最后一句。②M30 指令或 M02 指令应单独设置一个程序段。

（4）主轴旋转/停止指令 M03、M04、M05

指令格式：M03/M04 S＿；

　　　　　…

　　　　　M05；

指令说明：①执行 M03 指令，起动主轴正转；执行 M04 指令，起动主轴反转；执行 M05 指令，主轴停止转动；S 表示主轴转速。例如执行"M04 S500;"程序段，主轴以 500r/min 转速反转。②M03 指令、M04 指令、M05 指令可以和 G 功能代码设在一个程序段内。

（5）切削液开关指令 M08、M09

指令格式：M08；

　　　　　…

　　　　　M09；

指令说明：①M08 表示打开切削液，M09 表示关闭切削液。②执行 M00 指令、M01 指令、M02 指令、M30 指令，均能关闭切削液。如果机床有安全门限位开关，则打开安全门时，切削液也会关闭。

3. G 指令——准备功能

G 功能（指令）由地址字 G 和其后的一位或两位数字组成，它用来规定刀具和工件的相对运动轨迹、机床坐标系、坐标平面、刀具补偿、坐标偏置等多种加工操作。

同组 G 代码不能在一个程序段中同时出现，如果同时出现，则最后一个 G 代码有效。G 代码也分为模态代码与非模态代码。模态代码一经指定一直有效，直到被同组 G 代码取代为止；非模态码只在本程序段有效，无续效性。FANUC 0i 系统常用的 G 代码见表 4-2。

表 4-2　FANUC 0i 系统常用的 G 代码

G 代码	组	功　能	G 代码	组	功　能
* G00	01	快速定位	G70	00	精加工循环
G01		方向直线插补	G71		外径/内径粗车复合循环
G02		顺时针圆弧插补	G72		端面粗车复合循环
G03		逆时针圆弧插补	G73		闭合粗车复合循环
G04	00	暂停	G74		端面车槽/钻孔复合循环
G20	06	英制输入	G75		外径/内径车槽复合循环
* G21		米制输入	G76		复合螺纹切削循环
G27	00	返回参考点检查	G80	10	固定钻削循环取消
G28		返回参考位置	G83		钻孔循环
G32	01	螺纹切削	G84		攻螺纹循环
G34		变螺距螺纹切削	G85		正面镗循环
G36	00	自动刀具补偿 X	G87		侧钻循环
G37		自动刀具补偿 Z	G88		侧攻螺纹循环
* G40	07	取消刀具半径补偿	G89		侧镗循环
G41		刀具半径左补偿	G90	01	纵向(外径/内径)车削单一循环
G42		刀具半径右补偿	G92		螺纹车削单一循环
G50	00	坐标系或主轴最大速度设定	G94		横向(端面)车削单一循环
G52		局部坐标系设定	G96	02	恒线速度控制
G53		机床坐标系设定	* G97		恒线速度控制取消
* G54~G59	14	选择工件坐标系 1~6	G98	05	每分钟进给
G65	00	调用宏指令	* G99		每转进给

注：带 * 的代码为系统电源接通时的初始值。

4.1.3　数控车床的基本编程方法

特别提示：在 FANUC 0i 系统中，编程输入的任何坐标字（包括 X、Y、Z、I、J、K、U、V、W、R 等），在其整数值后须加小数点，如"X100"须记作"X100.0"，也可简写成"X100."。否则系统认为坐标字数值为 100×0.001mm＝0.1mm。

1. 英制与米制尺寸指定指令 G20、G21

（1）指令格式　G20/G21；

（2）指令说明

1）G20 指令和 G21 指令可在指定程序段与其他指令同行，也可独立占用一个程序段。

2）英制尺寸的单位是英寸（in），米制尺寸的单位是毫米（mm），1in＝25.4mm。

3）G20、G21 是两个互相取代的 G 指令，由于一般在机床出厂时就将 G21 设定为参数默认状态，因此以 mm 为单位编程时，可不再指定 G21。但以 in 为单位编程时，在程序开始必须指定 G20（在坐标系统设定前）。

4）在一个程序中，也可以混合使用以 mm 为单位的尺寸和以 in 为单位的尺寸。在 G20 被指定后、G21 未被指定前的各程序段中为以 in 为单位的尺寸输入；在 G21 被指定后、G20 未被指定前的各程序段中为以 mm 为单位的尺寸输入。G21、G20 具有停电后的续效性，为避免出现意外，在使用 G20 指令后，在程序结束前务必加一个 G21 指令，以恢复机床的默认状态。

2. 直径编程与半径编程指定

数控车床编程时，X 坐标（径向尺寸）有直径指定和半径指定两种方法，采用哪种方法取决于系统参数设定。当用直径值编程时，称为直径编程法；用半径值编程时，称为半径编程法。由于零件的径向尺寸在图中的标注和测量都是以直径值表示的，所以车床出厂时一般设定为直径编程。如需用半径编程，则要改变系统中相关的设定参数，使系统处于半径编程状态。

如图4-4a所示，A点的X坐标用直径编程时为X42；如图4-4b所示，用半径编程时A点的X坐标为X21。

3. 绝对坐标和增量坐标指定

由于FANUC系统中G90指令为纵向单一切削循环功能，所以不能再用来指定绝对坐标编程，因此直接用地址字X、Z表示绝对坐标编程，用地址字U、W表示相对坐标编程。

对图4-5所示的零件，如果刀具以0.2mm/r的速度按$A \to B \to C$直线进给。

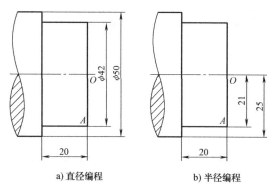

a) 直径编程   b) 半径编程

图4-4　直径编程与半径编程

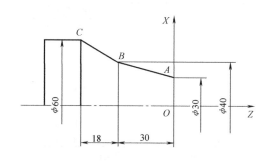

图4-5　绝对坐标编程与增量坐标编程

绝对坐标编程如下：

N10 G01 X40. Z-30. F0.2；

N20 X60. Z-48.；

相对坐标编程如下：

N10 G01 U10. W-30. F0.2；

N20 U20 W-18.；

4. 刀具移动指令

（1）快速定位指令G00

指令格式：G00 X(U) ＿ Z(W) ＿；

指令说明：X、Z为绝对编程时，快速定位终点在工件坐标系中的坐标；U、W为增量编程时，快速定位终点相对于起点的位移量。

如图4-6所示，刀尖从A点快进到B点，分别用绝对坐标、增量坐标编程。

绝对坐标编程指令：G00 X40. Z58.；

增量坐标编程指令：G00 U-60. W-28.5；

G00指令刀具相对于工件以各轴预先设定的速度，从当前位置快速移动到程序段指令的定位

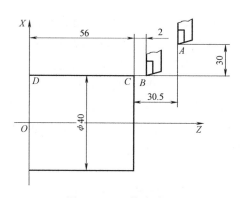

图4-6　G00指令编程

目标点。G00 指令中的快移速度由机床参数"快移进给速度"对各轴分别设定，不能用程序字 F 规定，并且可通过操作面板上的快移速度修调开关来调节。G00 指令一般用于加工前快速定位或加工后快速退刀。G00 指令为模态功能，可由 G01、G02、G03 或 G32 功能注销。

注意： 在执行 G00 指令时，各轴以各自的速度移动，不能保证各轴同时到达终点，所以联动直线轴的合成轨迹不一定是一条直线；程序中只有一个坐标值 X 或 Z 时，刀具将沿该坐标轴方向移动；有两个坐标值 X 和 Z 时，刀具将先同时以同样的速度移动，当位移较短的轴到达目标位置时，行程较长的轴单独移动，直至均到达终点。

（2）直线插补指令 G01

指令格式：G01 X（U）__ Z（W）__ F __；

指令说明：X、Z 为绝对坐标编程时终点在工件坐标系中的坐标；U、W 为增量坐标编程时终点相对于起点的位移量；F 为合成进给速度，在 G98 指令下，F 为每分钟进给（mm/min）；在 G99（默认状态）指令下，F 为每转进给（mm/r）。如图 4-6 所示，刀具从 B 点以 F0.1（F=0.1mm/r）进给到 D 点的编程指令如下：

G01 X40. Z0 F0.1；绝对坐标编程

或 G01 U0 W−58. F0.1；增量坐标编程

或 G01 X40. W−58. ；混合坐标编程

或 G01 U0 Z0. ；混合坐标编程

G01 指令刀具以联动的方式，按程序字 F 规定的合成进给速度，从当前位置按线性路线（联动直线轴的合成轨迹为直线）移动到程序段指令的终点。一般将其作为切削加工运动指令，既可以单坐标移动，又可以两坐标同时插补运动。G01 是模态代码，可由 G00、G02、G03 或 G32 功能注销。

【例 4-1】 如图 4-7 所示，设零件各表面已完成粗加工，试用 G00、G01 指令编写加工程序。

绝对坐标编程如下：

G00 X18. Z2. ；　　　　　　A→B

G01 X18. Z−15. F0.1；　　　B→C

G01 X30. Z−26. ；　　　　　C→D

G01 X30. Z−36. ；.　　　　　D→E

G01 X42. Z−36. ；　　　　　E→F

增量坐标编程如下：

G00 U−62. W−58. ；　　　　A→B

G01 W−17. F0.1；　　　　　B→C

G01 U12. W−11. ；　　　　　C→D

G01 W−10. ；　　　　　　　D→E

G01 U12. ；　　　　　　　　E→F

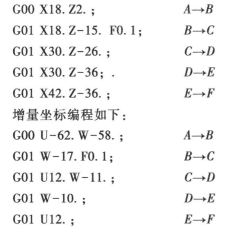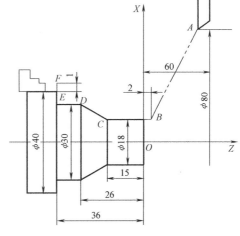

图 4-7　直线插补指令实例

（3）圆弧插补指令 G02、G03

指令格式：G02/G03　X（U）__　Z（W）__　R __　F __；

或 G02/G03　X（U）__　Z（W）__　I __　K __　F __；

指令说明：G02 为顺时针方向圆弧插补，G03 为逆时针方向圆弧插补；X、Z 为绝对坐标编程时，圆弧终点在工件坐标系中的坐标；U、W 为增量坐标编程时，圆弧终点相对于圆弧起点的位移量；I、K 为圆心相对于圆弧起点的坐标增量（等于圆心的坐标减去圆弧起点的坐标），在绝对坐标编程、增量坐标编程时都是以增量方式指定的，在直径编程、半径编程时 I 都是半径值；R 为圆弧半径；F 为被编程的两个轴的合成进给速度。

注意：①顺时针方向或逆时针方向是从垂直于圆弧所在平面的坐标轴的正方向看到的回转方向，所以前置刀架和后置刀架的圆弧顺时针和逆时针方向判断是有区别的，如图4-8所示。对于同一零件，不管按前置刀架还是后置刀架编程，圆弧的顺时针和逆时针方向是一致的，从而编写的程序也就是通用的。②同时编入 R 与 I、K 时，R 有效。

【例 4-2】 如图 4-9 所示，用顺时针方向圆弧插补指令编程。

　　圆心方式编程为：G02 X50. Z-20. I25. K0 F0. 2；

　　　　　　　　　　或 G02 U20. W-20. I25. F0. 2；

　　半径方式编程为：G02 X50. Z-20. R25. F0. 2；

　　　　　　　　　　或 G02 U20. W-20. R25. F0. 2；

【例 4-3】 如图 4-10 所示，用逆时针方向圆弧插补指令编程。

　　圆心方式编程为：G03 X50. Z-20. I-15. K-20. F0. 2；

　　　　　　　　　　或 G03 U20. W-20. I-15. K-20. F0. 2；

　　半径方式编程为：G03 X50. Z-20. R25. F0. 2；

　　　　　　　　　　或 G03 U20. W-20. R25. F0. 2；

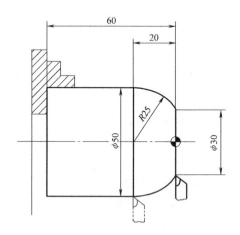

图 4-8　圆弧顺时针和逆时针方向的判断

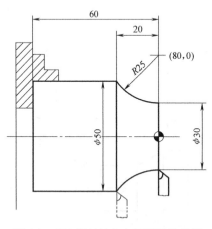

图 4-9　G02 顺时针方向圆弧插补实例

图 4-10　G03 逆时针方向圆弧插补实例

5. 参考点返回功能指令 G28

指令格式：G28 X(U) ___ Z(W) ___；

指令说明：X、Z 为绝对坐标编程时中间点在工件坐标系中的坐标；U、W 为增量坐标编程时中间点相对于起点的位移量。

G28 指令首先使所有的编程轴都快速定位到中间点，然后再从中间点返回到参考点。G28 指令一般用于刀具自动更换或者消除机械误差，执行该指令之前应取消刀尖半径补偿。

电源接通后，在没有手动返回参考点的状态下，指定 G28 时，从中间点自动返回参考点，与手动返回参考点相同。这时从中间点到参考点的方向就是机床参数"回参考点方向"设定的方向。G28 指令仅在其被规定的程序段中有效。

如图 4-11 所示，程序为"G28 X124.Z55.；"或"G28 U80. W30.；"。

注意： X(U)、Z(W) 是刀具出发点与参考点之间的任一中间点，但此中间点不能超过参考点。有时为保证返回参考点的安全，应先沿 X 向返回参考点，然后沿 Z 向返回参考点。

6. 延时功能指令 G04

指令格式：G04 X ___/(U ___/P ___)；

指令说明：P 为暂停时间，后面只能跟整数，单位为 ms；X、U 为暂停时间，后面可跟小数，单位为 s。

G04 指令按给定时间进行进给延时，延时结束后再自动执行下一段程序。在执行含 G04 指令的程序段时，先执行暂停功能。G04 为非模态指令，仅在其被规定的程序段中有效。G04 指令主要用于加工环槽、不通孔时使刀具在短时间无进给方式下进行光整加工，如图 4-12 所示。

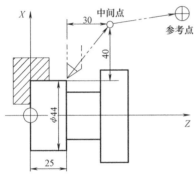

图 4-11 G28 指令实例

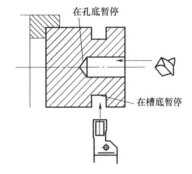

图 4-12 G04 指令功能

例如，程序暂停 2.5s 的加工程序为 "G04 X2.5"；或 "G04 U2.5；"或 "G04 P2500；"。

7. 工件坐标系设置指令 G50

指令格式：G50 X ___ Z ___；

指令说明：X、Z 为对刀点到工件坐标系原点的有向距离（即对刀点在要建立的工件坐标系中的坐标）。当执行 "G50 Xα Zβ；" 指令后，系统内部即对（α，β）进行记忆，并建立一个使刀具当前点坐标值为（α，β）的坐标系，系统控制刀具在此坐标系中按程序进行加工。执行 G50 指令只建立一个坐标系，刀具不产生运动。

如图 4-13 所示，设置工件坐标系的程序段为 "G50 X128.7 Z375.1；"。

注意： 用 G50 指令建立工件坐标系时，程序运行前刀具起点的位置必须在对刀点上，这样才能建立正确的工件坐标

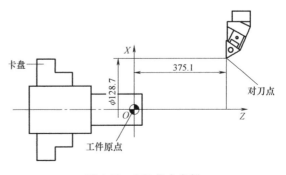

图 4-13 G50 指令实例

系，但这必须通过对刀操作来将刀具起点定位在对刀点上，实际使用时很麻烦，所以现在大多直接使用 T 指令在换刀的同时确定工件坐标系。

【例 4-4】 数控车床基本指令应用编程实例 1，如图 4-14 所示。

参考程序如下：

O0044；	程序名
N1 G50 X100.Z10.；	定义对刀点的位置，建立工件坐标系
N2 M03 S600；	主轴正转，转速为 600mm/min
N3 G00 X16.Z2.；	快速定位到倒角延长线，Z 轴 2mm 处
N4 G01 X26.W−5.F0.2；	倒角 C3
N5 Z−68.；	加工 ϕ26mm 外圆
N6 X60.Z−88.；	切第一段锥
N7 X80.Z−112.；	切第二段锥
N8 X90.；	退刀
N9 G00 X100.Z10.；	回对刀点
N10 M05；	主轴停转
N11 M30；	程序结束并复位

【例 4-5】 数控车床基本指令应用编程实例 2，如图 4-15 所示。

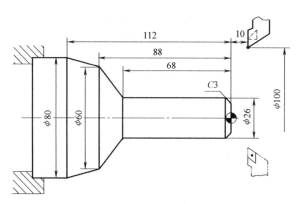

图 4-14　数控车床基本指令编程实例 1

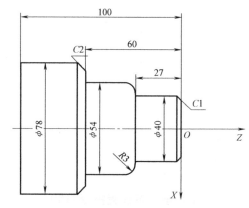

图 4-15　数控车床基本指令编程实例 2

参考程序如下：

O0045；	程序名
N11 T0101；	换刀的同时，建立工件坐标系
N12 M03 S600；	主轴正转，转速为 600mm/min
N13 G00 X34.Z2.；	快速定位到倒角延长线，Z 轴 2mm 处
N14 G01 X40.Z−1.F0.2；	倒角 C1
N15 Z−27.；	加工 ϕ40mm 外圆
N16 X48.；	加工端面
N17 G03 X54.W−3.R3.；	加工 R3 球面
N18 G01 Z−60.；	加工 ϕ48mm 外圆
N19 X74.；	加工端面

N20 X78. W−2. ;	倒角 C2
N21 Z−100. ;	加工 φ58mm 外圆
N22 X80. ;	退刀
N23 G00 X100.Z100. ;	快速返回
N24 M05;	主轴停转
N25 M30;	程序结束并复位

注意：该例题及后面的例题，如果未指定所用刀具号，均默认为 T01 号刀，其刀偏值（工件原点在机床坐标系中的坐标值）也默认为01。

8. 刀尖圆弧半径补偿指令 G40、G41、G42

数控程序是针对刀具上的某一点即刀位点编制的，车刀的刀位点为理想尖锐状态下的假想刀尖 P 点（见图4-16）。但实际加工中的车刀，由于工艺或其他要求，其刀尖往往不是一种理想尖锐点，而是一段圆弧。切削工件的右端面时，车刀圆弧的切削点与假想刀尖点 P 的 Z 坐标值相同，车外圆时车刀圆弧的切点与点 P 的 X 坐标值相同，切削出的工件没有形状误差和尺寸误差，因此可以不考虑刀尖圆弧半径补偿。如果车削圆锥面和球面，则必存在加工误差，如图4-17所示，在锥面和球面处的实际切削轨迹和要求的轨迹之间存在误差，造成过切或少切。这一加工误差必须靠刀尖圆弧半径补偿的方法来修正。图4-18a所示为假想刀尖沿着编程轮廓 $A_0 \to A_1 \to A_2 \to A_3 \to A_4 \to A_5$ 切削，在锥面处产生误差 δ。图4-18b所示为采用刀尖圆弧半径补偿后的情况，此时并不是假想刀尖沿运动轨迹 $A_0 \to A_1 \to A_2 \to A_3 \to A_4 \to A_5$ 切削，而是刀尖圆弧上的点沿着编程轮廓切削，从而避免了锥面车削时的少切，消除了加工误差。

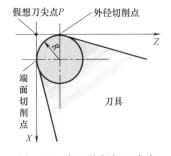

图4-16　车刀的假想刀尖点

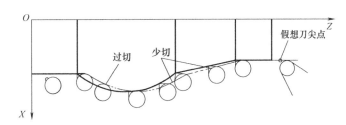

图4-17　车刀的实际切削状态

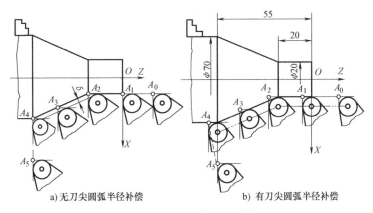

a) 无刀尖圆弧半径补偿　　　　b) 有刀尖圆弧半径补偿

图4-18　刀具半径补偿及其效果

具体可用 G41 指定刀尖圆弧半径左补偿，用 G42 指定刀尖圆弧半径右补偿，用 G40 取消刀尖圆弧半径补偿。刀尖圆弧半径补偿偏置方向的判别方法是：由 Y 轴的正向往负向看，如果刀具的前进路线在工件的左侧，则称为刀尖圆

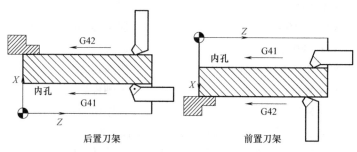

图 4-19　左刀补和右刀补的判断

弧半径左补偿（简称"左刀补"）；如果刀具的前进路线在工件的右侧，则称为刀尖圆弧半径右补偿（简称"右刀补"）。具体判断方法如图 4-19 所示。

指令格式：G41/G42 G00/G01 X __ Z __;

　　　　　　…

　　　　　　G40 G00/G01 X __ Z __;

指令说明：①G41/G42 不带参数，其补偿值（代表所用刀尖圆弧对应的刀具半径补偿值）由 T 代码指定。其刀尖圆弧半径补偿号与刀具偏置补偿号对应。②刀尖圆弧半径补偿的建立与取消只能用 G00 或 G01 指令，不能用 G02 或 G03 指令。

刀尖圆弧半径补偿寄存器中，定义了车刀圆弧半径及刀尖位置号。车刀刀尖的位置号定义了刀具刀位点与刀尖圆弧中心的位置关系，有 0～9 共 10 个位置号，如图 4-20 所示。图中，符号●代表刀具刀位点 A，符号+代表刀尖圆弧圆心。

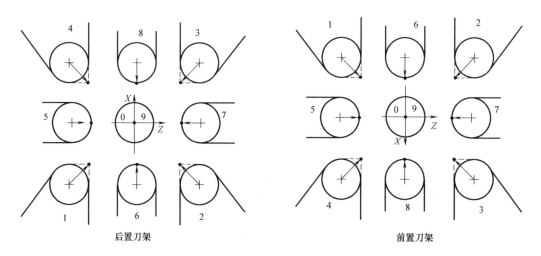

图 4-20　车刀刀尖位置号

【例 4-6】　刀尖圆弧半径补偿编程实例如图 4-21 所示，编程原点在工件右端面中心。

O0046;	程序名
N11 T0101;	换刀的同时，建立工件坐标系
N12 M03 S600;	主轴正转，转速为 600mm/min
N13 G42 G00 X0 Z2.;	快速定位至切削起点，建立刀尖圆弧半径右补偿

N14 G01 Z0 F0. 2；

N15 G03 X18. Z-9. R9. ；

N16 G01 Z-15. ；

N17 X21. ；

N18 X24. W-1. 5；

N19 W-8. 5；

N20 X28. ；

N21 X34. W-8. ；

N22 Z-37. ；

N23 G02 X42. Z-41. R4. ；

N24 Z-56. ；

N25 X44. ；

N26 G40 G00 X100. Z100. ；　　　快速返回，取消刀尖圆弧半径右补偿

N27 M05；　　　　　　　　　　主轴停转

N28 M30；　　　　　　　　　　程序结束并复位

4.1.4　阶梯轴零件的编程

如图 4-22 所示，车削台阶的过程为"切入→切削→退刀→返回"，沿 $A→B→C→D$ 的常规编程为：

N1 G00 X50. ；

N2 G01 Z-30. F0. 1；

N3 X65. ；

N4 G00 Z2. ；

如果采用单一形状固定循环指令，则只用一个循环指令即可完成上述四个动作，给编程带来很大的方便，下面具体介绍一些常用的单一形状固定循环指令。

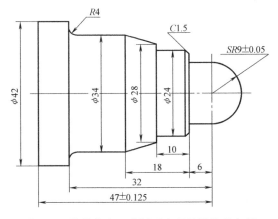

图 4-21　数控车床刀尖圆弧半径补偿编程实例

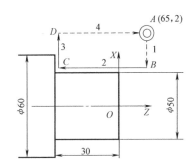

图 4-22　台阶车削示意

1. 纵向单一形状固定循环指令 G90

指令格式：G90 X（U）＿ Z（W）＿ R ＿ F ＿；

指令说明：X、Z 为切削终点的绝对坐标值；U、W 为切削终点相对于起点的坐标增量；R 为切削起点相对于终点的半径差。如果切削起点的 X 向坐标小于终点的 X 向坐标，R 值为负，反之为正。

图 4-23 所示为 G90 指令循环示意。图中虚线（或字母 R）表示快速进给，细实线（或字母 F）表示切削进给。

图 4-22 所示的台阶车削，用单一循环编程可写为"G90 X50. Z-30. F0.1;"，这样可使得程序大大简化。一次循环完成刀具切入、切削加工、退刀和返回四个动作。

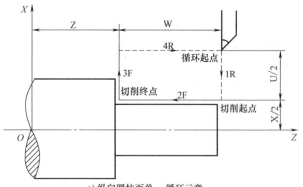

a) 纵向圆柱面单一循环示意

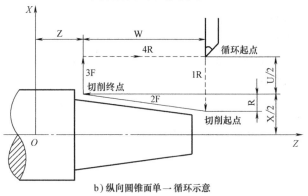

b) 纵向圆锥面单一循环示意

图 4-23 G90 指令循环示意

【例 4-7】 应用纵向单一形状固定循环指令完成图 4-24 所示零件编程。毛坯尺寸为 $\phi45\text{mm}\times80\text{mm}$，每次直径方向车削余量为 5mm。参考程序如下：

O0047;	程序名
T0101;	换 1 号刀具，建立工件坐标系
M03 S600;	主轴正转，转速为 600mm/min
G00 X47. Z2.;	刀具定位至循环起点 A
G90 X40. Z-30. F0.1;	刀具轨迹为 A→C→G→E→A
X35.;	刀具轨迹为 A→D→H→E→A
X30.;	刀具轨迹为 A→F→I→E→A
G00 X100. Z100.;	快速返回
M05;	主轴停转
M30;	程序结束并复位

【例 4-8】 应用纵向单一形状固定循环功能完成图 4-25 所示零件编程。毛坯尺寸为 $\phi50\text{mm}\times80\text{mm}$，每次直径方向车削余量为 4mm。参考程序如下：

O0048;	程序名
T0101;	换 1 号刀具，建立工件坐标系
M03 S600;	主轴正转，转速为 600mm/min
G00 X52. Z3.;	刀具定位至循环起点
G90 X46. Z-20. F0.1;	加工直径为 $\phi46\text{mm}$ 的台阶
X42. Z-10.;	直径为 $\phi38\text{mm}$ 的台阶第一次加工
X38.;	直径为 $\phi38\text{mm}$ 的台阶第二次加工

G00 X100. Z100. ;　　　　　快速返回

M05 ;　　　　　　　　　　主轴停转

M30 ;　　　　　　　　　　程序结束并复位

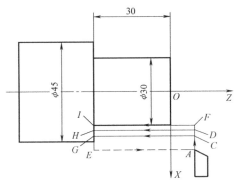

图 4-24　G90 指令编程实例 1

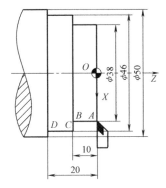

图 4-25　G90 指令编程实例 2

【例 4-9】　应用纵向单一形状固定循环指令完成图 4-26 所示零件编程。毛坯尺寸为 φ34mm×80mm，每次直径方向车削余量为 2mm，车削时的实际锥度 R 为 -4.4。

参考程序如下：

O0049 ;　　　　　　　　　程序名

T0101 ;　　　　　　　　　换 1 号刀具，建立工件坐标系

M03 S600 ;　　　　　　　主轴正转，转速为 600mm/min

G00 X36. Z2. ;　　　　　刀具定位至循环起点

G90 X34. Z-20. R-4.4 F0.1 ;　　刀具轨迹为 A→B→G→F→A

X32. ;　　　　　　　　　刀具轨迹为 A→C→K→F→A

X30. ;　　　　　　　　　刀具轨迹为 A→D→I→F→A

X28. ;　　　　　　　　　刀具轨迹为 A→E→M→F→A

G00 X100. Z100. ;　　　　快速返回

M05 ;　　　　　　　　　　主轴停转

M30 ;　　　　　　　　　　程序结束并复位

2. 横向（端面）单一形状固定循环指令 G94

指令格式：G94 X（U）__ Z（W）__ R __ F __ ;

指令说明：X、Z 为切削终点的绝对坐标值；U、W 为切削的终点相对于循环起点的坐标增量；R 为切削起点相对于切削终点在 Z 轴方向的坐标增量。当切削起点的 Z 向坐标小于切削终点的 Z 向坐标时，R 为负，反之为正。切削圆柱面时，程序字 R 省略。

图 4-27 所示为 G94 指令循环示意，图中字母 R 或细虚线表示快速进给，字母 F 或细实线表

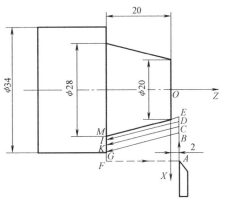

图 4-26　G90 指令编程实例 3

示切削进给。

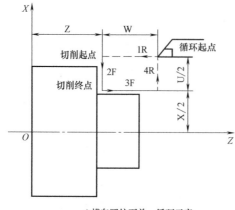  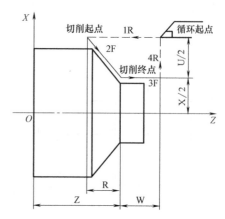

a) 横向圆柱面单一循环示意　　　　　　　　b) 横向圆锥面单一循环示意

图 4-27　G94 指令循环示意

【例 4-10】　应用横向单一形状固定循环指令完成图 4-28 所示零件编程。毛坯尺寸为 $\phi80mm\times50mm$，Z 方向上前两次车削余量分别为 2mm，第 3 次车削余量为 1mm。参考程序如下：

O0410;	程序名
T0101;	换 1 号刀具，建立工件坐标系
M03 S600;	主轴正转，转速为 600mm/min
G00 X82. Z2. ;	刀具定位至循环起点
G94 X50. Z-2. F0. 1;	刀具轨迹为 $A\to F\to E\to B\to A$
Z-4. ;	刀具轨迹为 $A\to T\to R\to B\to A$
Z-5. ;	刀具轨迹为 $A\to L\to U\to B\to A$
G00 X100. Z100. ;	快速返回
M05;	主轴停转
M30;	程序结束并复位

【例 4-11】　应用横向单一形状固定循环功能完成图 4-29 所示零件编程。毛坯尺寸为 $\phi30mm\times60mm$，每次 Z 方向上车削余量为 2mm，车削时的实际锥度 R 为-12。参考程序如下：

O0411;	程序名
T0101;	换 1 号刀具，建立工件坐标系
M03 S600;	主轴正转，转速为 600mm/min
G00 X33. Z2. ;	刀具定位至循环起点
G94 X15. Z0 R-12. F0. 1;	刀具轨迹为 $A\to D\to C\to B\to A$
Z-2. ;	刀具轨迹为 $A\to E\to F\to B\to A$
Z-4. ;	刀具轨迹为 $A\to G\to M\to B\to A$
Z-6. ;	刀具轨迹为 $A\to N\to T\to B\to A$
G00 X100. Z100. ;	快速返回
M05;	主轴停转
M30;	程序结束并复位

除此之外，还有螺纹切削单一固定循环指令 G92，请参阅 4.1.7。

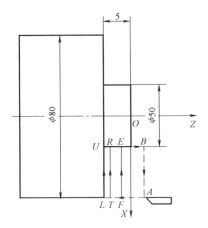

图 4-28　G94 指令编程实例 1

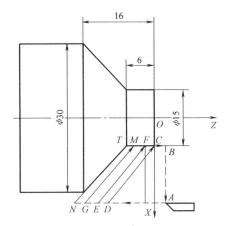

图 4-29　G94 指令编程实例 2

4.1.5　成形零件的编程

对于形状为连续轮廓的成形零件，运用复合固定循环指令加工时，只需指定精加工路线和粗加工的背吃刀量，系统自动计算粗加工路线和走刀次数。

1. 外径/内径粗车复合固定循环指令 G71

执行 G71 指令，可将工件切削到精加工之前的尺寸，精加工前的工件形状及粗加工的刀具路径由系统根据精加工尺寸自动设定。

指令格式：G71 U(Δd) R(e)；

G71 P(ns) Q(nf) U(Δu) W(Δw) F(f_1) S(s_1) T(t_1)；

N(ns)……

F(f_2) S(s_2) T(t_2)；

…

N(nf)…

指令说明：

① G71 指令用于棒料毛坯循环粗加工，切削沿平行于 Z 轴的方向进行，其循环示意如图 4-30 所示。A 为循环起点，$B \rightarrow C$ 是工件的轮廓线，$A \rightarrow B \rightarrow C$ 为精加工路线，粗加工时刀具从 A 点后退 $\Delta u/2$、Δw 至 A' 点，即自动留出精加工余量。

② G71 后紧跟的顺序号 $ns \sim nf$ 之间的程序段描述刀具切削的精加工路线（即工件轮廓），在 G71 指令中给出精车余量 Δu、Δw 及背吃刀量 Δd，数控系统自动计算出粗车次数、粗车路径并控制刀具完成粗车加工，最后沿轮廓 $B' \rightarrow C'$ 粗车一刀，完成整个粗

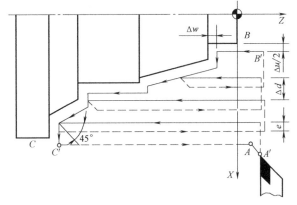

图 4-30　G71 指令循环示意

车循环。

③ Δd 表示每次背吃刀量（半径值），无正负号；e 表示退刀量（半径值），无正负号；ns 表示精加工路线第一个程序段的顺序号；nf 表示精加工路线最后一个程序段的顺序号；Δu 表示 X 方向的精加工余量（直径值）；Δw 表示 Z 方向的精加工余量；f_1、s_1、t_1 分别指定粗加工的进给速度、主轴转速和所用刀具，f_2、s_2、t_2 分别指定精加工的进给速度、主轴转速和所用刀具。

④ 使用循环指令编程，首先要确定循环起点的位置。循环起点 A 的 X 坐标应位于毛坯尺寸之外，即循环起点 A 的 X 坐标必须大于毛坯的直径，Z 坐标值应比轮廓始点 B 的 Z 坐标值大 2~3mm。

⑤ 由循环起点到 B 的路径（精加工程序段的第一句）只能用 G00 或 G01 指令，而且必须有 X 方向的移动指令，不能有 Z 方向的移动指令。

⑥ 车削的路径必须是 X 方向单调增大，不能有内凹的轮廓。

【例 4-12】 如图 4-31 所示，用 G71 粗车复合固定循环指令编程。毛坯尺寸为 φ50mm×50mm，所用刀具为 T01 外圆车刀。

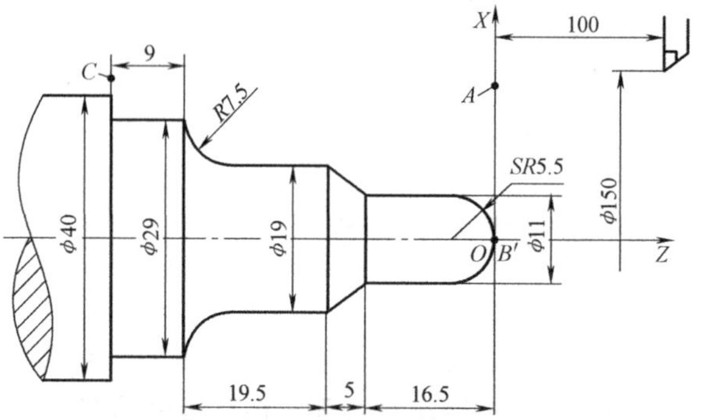

图 4-31 外径粗车复合固定循环指令应用实例

参考程序如下：

O0412;	程序名
N11 T0101;	换 1 号刀，建立工件坐标系
N12 M03 S600;	主轴正转，转速为 600mm/min
N13 G00 X42. Z2.;	快速定位至循环起点
N14 G71 U2. R1.;	外圆粗车复合循环，每次单边背吃刀量为 2mm，退刀量为 1mm
N15 G71 P16 Q24 U0.3 W0.1 F0.2;	精加工起始段号 N16，结束段号 N24，X 方向精加工余量为 0.3mm，Z 方向精加工余量为 0.1mm，粗加工进给速度为 0.2mm/r
N16 G00 X0;	
N17 G01 Z0;	
N18 G03 X11. W−5.5 R5.5;	
N19 G01 W−11.;	
N20 X19. W−5.;	
N21 W−12.;	
N22 G02 X29. W−7.5 R7.5;	
N23 G01 W−9.;	
N24 X42.;	退刀
N25 G00 X150. Z100.;	快速返回

| N26 M05; | 主轴停转 |
| N27 M30; | 程序结束并复位 |

2. 精车固定循环指令 G70

执行 G71 指令（包括后面即将讲述的 G72 指令、G73 指令）完成粗加工后，需用 G70 指令进行精加工，切除粗加工中留下的余量。

指令格式：G70 P(*ns*) Q(*nf*);

指令说明：

① 指令中的 *ns*、*nf* 与前几个指令的含义相同。在 G70 状态下，*ns~nf* 程序中指定的 F、S、T 有效；当 *ns~nf* 程序中不指定 F、S、T 时，则粗车循环中指定的 F、S、T 有效。

② 粗车循环后用精车循环 G70 指令进行精加工，将粗车循环剩余的精车余量去除，加工出符合图样要求的零件。

③ 精车时要提高主轴转速，降低进给速度，以达到零件表面质量要求。

④ 精车循环指令通常使用粗车循环指令中的循环起点，因此不必重新指定循环起点。

【例 4-13】 加工图 4-32 所示阶梯孔类零件，材料为 45 钢，毛坯尺寸为 $\phi50\text{mm}\times50\text{mm}$，设外圆及端面已加工完毕，用 G71 粗车复合固定循环指令编写其内轮廓粗加工程序，并用精车固定循环指令 G70 完成精加工。

（1）加工方法　用 $\phi3\text{mm}$ 的中心钻手工钻削中心孔；用 $\phi20\text{mm}$ 钻头手工钻 $\phi20\text{mm}$ 的孔；用 T01 内孔车刀粗车内孔；用 T02 内孔车刀精车内孔。工件坐标系及起刀点如图 4-33 所示。

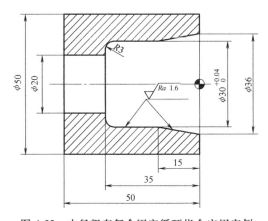

图 4-32　内径粗车复合固定循环指令应用实例

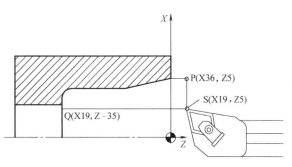

图 4-33　工件坐标系及起刀点设置

（2）程序编写

O0413;	程序名
G98;	初始化，指定每分钟进给
T0101;	换 1 号刀，建立工件坐标系，粗车内孔
M03 S500;	主轴正转，转速为 500mm/min
G00 X19. Z5.;	快速定位至循环起点
G71 U1. R0.5;	内径粗车复合循环
G7l P10 Q20 U−0.3 W0.1 F80;	*X* 向的精加工余量必须为负值

N10 G00 X36. ;   精加工起始段

G01 Z0 ;

X30 Z−15. ;

Z−32. ;

G03 X24. Z−35. R3 ;

N20 G01 X19. ;   精加工结束段

G00 Z2. ;   *Z* 向快速退刀

X100. Z100. ;   快速返回换刀点

T0202 ;   换 2 号刀，建立工件坐标系，精车内孔

S800 F50 ;   主轴转速为 800r/min，进给速度为 50mm/min

G00 X19. Z5. ;   快速定位至循环起点

G70 P10 Q20 ;   精车固定循环，完成精加工

X100. Z100. ;   快速返回换刀点

M05 ;   主轴停转

M30 ;   程序结束并复位

3. 端面粗车复合固定循环指令 G72

指令格式：G72 W(Δd) R(e) ;

             G72 P(ns) Q(nf) U(Δu) W(Δw) F(f) S(s) T(t) ;

指令说明：

① 除切削沿平行于 X 轴方向进行外，该指令功能与 G71 指令相同，其循环示意如图 4-34 所示。

② Δd 为背吃刀量（Z 方向），其他参数同 G71 指令。

③ 端面粗车复合固定循环适于 Z 向余量小，X 向余量大的棒料粗加工。

④ 精加工程序段的第一句只能写 Z 值，不能写 X 或 X、Z 同时写入。

⑤ 端面（Z 向）不能有内凹的轮廓。

【例 4-14】 按图 4-35 所示尺寸编写端面粗车复合固定循环加工程序。毛坯尺寸为 ϕ40mm×60mm，所用刀具为 T01 端面车刀。参考程序如下：

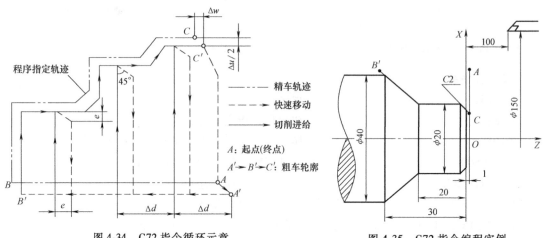

图 4-34　G72 指令循环示意　　　　　　图 4-35　G72 指令编程实例

O0414

N11 T0101;	换1号刀，建立工件坐标系
N12 M03 S600;	主轴正转，转速为600mm/min
N13 G00 X42. Z2.;	快速定位到循环起点
N14 G72 W2. R1.;	端面粗车复合循环，每次背吃刀量为2mm，退刀量为1mm
N15 G72 P16 Q19 U0.1 W0.3 F0.2;	精加工起始段号为N16，结束段号为N24，X方向精加工余量为0.1mm，Z方向精加工余量为0.3mm，粗加工进给速度为0.2mm/r
N16 G00 Z-31.;	精加工开始
N17 G01 X20. Z-20.;	
N18 Z-2.;	
N19 X14. Z1.;	精加工结束
N20 G00 X100. Z100.;	快速返回
N21 M05;	主轴停转
N22 M30;	程序结束并复位

4. 闭合粗车复合固定循环指令 G73

G73指令适用于毛坯轮廓形状与零件轮廓形状基本接近时的粗车。例如，一些锻件、铸件的粗车，采用G73指令进行粗加工将大大节省工时，提高切削效率。G73指令的功能与G71指令、G72指令基本相同，所不同的是刀具路径按工件精加工轮廓进行循环。

指令格式：G73 U(Δi) W(Δk) R(d)；

　　　　　G73 P(ns) Q(nf) U(Δu) W(Δw) F(f) S(s) T(t)；

指令说明：

① i 为 X 轴方向总退刀量，也就是 X 轴方向的粗车余量（半径值）；Δk 为 Z 轴方向总退刀量，也就是 Z 轴方向的粗车余量；d 为粗车循环次数；其他参数含义同G71。G73指令循环示意如图4-36所示。

② 该指令可以切削有内凹的轮廓。

注意：G73指令用于毛坯为棒料的工件切削时，会有较多的空行程，因此对于棒料毛坯，应尽可能使用G71、G72。

【例4-15】 如图4-37所示，应用闭合粗车复合固定循环指令G73和精车固定循环指令G70编程。参考程序如下：

O0415;

N11 T0101;	换1号刀，建立工件坐标系
N12 M03 S600;	主轴正转，转速为600mm/min
N13 G00 X50. Z10.;	快速定位到循环起点
N14 G73 U13.53 W0. R10.;	闭合粗车复合循环，X向粗加工总余量为13.53mm，Z向粗加工总余量为0mm，粗加工次数为10次
N15 G73 P16 Q23 U0.3 W0.1 F0.2;	精加工起始段号为N16，结束段号为N23，X

方向精加工余量为 0.3mm，Z 方向精加工余量为 0.1mm，粗加工进给速度为 0.2mm/r

N16 G00 X3.32   精加工开始

N17 G01 Z0；

N18 G03 X12. W−5. R6. ；

N19 G01 W−10. ；

N20 X20. W−15. ；

N21 W−13. ；

N22 G02 X34. W−7. R7. ；

N23 G01 X36.   精加工结束

N24 G00 X100. Z100.

N25 G00 X40. Z2. S1000； 快速定位至精车循环起点

N26 G70 P16 Q23 F0.1； 精车复合循环，精加工进给速度为 0.1mm/r

N27 G00 X100. Z100. ； 快速返回

N28 M05；   主轴停转

N29 M30；   程序结束并复位

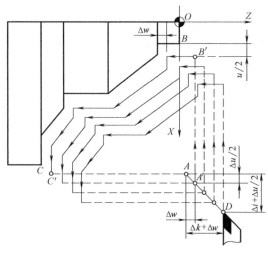

图 4-36 G73 指令循环示意

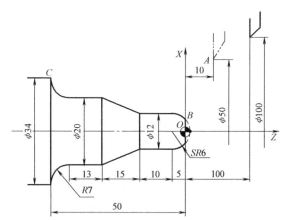

图 4-37 G73 指令编程实例

4.1.6　切槽及切断编程

1. 切槽加工编程

（1）切槽加工的特点　切槽及切断是数控车床加工的一个重要组成部分。切槽的主要形式有：在外圆面上加工沟槽；在内孔面上加工沟槽；在端面上加工沟槽。切槽加工的编程尺寸包括槽的位置、槽的宽度和深度等。

（2）切槽加工所用刀具　切槽加工所用刀具有高速钢切槽刀、硬质合金刀片安装在特殊刀柄上做成的可转位切槽刀等。如图 4-38 所示，在圆柱面上加工的切槽刀，以横向进给为主，前端的切削刃为主切削刃，两侧的切削刃为副切削刃。

切槽刀的类型各种各样，其刀具参考点通常设置在刀片的左侧。图 4-39 所示为切槽刀的类型。

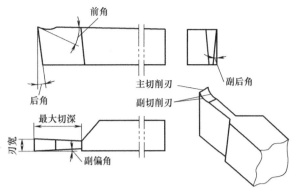

（3）切槽刀的选用与安装　选用切槽刀时，主切削刃宽度不能大于槽宽。主切削刃太宽会造成切削力太大而产生振动，因此可以使用较窄的刀片经过多次切削加工一个较宽的槽。但主切削刃也不能太窄，主切削刃太窄又会削弱刀体强度。

图 4-38　切槽刀的结构

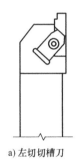 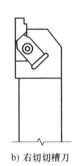 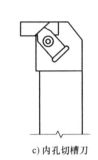 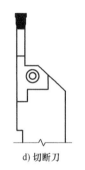

a) 左切切槽刀　　　　b) 右切切槽刀　　　　c) 内孔切槽刀　　　　d) 切断刀

图 4-39　切槽刀的类型

注意：切槽刀的刀片长度要略大于槽深，刀片太长，强度较差。在选择刀具的几何参数和切削用量时，要特别注意提高切槽刀的强度。切槽刀安装时不宜伸出过长，同时切槽刀的中心线必须与工件中心线垂直，以保证两个副偏角对称。主切削刃必须装得与工件中心等高。

（4）编程实例

【例 4-16】　直槽编程：如图 4-40 所示零件，所用切槽刀宽度为 3mm，装在刀架的 3 号刀位。主轴转速为 300r/min，进给速度为 20mm/min，编程原点在工件右端面中心。参考程序如下：

O0416；	程序名
G98；	初始化，指定每分钟进给
T0303；	换 3 号刀，建立工件坐标系
M03 S300；	主轴正转，转速为 300mm/min
G00 X40.Z-12；	快速定位到切槽起点（槽左边沿）
G01 X30.F20；	第一次切槽，进给速度为 20mm/min
G04 P2000；	槽底暂停 2s
G00 X40.；	快速退刀
W2.；	向右偏移 2mm
G01 X30.；	第二次切槽
G04 P2000；	槽底暂停 2s

G00 X40.;	快速退刀
G00 X100. Z100.;	快速返回
M05;	主轴停转
M30;	程序结束并复位

【例 4-17】 带反倒角切槽编程：如图 4-41 所示零件，切槽刀宽度为 3mm，装在刀架的 3 号刀位。主轴转速为 300r/min，进给速度为 20mm/min，编程原点在工件右端面中心。参考程序如下：

O0417;	程序名
G98;	初始化，指定每分钟进给
T0303;	换 3 号刀，建立工件坐标系
M03 S300;	主轴正转，转速为 300mm/min
G00 X35. Z−25.;	快速定位到切槽起点
G01 X20. F20;	切槽，切削宽度为 3mm
G04 P2000;	槽底暂停 2s
G00 X28.;	快速退刀
W2.;	向右偏移 2mm
G01 X20.;	再次切槽
G04 P2000;	槽底暂停 2s
G00 X28.;	快速退刀
Z−19.;	左刀尖编程位置，右刀尖在反倒角延长线（X28，Z−16）
G01 X20. Z−23.;	左刀尖到（X20，Z−23），右刀尖加工反倒角
G04 P2000;	槽底暂停 2s
G00 X35.;	快速退刀
X100. Z100.;	快速返回换刀点
M05;	主轴停转
M30;	程序结束并复位

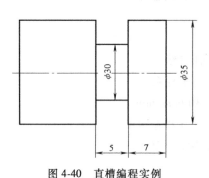

图 4-40 直槽编程实例

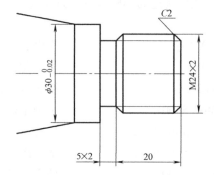

图 4-41 带反倒角切槽编程实例

（5）端面车槽复合循环指令 G74 端面车槽复合循环指令 G74 可以实现轴向深槽的加工，其循环过程如图 4-42 所示。如果忽略 X（U）和 P，只有 Z 轴运动，则该指令可作为 Z 轴深孔钻削循环指令。

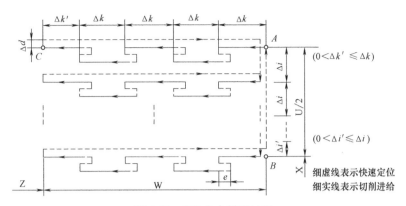

图 4-42　G74 指令循环过程

指令格式：G74 R(e)；

　　　　　G74 X(U)＿ Z(W)＿ P(Δi) Q(Δk) R(Δd) F(f)；

指令说明：e 为每次沿 Z 向切入 Δk 后的退刀量（正值）；X 为径向（槽宽方向）切削终点 B 的绝对坐标，U 为径向切削终点 B 与起点 A 的增量坐标；Z 为轴向（槽深方向）切削终点 C 的绝对坐标，W 为轴向切削终点 C 与起点 A 的增量。Δi 为 X 向每次循环移动量（正值、半径表示，单位为 μm）；Δk 为 Z 向每次切削深度（正值，单位为 μm）；Δd 为切削到终点时 X 向退刀量（正值，单位为 μm），通常不指定；如果省略 X(U) 和 Δi，要指定退刀方向的符号；f 为进给速度。

指令中 e 和 Δd 都用地址字 R 指定，其意义由 X(U) 决定，如果指定了 X(U)，就为 Δd。

注意：当省略参数 P 和 R 时，该指令也可以用于钻削端面深孔。

指令格式：G74 R(e)；

　　　　　G74 Z(W)＿ Q(Δk) F(f)；

指令说明：e 为每次沿 Z 向钻入 Δk 后的退刀量（正值）；Z 为孔底的绝对坐标，W 为孔底与循环起点的增量坐标；Δk 为 Z 向每次钻削深度（正值，单位为 μm）；f 为钻孔的进给速度。

【例 4-18】　如图 4-43 所示端面槽，槽宽为 15mm，槽深为 7mm，应用端面车槽复合循环指令 G74 编程。切槽刀宽度为 4mm，装在刀架的 3 号刀位，主轴转速为 300r/min，进给量为 0.05mm/r，编程原点在工件右端面中心。参考程序如下：

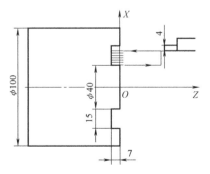

图 4-43　G74 指令切槽编程实例

O0418；	程序名
T0303；	换 3 号刀，建立工件坐标系
M03 S300；	主轴正转，转速为 300mm/min
G00 X62.Z5；	快速定位到循环起点（左刀尖）
G74 R0.5；	端面车槽循环，Z 向退刀量为 0.5mm
G74 X40.Z-7.P3500 Q4000 R500 F0.05；	端面车槽循环，X 向每次循环移动量为

3.5mm，Z 向每次切削深度为 4mm；X 向退刀量为 0.5mm

```
G00 X100. Z100. ;          快速返回换刀点
M05 ；                      主轴停转
M30 ；                      程序结束并复位
```

【例 4-19】 如图 4-44 所示端面深孔，孔深为 30mm，孔径为 ϕ12mm，应用端面钻孔复合循环指令 G74 编程。钻头直径为 ϕ12mm，装在刀架的 2 号刀位，主轴转速为 300r/min，进给量为 0.1mm/r，编程原点在工件右端面中心。参考程序如下：

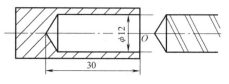

图 4-44 G74 指令钻孔编程实例

```
O0419 ；                     程序名
T0202 ；                     换 2 号刀，建立工件坐标系
M03 S300 ；                  主轴正转，转速为 300r/min
G00 X0 Z5. ；                刀具定位至循环起点
G74 R0.3 ；                  端面钻深孔循环，Z 向退刀量为 0.3mm
G74 Z-30. Q4000 F0.1 ；      端面钻深孔循环，Z 向每次钻削深度为 4mm
G00 Z100. X100. ；           快速返回换刀点
M05 ；                       主轴停转
M30 ；                       程序结束并复位
```

（6）外径/内径车槽复合循环指令 G75 外径/内径车槽循环指令 G75 可以实现径向深槽的加工，循环过程如图 4-45 所示。

指令格式：G75 R(e)；

　　　　　G75 X(U)__ Z(W)__ P(Δi) Q(Δk) R(Δd) F(f)；

指令说明：e 为每次沿 X 向切入 Δi 后的退刀量（正值）；X 为径向（槽深方向）切削终点 C 的绝对坐标，U 为径向切削终点 C 与起点 A 的增量坐标；Z 为轴向（槽宽方向）切削终点 B 的绝对坐标，W 为轴向切削终点 B 与起点 A 的增量坐标；Δi 为 X 向每次切削深度（正值、半径表示，单位为 μm）；Δk 为 Z 向每次循环移动量（正值，单位为 μm）；Δd 为切削到终点时 Z 向退刀量（正值，单位为 μm），通常不指定；如果省略 Z(W) 和 Δk，要指定退刀方向的符号；f 为进给速度。

指令中 e 和 Δk 都用地址字 R 指定，其意义由 Z(W) 决定，如果指定了 Z(W)，就为 Δd。

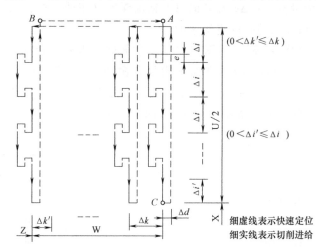

图 4-45 G75 指令循环过程

【例 4-20】 如图 4-46 所示外径槽，槽宽为 40mm，槽深为 10mm，应用外径/内径车槽复合循

环指令 G75 编程。切槽刀宽度为 4mm，装在刀架的 2 号刀位，X 向每次切削深度为 3mm，退刀量为 0.3mm，Z 向每次循环移动量为 3mm，相邻两次切削有 1mm 的重叠量。主轴转速为 300r/min，进给速度为 0.05mm/r，编程原点在工件右端面中心。参考程序如下：

O0420；	程序名
T0202；	换 2 号刀，建立工件坐标系
M03 S300；	主轴正转，转速为 300r/min
G00 X54. Z-19. ；	刀具定位至循环起点
G75 R0. 3；	外径车槽循环，X 向退刀量为 0.3mm
G75 X30. Z-55. P3000 Q3000 R500 F0. 05；	外径车槽循环，Z 向每次循环移动量为 3mm，X 向每次切削深度为 3mm；Z 向退刀量为 0.5mm
G00 X100. Z100. ；	快速返回换刀点
M05；	主轴停转
M30；	程序结束并复位

2. 切断加工编程

（1）切断加工的特点　切断与切槽加工的目的略有区别，切断是从棒料上分离出完整的工件，而切槽是在工件上加工出有一定宽度、深度和精度的槽。

（2）切断刀及其选用　切断刀的设计与切槽刀相似，但是切断刀的刀头长度比切槽刀要长得多，这也使得它可以用于深槽加工。

切断刀的主切削刃太宽，会造成切削力过大而引起振动，同时也会浪费工件材料；主切削刃太窄，又会削弱刀头强度，容易使刀头折断。通常，切断钢件或铸铁材料时，可用下面的经验公式计算：

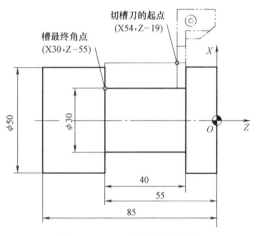

图 4-46　G75 指令编程实例

$$a = (0.5 \sim 0.6)\sqrt{D}$$

式中　a——主切削刃宽度（mm）；

D——工件待加工表面直径（mm）。

切断刀太短，不能安全到达主轴旋转中心，过长则没有足够的刚度，且在切断过程中会产生振动甚至折断。刀头长度 L 可用下面的经验公式计算：

$$L = H + (2 \sim 3)\,\mathrm{mm}$$

式中　L——刀头长度（mm）；

H——切入深度（mm）。

（3）注意事项

1）当切断毛坯或具有不规则表面的工件时，切断前先用外圆车刀把工件车圆，或开始切断毛坯部分时，尽量减小进给量，以免发生"啃刀"。

2）工件应装夹牢固，切断位置应尽可能靠近卡盘，在切断用一夹一顶装夹的工件时，工件不应完全切断，而应在工件中心留一个细杆，待卸下工件后再用锤子敲断。否则，切断时会造成事故并使切断刀折断。

3）切断刀排屑不畅时，使切屑堵塞在槽内，会造成刀头负载增大而折断，故切断时应注意及时排屑，防止堵塞。

4）切断前刀具定位点在 X 向应与工件外圆有足够的安全间隙，其 Z 向坐标与工件长度有关，又与刀位点选择在左或右刀尖有关。

切断时切削速度通常为外圆切削速度的 60%～70%，进给量一般选择 0.05～0.3mm/r。

（4）切断编程实例

【例 4-21】 如图 4-47 所示工件，假设工件轮廓已加工完毕，选用刃宽为 4mm 的切断刀进行切断。以右刀尖为刀位点，切断起始点的位置坐标为（X54，Z-60），切断刀的刀号为 T02。参考程序如下：

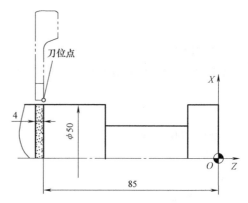

图 4-47　G75 指令编程实例

O0421；	程序名
T0202；	换 2 号刀，建立工件坐标系
G98；	初始化，指定每分钟进给
M03 S300；	主轴正转，转速为 300r/min
G00 X54.Z-85.M08；	右刀尖定位到切断位置，开切削液
G01 X0 F30；	切断
G00 X54.；	快速退刀
G00 X100.Z100.；	快速返回换刀点
M09；	关切削液
M05；	主轴停转
M30；	程序结束并复位

4.1.7　螺纹加工编程

1. 螺纹加工的基础知识

螺纹加工示意如图 4-48 所示。螺纹切削时主轴的旋转和螺纹车刀的进给之间必须有严格的对应关系，即主轴每转一转，螺纹车刀刚好移动一个螺距值。

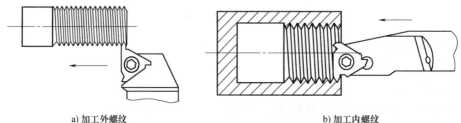

a) 加工外螺纹　　　　　　　　　　　　　　　　　b) 加工内螺纹

图 4-48　螺纹加工示意

螺纹牙型高度是指在螺纹牙型上，牙顶到牙底之间垂直于螺纹轴线的距离，如图 4-49 所示。它是车削时车刀的总切入深度。普通螺纹的牙型理论高度 $H = 0.866P$，实际加工时，由于螺纹车刀刀尖圆弧半径的影响，螺纹的实际切削深度有变化。螺纹实际牙型高度可按下式计算：

$$h = H - 2(H/8) = 0.6495H \approx 0.65H$$

式中　　H——螺纹原始三角形高度（mm），$H = 0.866P$；

　　　　P——螺距（mm）。

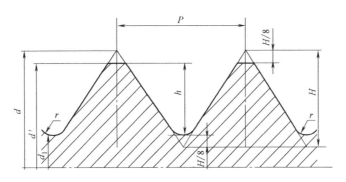

图 4-49　螺纹牙型高度

如果螺纹牙型较深、螺距较大，可分几次进给，每次进给的背吃刀量用螺纹牙型高度减去精加工背吃刀量所得的差按递减规律分配，如图 4-50 所示。其中，图 4-50a 所示为斜进法进刀，由于螺纹车刀单侧切削刃切削工件，切削刃容易损伤和磨损，使加工的螺纹面不直，刀尖角发生变化，而造成牙型精度较差。但由于其为单侧刃工作，刀具负载较小，排屑容易，并且切削深度为递减式，因此，此加工方法一般适用于大螺距、低精度螺纹的加工。斜进法加工排屑容易，切削刃加工工况较好，并且在螺纹精度要求不高的情况下，此加工方法更为简捷方便。

图 4-50b 所示为直进法进刀，由于刀具两侧刃同时切削工件，切削力较大，而且排屑困难，因此在切削时，两切削刃容易磨损。在切削螺距较大的螺纹时，由于切削深度较大，切削刃磨损较快，从而造成螺纹中径误差。但由于其加工的牙型精度较高，因此一般多用于小螺距、高精度螺纹的加工。直进法进刀中，由于刀具移动切削均靠编程来完成，所以加工程序较长。此外，由于切削刃在加工中易磨损，因此在加工中需要经常测量。

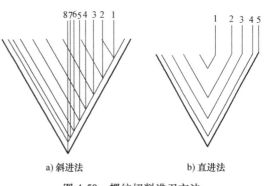

a) 斜进法　　　　　b) 直进法

图 4-50　螺纹切削进刀方法

如果需加工高精度、大螺距的螺纹，则可采用斜进法与直进法混用的办法，即先用斜进法（编程时用 G76 指令）进行螺纹粗加工，再用直进法（编程时用 G92 指令）进行精加工。需要注意的是粗、精加工时的起刀点要相同，以防产生螺纹乱扣。

常用螺纹切削的进给次数与背吃刀量可参考表 4-3 选取。在实际加工中，当用牙型高度控制螺纹直径时，一般通过试切法来满足加工要求。

表 4-3　螺纹切削次数及背吃刀量

米制螺纹							
螺距/mm	1.0	1.5	2	2.5	3	3.5	4
牙型高度(半径量)/mm	0.649	0.974	1.299	1.624	1.949	2.273	2.598
切削次数及背吃刀量/mm (直径量) — 1次	0.7	0.8	0.9	1.0	1.2	1.5	1.5
2次	0.4	0.6	0.6	0.7	0.7	0.7	0.8
3次	0.2	0.4	0.6	0.6	0.6	0.6	0.6
4次		0.16	0.4	0.4	0.4	0.6	0.6
5次			0.1	0.4	0.4	0.4	0.4
6次				0.15	0.4	0.4	0.4
7次					0.2	0.2	0.4
8次						0.15	0.3
9次							0.2
寸制螺纹							
牙/in	24	18	16	14	12	10	8
牙型高度(半径量)	0.678	0.904	1.016	1.162	1.355	1.626	2.033
切削次数及背吃刀量 (直径量) — 1次	0.8	0.8	0.8	0.8	0.9	1.0	1.2
2次	0.4	0.6	0.6	0.6	0.6	0.7	0.7
3次	0.16	0.3	0.5	0.5	0.5	0.6	0.5
4次		0.11	0.14	0.3	0.4	0.4	0.5
5次				0.13	0.21	0.4	0.5
6次						0.16	0.4
7次							0.17

2. 单行程车螺纹指令 G32

指令格式：G32 X(U) ＿ Z(W) ＿ F ＿;

指令说明：X(U)、Z(W) 为螺纹切削的终点坐标值；X 省略时为圆柱螺纹切削，Z 省略时为端面螺纹切削；X、Z 均不省略时为圆锥螺纹切削；F 表示长轴方向的导程。对于圆锥螺纹，其斜角 α 在 45° 以下时，Z 轴方向为长轴；斜角 α 在 45°～90° 时，X 轴方向为长轴。

注意：螺纹切削应注意在两端设置足够的升速进刀段 δ_1 和降速退刀段 δ_2。

【例 4-22】　试编写图 4-51 所示直螺纹的加工程序（螺距为 2mm，升速进刀段 $\delta_1 = 3$mm，降速退刀段 $\delta_2 = 1.5$mm）。这里只给出前两刀车削程序，其余省略。

参考程序如下：

G00 U-60.9;	下刀，第一次背吃刀量为 0.9mm
G32 W-74.5 F2;	螺纹切削
G00 U60.9;	退刀
W74.5;	快速返回
U-61.5;	下刀，第二次背吃刀量为 0.6mm
G32 W-74.5;	螺纹切削
G00 U61.5;	退刀
W74.5;	快速返回

【例 4-23】　试编写图 4-52 所示圆锥螺纹的加工程序。已知圆锥螺纹切削参数：螺纹螺距为

2mm，升速进刀段 $\delta_1 = 2$mm，降速退刀段 $\delta_2 = 1$mm。这里只给出前两刀车削程序，其余省略。

参考程序如下：

N10 G00 X13.1;	下刀，第一次背吃刀量为 0.9mm
N11 G32 X42.1 W-43. F2;	螺纹切削
N12 G00 X50.;	退刀
N13 W43.;	快速返回
N14 X12.5;	下刀，第二次背吃刀量为 0.6mm
N15 G32 X41.5 W-43. F2;	螺纹切削
N16 G00 X50.;	退刀
N17 W43.;	快速返回

由上面两例可以看出，用 G32 指令编写螺纹加工程序烦琐，计算量大，一般很少使用。

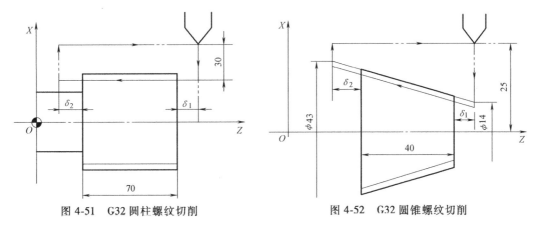

图 4-51 G32 圆柱螺纹切削　　　　　　　图 4-52 G32 圆锥螺纹切削

3. 螺纹车削单一固定循环指令 G92

指令格式：G92 X(U) __ Z(W) __ R __ F __;

指令说明：刀具从循环起点，按图 4-53 与图 4-54 所示走刀路线，最后返回到循环起点，图中细虚线表示快速移动，细实线表示按 F 指定的进给速度移动。X(U)、Z(W) 为螺纹切削终点的坐标值；R 为螺纹部分半径之差，即螺纹切削起点与切削终点的半径差，加工圆柱螺纹时，R=0；加工圆锥螺纹时，当 X 向切削起点坐标小于切削终点坐标时，R 为负，反之为正。

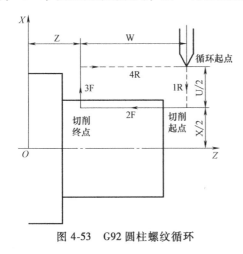

图 4-53 G92 圆柱螺纹循环

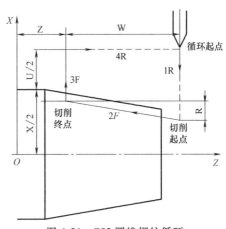

图 4-54 G92 圆锥螺纹循环

【例 4-24】   如图 4-55 所示圆柱螺纹，螺纹螺距为 1.5mm，车削螺纹前工件直径为 ϕ42mm，螺纹车刀安装在刀架的 3 号刀位，主轴转速为 200r/min，使用螺纹循环指令编制程序。参考程序如下：

O0424；	程序名
N05 T0303；	换 3 号刀，建立工件坐标系
N10 M03 S200；	主轴正转，转速为 200r/min
N15 G00 X54. Z114.；	快速定位到螺纹循环起点
N20 G92 X41.2 Z48. F1.5；	螺纹单一循环，第一次背吃刀量为 0.8mm
N25 X40.6；	第二次背吃刀量为 0.6mm
N30 X40.2；	第三次背吃刀量为 0.4mm
N35 X40.04；	第四次背吃刀量为 0.16mm
N40 G00 X100. Z100.；	快速返回
N45 M05；	主轴停转
N50 M30；	程序结束并复位

【例 4-25】   使用螺纹循环指令编写图 4-56 所示圆锥螺纹加工程序。螺纹螺距为 2mm，螺纹车刀安装在刀架的 3 号刀位，主轴转速为 200r/min，A 点坐标为（X49.6，Z-48）。参考程序如下：

O0425；	程序名
T0303；	换 3 号刀，建立工件坐标系
M03 S200；	主轴正转，转速为 200r/min
G00 X80. Z2.；	快速定位到螺纹循环起点
G92 X48.7 Z-48. R-5. F2；	螺纹单一循环，第一次背吃刀量为 0.9mm
X48.1；	第二次背吃刀量为 0.6mm
X47.5；	第三次背吃刀量为 0.6mm
X47.1；	第四次背吃刀量为 0.4mm
X47.；	第五次背吃刀量为 0.1mm
G00 X100. Z100.；	快速返回
M05；	主轴停转
M30；	程序结束并复位

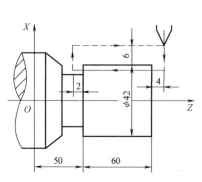

图 4-55 G92 指令圆柱螺纹编程实例

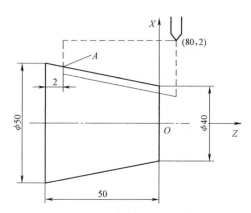

图 4-56 G92 指令圆锥螺纹编程实例

4. 螺纹车削复合固定循环指令 G76

螺纹车削复合固定循环指令可以完成一个螺纹段的全部加工任务。它的进刀方法有利于改善刀具的切削条件，在编程中应优先考虑应用该指令。其循环过程及进刀方法如图 4-57 所示。

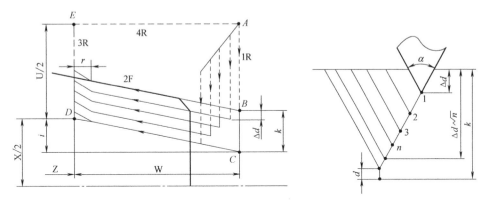

图 4-57　螺纹车削复合固定循环指令的循环过程及进刀方法

指令格式：G76 P(m)(r)(α) Q(Δd_{min}) R(d)；

　　　　　G76 X(U)__ Z(W)__ R(i) F(f) P(k) Q(Δd)；

指令说明：m 为精加工重复次数（1~99）；r 表示斜向退刀量单位数（用 00~99 两位数字指定，以 0.1f 为一单位，取值范围为（0.01~9.9）f；α 为刀尖角度（两位数字），为模态值，在 80°、60°、55°、30°、29° 和 0° 六个角度中选一个；Δd_{min} 为最小背吃刀量（半径值，单位为 μm），当第 n 次背吃刀量 $\Delta d_n - \Delta d_{n-1} < \Delta d_{min}$ 时，则背吃刀量设定为 Δd_{min}；d 为精加工余量（半径值，单位为 μm）；X、Z 为绝对坐标编程时，螺纹切削终点的坐标，U、W 为增量坐标编程时，螺纹切削终点相对于循环起点的有向距离（增量坐标）；i 为螺纹部分半径之差，即螺纹切削起点与切削终点的半径差，加工圆柱螺纹时，$i=0$，加工圆锥螺纹时，当 X 向切削起点坐标小于切削终点坐标时，i 为负，反之为正；k 为螺纹的牙型高度（X 轴方向的半径值，单位为 μm）；Δd 为第一次背吃刀量（X 轴方向的半径值，单位为 μm）；f 为螺纹导程。

G76 循环指令进行单边切削，减小了刀尖的受力。第一次切削时背吃刀量为 Δd，第 n 次的总背吃刀量为 Δd_n，每次循环的背吃刀量为 $\Delta d_n - \Delta d_{n-1}$。

【例 4-26】 如图 4-58 所示，应用螺纹车削复合固定循环指令编程（精加工次数为 1 次，斜向退刀量为 4mm，刀尖角为 60°，最小背吃刀量取 0.1mm，精加工余量取 0.1mm，螺纹牙型高度为 2.6mm，第一次背吃刀量取 0.7mm，螺距为 4mm，螺纹小径为 33.8mm）。螺纹车刀安装在刀架的 3 号刀位。参考程序如下：

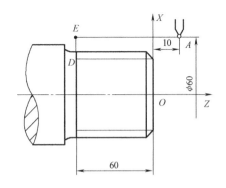

图 4-58　螺纹车削复合固定循环指令的应用

O0426；	程序名
T0303；	换 3 号刀，建立工件坐标系
M03 S200；	主轴正转，转速为 200r/min

G00 X60. Z10. ;	快速定位到螺纹循环起点
G76 P011060 Q100 R100；	复合螺纹循环，斜向退刀量 $10×0.1f=4mm$
G76 X33. 8 Z-60. R0 P2600 Q700 F4；	
G00 X100. Z100. ；	快速返回
M05；	主轴停转
M30；	程序结束并复位

4.1.8 综合编程实例

1. 外轮廓综合编程实例

【例 4-27】 在数控车床上对图 4-59 所示的零件进行粗加工及精加工，毛坯为 $\phi45mm×100mm$ 的棒料。所用刀具为 90°外圆车刀 T01，切削刃宽度为 4mm、长度为 30mm 的切槽刀 T02，60°螺纹车刀 T03，刀具布置如图 4-60 所示。编程原点在工件右端面中心，应用复合固定循环指令完成粗、精车循环加工。

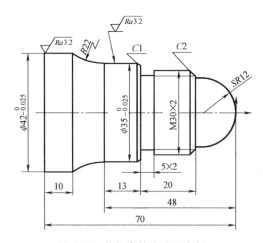

图 4-59　外轮廓综合编程实例

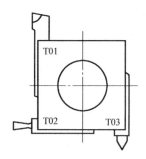

图 4-60　刀具布置

参考程序如下：

O0427；	程序名
T0101；	换 1 号刀，建立工件坐标系
M03 S600；	主轴正转，转速为 600r/min
G00 X47. Z2. ；	快速定位到粗车复合循环起点
G71 U2. R1. ；	径向粗车复合循环
G71 P10 Q20 U0. 3 W0. 1 F0. 2；	
N10 G00 X0 S1000；	精加工开始，转速升高
G01 Z0 F0. 1；	进给速度降低
G03 X24. Z-12. R12. ；	
G01 Z-15. ；	
X26. ；	
X30. W-2. ；	

Z-35. ;

X33. ;

X34. 988 W-1. ;   考虑直径精度要求，X 值用上、下极限偏差的平均值编

            程，下同

Z-48. ;

G02 X41. 988 Z-60. R22. ;

G01 Z-70. ;

N20 X48. ;   精加工结束

G70 P10 Q20   精车固定循环，完成精加工

G00 X100. Z100. ;   快速返回换刀点

T0202 ;   换 2 号刀，建立工件坐标系

S300 F0. 05 ;   主轴转速为 300r/min，进给速度为 0.05mm/r

G00 X38. ;

Z-35. ;

G01 X26. ;

G04 P2000 ;

G00 X38. ;

W1. ;

G01 X26. ;

G04 P2000 ;

G00 X38. ;

X100. Z100. ;   快速返回换刀点

T0303 ;   换 3 号刀，建立工件坐标系

G00 X32. Z-13. ;   快速定位到螺纹循环起点

G92 X29. 1 Z-32. F2 ; 单一螺纹循环，第一次背吃刀量为 0.9mm

X28. 5 ;   第二次背吃刀量为 0.6mm

X27. 9 ;   第三次背吃刀量为 0.6mm

X27. 5 ;   第四次背吃刀量为 0.4mm

X27. 4 ;   第五次背吃刀量为 0.1mm

G00 X100. Z100. ;   快速返回换刀点

T0202 ;   换 2 号刀，建立工件坐标系，切断

S300 F0. 05 ;

G00 X47. ;

Z-74. ;

G01 X-1. ;   切断刀过工件中心，保证切断工件

G00 X100. Z100. ;   快速返回

M05 ;   主轴停转

M30 ;   程序结束并复位

2. 内轮廓综合编程实例

【例 4-28】 图 4-61 所示为一个轴套零件，毛坯为 φ40mm×70mm 的棒料。试正确设定工件坐标系，制订加工工艺方案，选择合理的刀具和切削工艺参数，正确编制数控加工程序并完成零件的加工。所需刀具为 φ20mm 钻头、90°外圆车刀 T01、90°内孔车刀 T02、5mm内沟槽车刀 T03、内螺纹车刀 T04、5mm 切断刀 T04（和内螺纹车刀装在同一个刀位）。

以零件右端面与轴线交点为零件编程原点，采用从右到左加工的原则。工艺路线安排如下：

1）手动钻孔 φ20mm。

2）车零件外圆柱面至尺寸要求。

3）粗车精度孔 $\phi 22^{+0.021}_{0}$ mm、内锥孔、螺纹底孔，留精加工余量 0.4mm。

4）精车零件精度孔 $\phi 22^{+0.021}_{0}$ mm、内锥孔、螺纹底孔至尺寸要求。

5）车退刀槽。

6）粗、精车螺纹至尺寸。

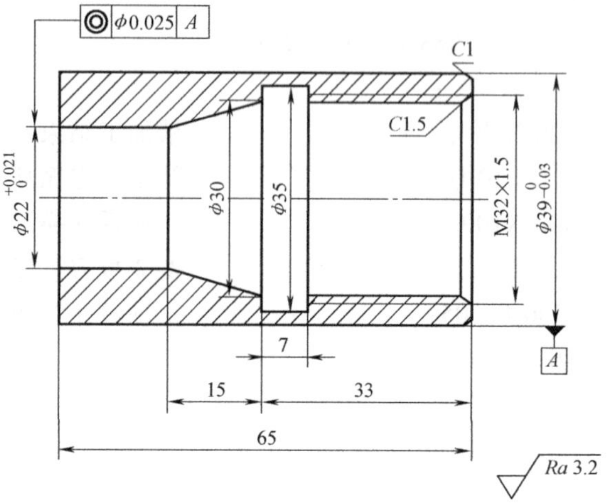

图 4-61　内轮廓综合编程实例

参考程序如下：

O0428;	程序号
T0101;	换 1 号刀，调用 1 号刀补（建立工件坐标系）
M03 S600;	主轴正转，转速为 600r/min
G00 X42. Z2.0;	快速定位至单一循环起点
G94 X20. Z0 F0.15;	G94 指令车端面（中间为孔，不需要车削）
G90 X39.5 Z-71. F0.15;	G90 指令粗车外圆，留余量 0.5mm
G00 X37.;	精车外圆
G01 Z0;	
X39. Z-1.;	
Z-71.;	
X43.;	
G00 X100. Z100.;	快速返回换刀点
T0202;	换 2 号刀，调用 2 号刀补（建立工件坐标系）
S500;	主轴转速为 500r/min
G00 X18. Z2.0;	快速定位至内径粗车复合循环起点
G71 U1.5 R1.0;	G71 复合循环指令粗加工内表面
G71 P10 Q20 U-0.3 W0.1;	
N10 G41 G00 X37.;	建立刀尖半径左补偿，只在精加工时有效
G01 X30.04 Z-1.5;	
Z-33.;	

X30.；

X22. Z-48.；

Z-66.；

N20 G00 G40 X19.；　　　　　　取消刀尖半径左补偿

G70 P10 Q20；　　　　　　　　G70 复合循环指令精加工内表面

G00 X100. Z100.；　　　　　　快速返回换刀点

M00；　　　　　　　　　　　　程序暂停，测量工件尺寸

T0303；　　　　　　　　　　　换 3 号刀，调用 3 号刀补（建立工件坐标系）

S300；　　　　　　　　　　　　主轴转速为 300r/min

G00 X28. Z2.；　　　　　　　　车退刀槽

Z-31.；

G01 X35. F0.05；

G04 X1.；

G01 X28.；

G00 Z-33.；

G01 X35.；

G04 X1.；

G01 X28.；

G00 Z100.；

T0404；　　　　　　　　　　　换 4 号刀，调用 4 号刀补（建立工件坐标系）

S200；　　　　　　　　　　　　主轴转速为 200r/min

G00 X28. Z5.；　　　　　　　　快速定位至内螺纹循环起点

G92 X30.84 Z-28.0 F1.5；　　　G92 指令车内螺纹

X31.44；

X31.84；

X32.；

G00 X100. Z100.；　　　　　　快速返回换刀点

M00；　　　　　　　　　　　　程序暂停，测量

4 号刀位卸下内螺纹车刀，安装切断刀并重新对刀

T0404；　　　　　　　　　　　换 4 号刀，调用 4 号刀补（建立工件坐标系）

S300；　　　　　　　　　　　　主轴转速为 300r/min

G00 X43. Z2.；　　　　　　　　切断工件

Z-70.；

G01 X19.5 F0.05；

G00 X100. Z100.；　　　　　　快速返回换刀点

M05；　　　　　　　　　　　　主轴停转

M30；　　　　　　　　　　　　程序结束并复位（光标返回程序头）

4.1.9　子程序

零件上有若干处具有相同的轮廓形状或加工中反复出现具有相同轨迹的走刀路线时，可

以考虑应用子程序功能简化编程。

在一个加工程序的若干位置上，如果包含有一连串在写法上完全相同或相似的内容，为了简化编程，可以把这些重复的程序段按一定的格式编写成子程序，单独存储到程序存储区中，以便将来调用。调用子程序的程序称为主程序。

1. 子程序结构

子程序的结构与主程序的结构相似，但子程序用 M99 指令结束，并返回至调用它的程序中调用指令的下一程序段继续运行。子程序的格式如下：

O××××；   子程序号

…

…⎫

…⎬   子程序内容

…⎭

M99；   子程序结束

2. 子程序调用

主程序在执行过程中如果需要执行某一子程序，可以通过子程序调用指令 M98 调用该子程序，待子程序执行完了再返回到主程序，继续执行后面的程序段。

指令格式：M98 P△△△ □□□□；

指令说明：△△△—调用次数（1~999）；□□□□—子程序号。

例如"M98 P31000；"表示调用 1000 号子程序 3 次。如果省略了调用次数，则认为调用次数为 1。

子程序也可调用下一级子程序，称为子程序嵌套。子程序嵌套的调用过程如图 4-62 所示，FANUC 0i 系统子程序调用最多可嵌套 4 级。

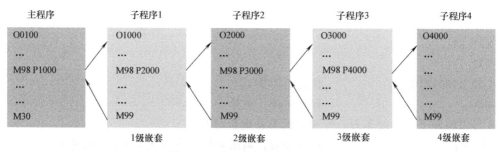

图 4-62　子程序嵌套的调用过程

3. 特殊调用

当子程序的最后一个程序段以地址 P 指定顺序号时，调用子程序结束后将不返回 M98 的下一个程序段，而是返回地址 P 指定的程序段，如图 4-63 所示。

【例 4-29】　多刀粗加工的子程序调用。如图 4-64 所示，锥面分三刀粗加工。参考程序如下：

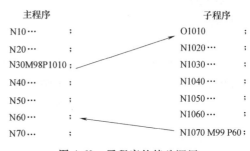

图 4-63　子程序的特殊调用

O0429；	主程序
N10 T0101；	换1号刀，建立工件坐标系
N20 M03 S600；	主轴正转，转速为600r/min
N30 G00 X85. Z5. M08；	定位到切削起点，开切削液
N40 M98 P31001；	1001号子程序调用3次
N50 G00 X100. Z100. ；	快速返回
N60 M05；	主轴停转
N70 M30；	主程序结束并复位
O1001；	子程序
N10 G00 U-35. ；	快速下刀至路径1的延长线处
N20 G01 U10. W-85. F0.15；	沿路径1直线切削
N30 G00 U25. ；	快速退刀至X85
N40 G00 Z5. ；	快速返回至A点
N50 G00 U-5. ；	向下（X负向）递进5mm
N60 M99；	子程序结束

【例4-30】　形状相同部位加工的子程序调用。如图4-65所示，零件的外轮廓已加工，现需完成切槽加工，02号刀为刀宽5mm的切槽刀。参考程序如下：

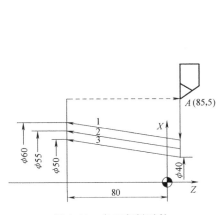

图4-64　多刀车削零件

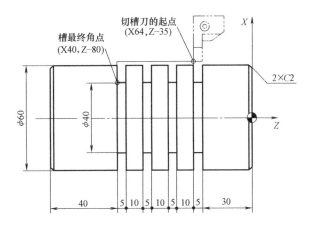

图4-65　形状相同部位的加工

O0430；	主程序
N11 T0202；	换2号刀，建立工件坐标系，切槽
N12 M03 S300；	主轴正转，转速为300r/min
N13 G00 X64. Z-35. ；	左刀尖定位至第一个槽左侧
N14 M98 P2001；	调用子程序2001切槽
N15 G00 Z-50. ；	左刀尖定位至第二个槽左侧
N16 M98 P2001；	调用子程序2001切槽
N17 G00 Z-65. ；	左刀尖定位至第三个槽左侧
N18 M98 P2001；	调用子程序2001切槽
N19 G00 Z-80. ；	左刀尖定位至第四个槽左侧

N20 M98 P2001;　　　　　　调用子程序 2001 切槽

N21 G00 X100.Z100.;　　　　快速返回

N22 M05;　　　　　　　　　主轴停转

N23 M30;　　　　　　　　　主程序结束并复位

O2001;　　　　　　　　　　切槽子程序

N11 G01 X40.F0.05;　　　　 切槽至槽底

N12 G04 P2000;　　　　　　槽底暂停 2s

N13 G00 X64.;　　　　　　　快速退刀

N14 M99;　　　　　　　　　子程序结束

4.2　华中世纪星 HNC-21/22T 编程指令简介

华中世纪星 HNC-21/22T 系统大部分编程指令的格式、含义与 FANUC 0i 系统一样，这里只介绍与其有差别的部分。

4.2.1　尺寸单位选择指令 G20、G21

指令格式：G20/G21

指令说明：G20 为英制输入制式，G21 为米制输入制式；G20、G21 为模态功能，可相互注销，G21 为默认值。

两种制式下线性轴、旋转轴的尺寸单位见表 4-4。

表 4-4　尺寸输入制式及其单位

尺寸制式	进给速度单位	线性轴	旋转轴
英制（G20）	每分钟进给（G94）	in/min	(°)/min
	每转进给（G95）	in/r	(°)/r
米制（G21）	每分钟进给（G94）	mm/min	(°)/min
	每转进给（G95）	mm/r	(°)/r

4.2.2　直径方式和半径方式编程指定指令 G36、G37

指令格式：G36/G37

指令说明：G36 为直径编程，G37 为半径编程。

数控车床的工件外形通常是旋转体，其 X 轴尺寸可以用两种方式加以指定：直径方式和半径方式。G36 为默认值，机床出厂一般设为直径编程。

4.2.3　进给速度单位的设定指令 G94、G95

指令格式：G94 F＿＿

　　　　　　G95 F＿＿

指令说明：①G94 为每分钟进给；G95 为每转进给，即主轴转一周时刀具的进给量。②G94 下，对于线性轴，F 的单位依 G20/G21 的设定而为 mm/min 或 in/min；对于旋转轴，F 的单位为 (°)/min。③G95 下，F 的单位依 G20/G21 的设定而为 mm/r 或 in/r。这个功能只在主轴装有编码器时才能使用。④G94、G95 为模态功能，可相互注销，G94 为默认值。

4.2.4 绝对坐标和增量坐标指定指令 G90、G91

指令格式：G90/G91

指令说明：由于华中系统采用 G80 指定纵向切削循环，所以可用 G90 指定绝对坐标编程，每个编程坐标轴上的编程值是相对于编程原点的；G91 为增量坐标编程，每个编程坐标轴上的编程值是相对于前一位置而言的，该值等于沿坐标轴方向移动的位置增量。系统默认值为 G90，所以 G90 通常可省略不写。

4.2.5 直接机床坐标系编程指令 G53

G53 是机床坐标系编程指令，在含有 G53 的程序段中，绝对坐标编程时的指令值是在机床坐标系中的坐标值。G53 为非模态指令。

4.2.6 工件坐标系设定指令 G92

指令格式：G92 X ＿＿ Z ＿＿

指令说明：X、Z 为对刀点到工件坐标系原点的有向距离。如图 4-66 所示，当执行"G92 Xα Zβ"指令后，系统内部即对（α，β）进行记忆，并建立一个使刀具当前点坐标值为（α，β）的坐标系，系统控制刀具在此坐标系中按程序进行加工。执行该指令只建立一个坐标系，刀具并不产生运动。G92 指令为非模态指令。

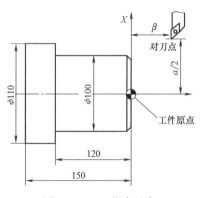

图 4-66 G92 指令示意

注意：执行该指令时，若刀具当前点恰好在工件坐标系的 α 和 β 坐标值上，即刀具当前点在对刀点位置上，此时建立的坐标系即为工件坐标系，工件原点与编程原点重合。若刀具当前点不在工件坐标系的 α 和 β 坐标值上，则工件原点与编程原点不一致，加工出的产品就可能超差或报废，甚至出现危险。因此执行该指令时，刀具当前点必须恰好在对刀点上，即工件坐标系的 α 和 β 坐标值上。实际操作时怎样使两点一致，由操作时对刀完成。

4.2.7 简单螺纹切削指令 G32

指令格式：G32 X(U) ＿＿ Z(W) ＿＿ R ＿＿ E ＿＿ P ＿＿ F ＿＿

指令说明：X、Z 为绝对坐标编程时，有效螺纹终点在工件坐标系中的坐标；U、W 为增量坐标编程时，有效螺纹终点相对于螺纹切削起点的位移量。F 为螺纹导程，即主轴每转一圈，刀具相对于工件的进给值。R、E 为螺纹切削的退尾量，R 为 Z 向退尾量，E 为 X 向退尾量，R、E 在绝对坐标或增量坐标编程时都是以增量方式指定的，其为正表示沿 Z、X 正向回退，为负表示沿 Z、X 负向回退；使用 R、E 可免去退刀槽；R、E 可以省略，表示不用回退功能；根据螺纹标准 R 一般取 0.75～1.75 倍的螺距，E 取螺纹的牙型高。P 为主轴基准脉冲处距离螺纹切削起点的主轴转角。使用 G32 指令能加工圆柱螺纹、锥螺纹和端面螺纹。

4.2.8 暂停指令 G04

指令格式：G04 P __

指令说明：P 为暂停时间，单位为 s。

G04 在前一程序段的进给速度降到零之后才开始暂停动作。在执行含 G04 指令的程序段时，先执行暂停功能。G04 为非模态指令，仅在其被规定的程序段中有效。G04 可使刀具做短暂停留，以获得圆整而光滑的表面。G04 指令除用于切槽、钻孔、镗孔外，还可用于拐角轨迹控制。

【例 4-31】 如图 4-67 所示，车削 φ50mm×2mm 槽，应用暂停功能。参考程序如下：

```
...
N10 G00 X62 Z-12 S300    快速定位到切槽位置
N11 G01 X50 F20          切槽
N12 G04 P2               槽底进给暂停 2s
N13 G00 X62              退刀
...
```

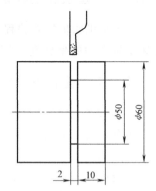

图 4-67 G04 编程实例

4.2.9 恒线速度指令 G96、G97

指令格式：G96 S __ ；

　　　　　　G97 S __ ；

指令说明：G96 为恒线速度有效，G97 为取消恒线速度功能；G96 后面的 S 值为切削的恒定线速度，单位为 m/min；G97 后面的 S 值为取消恒线速度后，指定的主轴转速，单位为 r/min，如缺省，则为执行 G96 指令前的主轴转速。

注意：使用恒线速度功能，主轴必须能自动变速（如伺服主轴、变频主轴）。在系统参数中需设定主轴最高限速。

4.2.10 单一形状固定循环指令

1. 纵向单一形状固定循环指令 G80

（1）圆柱面纵向单一循环

指令格式：G80 X __ Z __ F __

指令说明：绝对坐标编程时，X、Z 为切削终点在工件坐标系中的坐标；增量坐标编程时，X、Z 为切削终点相对于循环起点的有向距离。

（2）圆锥面纵向单一循环

指令格式：G80 X __ Z __ I __ F __

指令说明：I 为切削起点与切削终点的半径差，其符号为差的符号（无论是绝对坐标编程还是增量坐标编程），其他参数含义同上。

2. 横向单一形状固定循环指令 G81

（1）平端面横向单一循环

指令格式：G81 X ＿＿ Z ＿＿ F ＿＿

指令说明：在绝对坐标编程时，X、Z 为切削终点在工件坐标系中的坐标；增量坐标编程时，X、Z 为切削终点相对于循环起点的有向距离。

（2）锥端面横向单一循环

指令格式：G81 X ＿＿ Z ＿＿ K ＿＿ F ＿＿

指令说明：K 为切削起点相对于切削终点的 Z 向有向距离，其他参数同上。

3. 螺纹切削单一循环指令 G82

（1）圆柱螺纹单一循环

指令格式：G82 X(U)＿＿ Z(W)＿＿ R (*r*) E (*e*) C ＿＿ P ＿＿ F (*L*)

指令说明：在绝对坐标编程时，X、Z 为螺纹终点在工件坐标系中的坐标；增量坐标编程时，X、Z 为螺纹终点相对于循环起点的有向距离。R、E 为螺纹切削的退尾量，R、E 均为向量，其中 R 为 Z 向退尾量（r），E 为 X 向退尾量（e），R、E 省略时表示不用退尾功能。C 为螺纹线数，为 0 或 1 时表示切削单线螺纹。单线螺纹切削时，P 为主轴基准脉冲处距离切削起点的主轴转角（默认值为 0）；多线螺纹切削时，P 为相邻螺纹头的切削起点之间对应的主轴转角。F 为螺纹导程（*L*）。

注意：螺纹切削循环同 G32 螺纹切削一样，在进给保持状态下，该循环在完成全部动作之后才停止运动。其循环过程如图 4-68 所示。

（2）圆锥螺纹单一循环

指令格式：G82 X(U)＿＿ Z(W)＿＿ I ＿＿ R ＿＿ E ＿＿ C ＿＿ P ＿＿ F ＿＿

指令说明：I 为螺纹切削起点与螺纹终点的半径差，其符号为差的符号（无论是绝对坐标编程还是增量坐标编程），其他参数含义同上。

【例 4-32】　如图 4-69 所示，用 G82 指令编程，毛坯外形已加工完成，螺纹车刀安装在刀架 3 号刀位。参考程序如下：

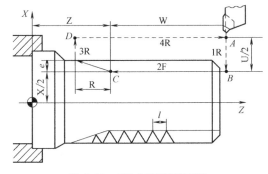

图 4-68　G82 切削循环过程

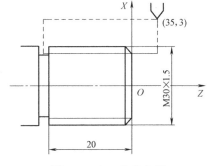

图 4-69　G82 编程实例

%0432	程序名
T0303	换 3 号刀，建立工件坐标系
M03 S300	主轴正转，转速为 300r/min
G00 X35 Z3	快速定位到循环起点
G82 X29.2 Z–21 F1.5	螺纹循环，第一次切削深度为 0.8mm
X28.6	第二次切削深度为 0.6mm

X28.2	第三次切削深度为 0.4mm
X28.04	第四次切削深度为 0.16mm
G00 X100 Z100	快速返回
M05	主轴停转
M30	程序结束并复位

4.2.11 多重复合固定循环指令

1. 内（外）径粗车复合循环指令 G71

（1）无凹槽加工时

指令格式：G71 U(Δd) R(r) P(ns) Q(nf) X(Δx) Z(Δz) F(f) S(s) T(t)

指令说明：Δd 为切削深度（每次切削的背吃刀量，半径值），指定时不加符号；r 为每次退刀量，指定时不加符号；ns 为精加工路径第一程序段的顺序号；nf 为精加工路径最后程序段的顺序号；Δx 为 X 方向精加工余量（直径值），外径车削时为正，内径车削时为负；Δz 为 Z 方向精加工余量；f、s、t 在粗加工时 G71 中编程的 F、S、T 有效，而精加工时处于 $ns \sim nf$ 程序段之间的 F、S、T 有效。

G71 切削循环时，切削进给方向平行于 Z 轴。

（2）有凹槽加工时

指令格式：G71 U(Δd) R(r) P(ns) Q(nf) E(e) F(f) S(s) T(t)

指令说明：e 为精加工余量，其为 X 方向的等高距离，外径切削时为正，内径切削时为负；其他参数含义同上。

注意：①G71 指令必须带有 P、Q 地址 ns、nf，且与精加工路径起、止顺序号对应，否则不能进行该循环加工。②ns 的程序段必须为 G00/G01 指令。③在顺序号 $ns \sim nf$ 的程序段中，不能调用子程序。

【例 4-33】 用外径粗车复合循环功能编制图 4-70 所示零件的加工程序。要求循环起点在（46，3），切削深度为 1.5mm（半径量），退刀量为 1mm，X 方向精加工余量为 0.3mm，Z 方向精加工余量为 0.1mm，其中细双点画线部分为工件毛坯，外圆车刀装在刀架 1 号刀位。参考程序如下：

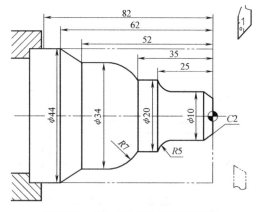

图 4-70　G71 外轮廓循环编程实例

%0433	程序名
N11 T0101	换 1 号刀，建立工件坐标系
N12 M03 S600	主轴以 600r/min 正转
N13 G00 X46 Z3	刀具快速定位循环起点位置
N14 G71 U1.5 R1 P15 Q23 X0.3 Z0.1 F100	外径粗车复合循环
N15 G00 X0	精加工轮廓起始行，到倒角延长线
N16 G01 X10 Z-2 F50 S1000	精加工 $C2$ 倒角

N17 Z−20	精加工 ϕ10mm 外圆
N18 G02 U10 W−5 R5	精加工 R5mm 圆弧
N19 G01 W−10	精加工 ϕ20mm 外圆
N20 G03 U14 W−7 R7	精加工 R7mm 圆弧
N21 G01 Z−52	精加工 ϕ34mm 外圆
N22 U10 W−10	精加工外圆锥
N23 W−20	精加工 ϕ44mm 外圆，精加工轮廓结束
N24 X50	退出已加工面
N25 G00 X100 Z100	快速返回
N26 M05	主轴停转
N27 M30	主程序结束并复位

【例 4-34】　用内径粗加工复合循环功能编制图 4-71 所示零件的加工程序。要求循环起始点在（6，2），切削深度为 1mm（半径量），退刀量为 1mm（半径量），X 方向精加工余量为 0.3mm，Z 方向精加工余量为 0.1mm，其中细双点画线部分为工件毛坯，内孔车刀安装在刀架 1 号刀位。参考程序如下：

%0434	程序名
N11 T0101	换 1 号刀，建立工件坐标系
N12 M03 S500	主轴以 500r/min 正转
N13 G00 X6 Z2	到循环起点位置
N14 G71 U1 R1 P18 Q26 X−0.3 Z0.1 F100	内径粗车复合循环
N15 G00 X100 Z100	粗车循环结束后，到换刀点位置
N16 T0202	换 2 号刀，建立工件坐标系
N17 G41 G00 X6 Z2	2 号刀加入刀尖半径补偿
N18 G00 X44	精加工轮廓开始，到 ϕ44mm 内孔处
N19 G01 Z−20 F50 S1000	精加工 ϕ44mm 内孔
N20 U−10 W−10	精加工内圆锥
N21 W−10	精加工 ϕ34mm 内孔
N22 G03 U−14 W−7 R7	精加工 R7mm 圆弧
N23 G01 W−10	精加工 ϕ20mm 内孔
N24 G02 U−10 W−5 R5	精加工 R5mm 圆弧
N25 G01 Z−80	精加工 ϕ10mm 外圆
N26 U−4 W−2	精加工 C2 倒角，精加工轮廓结束
N27 G40 X4	退出已加工表面，取消刀尖半径补偿
N28 G00 Z100	退出工件内孔
N29 X100	回程序起点或换刀点位置
N30 M05	主轴停转
N31 M30	程序结束并复位

【例 4-35】　用外径粗车复合循环功能编制图 4-72 所示带凹槽零件的加工程序。要求循环起始点在（42，2），切削深度为 1.5mm（半径量），退刀量为 1mm（半径量），X 方向精

加工余量为 0.3mm（等高距离），毛坯为 ϕ40mm×120mm。刀具为 90°外圆车刀（刀尖角 35°、副偏角 55°），安装在刀架 1 号刀位。

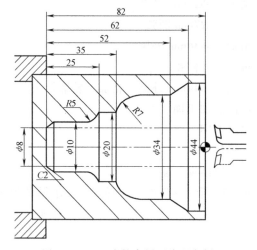

图 4-71　G71 内轮廓循环编程实例

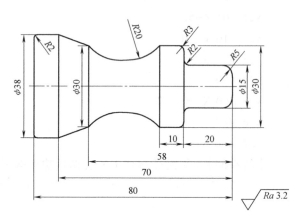

图 4-72　G71 带凹槽零件外轮廓循环编程实例

参考程序如下：

%0435	程序号
T0101	换 1 号刀，调用 1 号刀补，建立工件坐标系
M03 S600	主轴正转，转速为 600r/min
G00 X42 Z2	快速到达循环起点
G81 X-1 Z0 F100	G81 循环车右端面
G71 U1.5 R1 P10 Q20 E0.3	G71 复合循环粗车外圆
N10 G00 X5	外圆精加工程序开始
F50 S1000	进给速度为 50mm/min，主轴转速为 1000r/min
G42 G01 Z0	建立刀尖半径右补偿，只在精加工时有效
G03 X15 Z-5 R5	
G01 Z-18	
G02 X19 Z-20 R2	
G01 X24	
G03 X30 Z-23 R3	
G01 Z-30	
G02 X30 Z-58 R20	
G01 X38 Z-70	
Z-82	
N20 G40 G01 X42	取消刀尖半径右补偿，外圆精加工结束
G00 X100 Z100	快速返回
M05	主轴停转
M30	程序结束并复位

2. 端面粗车复合循环指令 G72

指令格式：G72 W(Δd) R(r) P(ns) Q(nf) X(Δx) Z(Δz) F(f) S(s) T(t)

指令说明：G72 指令与 G71 指令的区别仅在于切削方向平行于 X 轴。每次循环是在 Z 方向下刀，X 方向切削。

【例 4-36】 用端面粗车复合循环指令 G72 编制图 4-73 所示零件的加工程序，要求循环起始点在（76, 2），切削深度为 1.5mm，退刀量为 1mm，X 方向精加工余量为 0.1mm，Z 方向精加工余量为 0.3mm，其中细双点画线部分为工件毛坯。端面车刀安装在刀架 1 号刀位。参考程序如下：

%0436	程序名
N11 T0101	换 1 号刀，建立工件坐标系
N12 M03 S600	主轴以 600r/min 正转
N13 G00 X76 Z2	到循环起点位置
N14 G72 W1.5 R1 P17 Q26 X0.1 Z0.3 F100	外端面粗切循环加工
N15 G00 X100 Z100	粗加工后，到换刀点位置
N16 G42 X76 Z2	加入刀尖半径补偿，只在精加工时有效
N17 G00 Z-51	精加工轮廓开始，到锥面延长线处
N18 G01 X54 Z-40 F80	精加工锥面
N19 Z-30	精加工 ϕ54mm 外圆
N20 G02 U-8 W4 R4	精加工 R4mm 圆弧
N21 G01 X30	精加工 Z26 处端面
N22 Z-15	精加工 ϕ30mm 外圆
N23 U-16	精加工 Z15 处端面
N24 G03 U-4 W2 R2	精加工 R2mm 圆弧
N25 Z-2	精加工 ϕ10mm 外圆
N26 U-4 W2	精加工 C2 倒角，精加工轮廓结束
N27 G00 X50	退出已加工表面
N28 G40 X100 Z100	取消刀尖半径补偿，快速返回换刀点
N29 M05	主轴停转
N30 M30	程序结束并复位

3. 闭合车削复合循环指令 G73

指令格式：G73 U(Δi) W(Δk) R(r) P(ns) Q(nf) X(Δx) Z(Δz) F(f) S(s) T(t)

指令说明：执行 G73 指令，在切削工件时刀具逐渐进给，使封闭切削回路逐渐向零件最终形状靠近，最终切削成零件的形状。该指令可用于对铸造、锻造等已初步成形的工件进行加工。其中，Δi 为 X 轴方向的粗加工总余量；Δk 为 Z 轴方向的粗加工总余量；r 为粗切削次数；其他参数含义同 G71。

注意：Δi 和 Δk 表示粗加工时总余量，粗加工次数为 r，则每次 X、Z 方向的切削量为 $\Delta i/r$、$\Delta k/r$；按 G73 指令中的 P 和 Q 指令值实现循环加工，要注意 Δx 和 Δz，Δi 和 Δk 的正负号。

【例 4-37】 用闭合车削复合循环指令 G73 编制图 4-74 所示零件的加工程序。设切削起

始点在 $A(50，2)$，X、Z 方向粗加工余量分别为 3mm、0.9mm，粗加工次数为 3，X、Z 方向精加工余量分别为 0.3mm、0.1mm。其中细双点画线部分为工件毛坯。参考程序如下：

%0437	程序号
N11 T0101	换 1 号刀，建立工件坐标系
N12 M03 S600	主轴以 600r/min 正转
N13 G00 X50 Z2	到循环起点位置
N14 G73 U3 W0.9 R3 P5 Q13 X0.3 Z0.1 F100	闭合车削复合循环加工
N15 G00 X0 Z3	精加工轮廓开始，到倒角延长线处
N16 G01 U10 Z-2 F50 S1000	精加工倒角 $C2$
N17 Z-20	精加工 ϕ10mm 外圆
N18 G02 U10 W-5 R5	精加工 R5mm 圆弧
N19 G01 Z-35	精加工 ϕ20mm 外圆
N20 G03 U14 W-7 R7	精加工 R7mm 圆弧
N21 G01 Z-52	精加工 ϕ34mm 外圆
N22 U10 W-10	精加工锥面
N23 U4	退出已加工表面，精加工轮廓结束
N24 G00 X100 Z100	返回程序起点位置
N25 M05	主轴停转
N26 M30	程序结束并复位

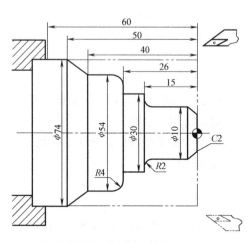
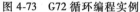

图 4-73　G72 循环编程实例

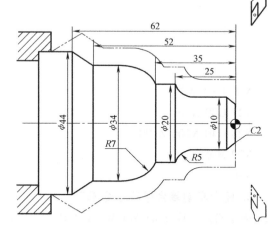

图 4-74　G73 循环编程实例

4. 螺纹切削复合循环指令 G76

螺纹切削复合循环指令 G76 执行图 4-75 所示的循环路线。其单边切削及参数如图 4-76 所示。

指令格式：

G76 C(c) R(r) E(e) A(a) X(U)__ Z(W)__ I(i) K(k) U(d) V($\Delta d_{\min}$) Q(Δd) P(p) F(L)

指令说明：

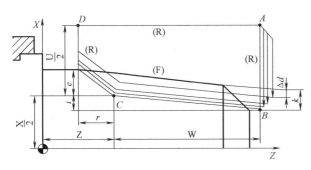

图 4-75　G76 螺纹切削复合循环

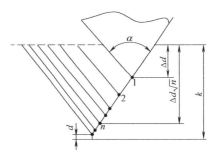

图 4-76　G76 循环单边切削及参数

① c 为精加工次数（1~99），为模态值，r 为螺纹 Z 向退尾长度（负值），为模态值；e 为螺纹 X 向退尾长度（正值），为模态值。

② a 为刀尖角度（两位数字），为模态值，在 80°、60°、55°、30°、29° 和 0° 六个角度中选一个。

③ 绝对坐标编程时，X、Z 为有效螺纹终点 C 的坐标；增量坐标编程时，U、W 为有效螺纹终点 C 相对于循环起点 A 的有向距离。

④ i 为螺纹切削起点 B 与有效终点 C 的半径差，如 $i=0$，为直螺纹（圆柱螺纹）切削方式。

⑤ k 为螺纹牙型高度，该值由 X 轴方向上的半径值指定。

⑥ Δd_{min} 为最小背吃刀量（半径值），当第 n 次背吃刀量（$\Delta d_n - \Delta d_{n-1}$）小于 Δd_{min} 时，则背吃刀量设定为 Δd_{min}。

⑦ d 为精加工余量（半径值），Δd 为第一次背吃刀量（半径值）。

⑧ p 为主轴基准脉冲处距离切削起点的主轴转角，L 为螺纹导程（同 G82）。

⑨ B 点到 C 点的切削速度由 F 代码指定，而其他轨迹均为快速进给。

【例 4-38】　如图 4-77 所示，用螺纹切削复合循环 G76 指令编写螺纹加工程序。精加工次数为 1 次，无退尾，刀尖角为 60°，最小背吃刀量取 0.1mm，精加工余量取 0.1mm，螺纹牙型高度为 1.3mm，第一次背吃刀量取 0.9mm，螺距为 2mm，螺纹小径为 27.4mm。参考程序如下：

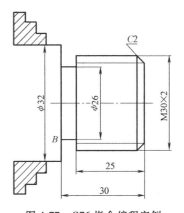

图 4-77　G76 指令编程实例

%1234	程序名
N10 T0101	换 1 号刀，建立工件坐标系
N20 M03 S300	主轴以 300r/min 正转
N30 G00 X28 Z2	到循环起点位置
N40 G76 C1 R0 E0 A60 X27.4 Z-27 I0 K1.3 U0.1 V0.1 Q0.9 F2	
	螺纹复合循环
N50 G00 X100 Z100	快速返回换刀点

N60 M05 　　　　　　　　　主轴停转

N70 M30 　　　　　　　　　程序结束并复位

4.3 数控车床综合加工实例

4.3.1 数控车床的对刀

1. 对刀方法

数控车削加工时,刀架上通常需要安装多把刀具,在进行手动试切对刀时,要对加工所需的所有刀具进行对刀操作且在刀偏表中给每把刀都设置刀具偏置值,这种手动试切对刀方法称绝对刀偏法对刀,它是目前数控车床上最常用的对刀方法。使用这种方法对刀的程序结构形式如下:

%××××

T0202 (无 G92 或 G54 建立工件坐标系指令,无 M06 指令)

M03 S××××

G90/G91 G00 X __ Z __

…

T0101 (无须取消上一把刀的刀具补偿,直接建立下一把刀的刀具补偿)

数控车床控制刀具运动时通常是以刀架中心为基准。通过对刀设置刀具偏置值,实际就是确定每把刀的刀位点到达工件原点时,刀架中心在机床坐标系中的位置(坐标值)。如图 4-78 所示,刀架上装有 4 把刀,刀具的形状、尺寸都不一样,所以即使工件原点只有一个,但每把刀的刀位点到达工件原点时,刀架中心在机床坐标系中的位置(坐标值)却不一样,这就需要对每把刀分别进行试切对刀,以确定刀架中心的偏置值。

2. 对刀操作

以工件坐标系原点设在工件右端面中心为例来说明。

(1) 华中 HNC-21/22T 系统对刀

1) 选择 1 号外圆车刀试切直径。如图 4-79所示,试切一段长度后刀具沿+Z 方向退离工件(切记 X 方向保持不动,此时刀尖的 X 向机床坐标值为−343.167)。主轴停止,测量试切段的直径尺寸,在图 4-80 所示的刀偏表刀偏号 0001 地址中输入试切直径(测量值为 φ45.467mm),系统根据输入的试切直径值自动计算出工件中心的 X 向机床坐标 (−343.167−45.467 = −388.634),存放在"X 偏置"中。紧接着起动主轴,试切端面,如图 4-81 所示。整个端面试切完后,刀具沿+X 方向退离工件(切记 Z 方向保持不动,此时刀尖的 Z 向机床坐标值为−861.032),在图

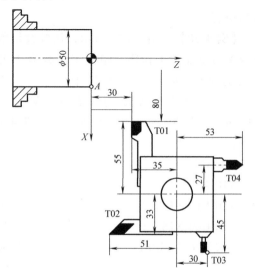

图 4-78　多把刀在刀架上的位置

4-82所示刀偏表刀偏号0001地址中输入试切长度0（0表示以试切完后的端面作为工作坐标系的 Z 向零点），系统根据输入的试切长度值自动计算出工件中心的 Z 向机床坐标（$-861.032-0=-861.032$），存放在"Z 偏置"中。

在编程时，用"T0101"指令在换取1号刀的同时，调用了1号偏置值，从而建立了工件坐标系，这样不需要再用 G92 指令编写建立工件坐标系的程序段。

图 4-79　1 号外圆车刀
试切外圆对刀

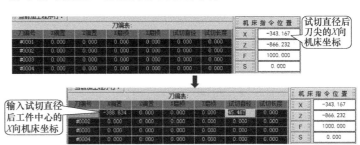

图 4-80　试切直径输入及 X 偏置自动生成

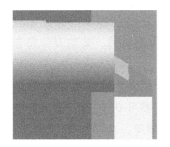

图 4-81　1 号刀试切端面对刀

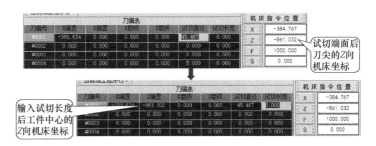

图 4-82　试切长度输入及 Z 偏置自动生成

2）选择 2 号切槽刀，使切槽刀低速接近 1 号刀试切的外圆面，如图 4-83 所示，在切屑出现的瞬间，立即停止进给，在刀偏表刀偏号 0002 地址中输入试切直径（此时的试切直径值仍然为 1 号刀的试切值 $\phi45.467\text{mm}$），和 1 号刀的计算方法一样，系统自动计算出工件中心的 X 向机床坐标并存放在"X 偏置"中。紧接着控制刀具的左刀尖以低速接近工件右端面，如图 4-84 所示，在切屑出现的瞬间，立即停止进给，在刀偏表刀偏号 0002 地址中输入试切长度 0，系统自动计算出工件中心的 Z 向机床坐标并存放在"Z 偏置"中。

3）选择 3 号螺纹车刀，使螺纹车刀低速接近 1 号刀试切的外圆面，如图 4-85 所示，在

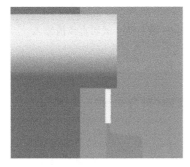

图 4-83　2 号刀试切外圆对刀

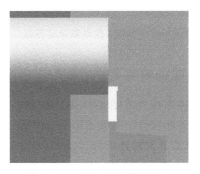

图 4-84　2 号刀试切端面对刀

切屑出现的瞬间，立即停止进给，在刀偏表刀偏号 0003 地址中输入试切直径 $\phi45.467$mm，同样和 1 号刀的计算方法一样，系统自动计算出工件中心的 X 向机床坐标并存放在 "X 偏置" 中。由于螺纹切削时有引入距离和超越距离，所以 Z 方向不需要精确对刀，只需要控制刀尖点与工件右端面基本对齐，如图 4-86 所示，然后在刀偏表刀偏号 0003 地址中输入试切长度 0，系统自动计算出工件中心的 Z 向机床坐标并存放在 "Z 偏置" 中。

图 4-85　3 号刀试切外圆对刀

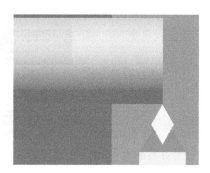

图 4-86　3 号刀试切端面对刀

（2）FANUC 0i 系统对刀　对于 FANUC 0i 系统，试切与测量方法与前述华中数控系统完全一样，只是测量值的输入方法和过程不一样，这里只以 1 号刀为例说明，其他刀可完全参照 1 号刀的输入方法。

1）试切直径。依次按功能键 [OFFSET SETTING]→软键 [补正]→软键 [形状]，进入形状补偿参数设定界面，如图 4-87 所示。如图 4-88 所示，移动光标到相应的位置（番号 01）后，输入外圆直径值 "X40."，按 [测量] 软键，补偿值自动输入到几何形状 X 值里，如图 4-89 所示。

2）试切端面。和步骤①一样，移动光标到相应的位置后，输入 "Z0"，按 [测量] 软键，补偿值自动输入到几何形状 Z 值里，如图 4-90 所示。

图 4-87　形状补偿参数设定界面

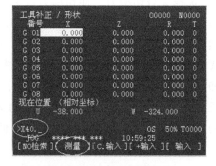

图 4-88　试切直径值输入

4.3.2　典型轴类零件的数控车削加工

用数控车床完成图 4-91 所示轴类零件的加工，工件材料为 45 钢，毛坯尺寸为 $\phi48$mm×100mm，未注尺寸公差按 GB/T 1804—m 加工和检验。

1. 加工工艺设计

（1）零件图的加工内容和加工要求分析　分析图样可见，该轴类零件含有外圆、内孔、端面、槽、螺纹等结构，具有较高的加工要求。现要对该零件加工工艺进行设计，并编写数

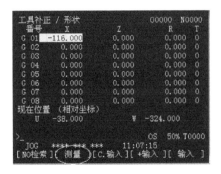

图 4-89　自动生成的 X 补偿值

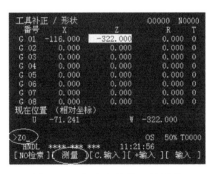

图 4-90　自动生成的 Z 补偿值

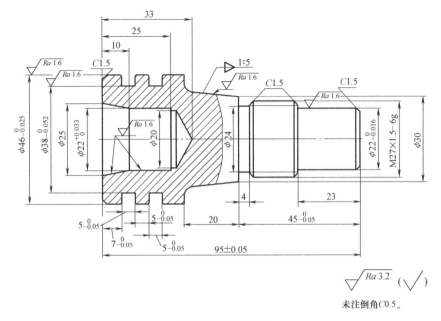

图 4-91　轴类零件

控加工工序卡等文件。该零件的主要加工内容和加工要求如下：

1）圆柱面 $\phi 46_{-0.025}^{0}$ mm，表面粗糙度值为 $Ra1.6\mu m$；圆柱面 $\phi 22_{-0.016}^{0}$ mm，表面粗糙度值为 $Ra1.6\mu m$。

2）圆孔面 $\phi 22_{0}^{+0.033}$ mm，表面粗糙度值为 $Ra1.6\mu m$。

3）两端面总长保证 95mm±0.05mm。

4）槽两处，定位尺寸为 $7_{-0.05}^{0}$ mm、$5_{-0.05}^{0}$ mm，定形尺寸为 $\phi 38_{-0.052}^{0}$ mm、$5_{-0.05}^{0}$ mm。

5）退刀槽 4mm×ϕ24mm，定位尺寸为 $45_{-0.05}^{0}$ mm。

6）锥面，锥度为 1：5，表面粗糙度值为 $Ra1.6\mu m$。

7）螺纹 M27×1.5-6g。

8）倒角 C1.5，共 4 处。

（2）加工方案　工件有内、外结构加工的要求。根据加工结构的分布特点，左端内结构与右端的螺纹、锥面结构不能在同一次装夹下完成，因而有必要把零件的加工大致分为左右两次的装夹加工。

1）左端加工方法。选用 ϕ3mm 的中心钻钻削中心孔；钻 ϕ20mm 的孔；进行 ϕ46mm 柱面的粗、精加工；车 5mm× ϕ38mm 两槽；镗削内孔。钻削中心孔、钻 ϕ20mm 的孔可用手动加工的方法。

2）右端加工方法。车削右端面，保证总长为 95mm；手动钻中心孔；进行右端外形的粗、精加工；车 4mm× ϕ24mm 槽；车 M27×1.5 外螺纹。车削右端面、钻中心孔可用手动加工。

3）设计加工工艺过程。

① 粗、精加工工件左端外形。

② 车 5mm× ϕ38mm 两槽。

③ 用 G71 指令粗加工工件左端内形，用 G70 指令精加工左端内形。

④ 调头找正，手工车端面，保证总长为 95mm，钻中心孔，顶上顶尖。

⑤ 用 G71 指令粗加工工件右端外形，用 G70 指令精加工工件右端外形。

⑥ 车 4mm× ϕ24mm 槽。

⑦ 用 G76 指令螺纹复合循环指令加工 M27×1.5 外螺纹。

（3）刀具及切削用量选择　根据加工内容和加工要求，选用刀具，见表 4-5。零件材料为 45 钢，刀具材料选用 P10 硬质合金。

表 4-5　刀具选择

序号	刀具号	刀具规格名称	加工表面	备注
1	T01	93°外圆粗车刀	粗车外轮廓面	
2	T02	93°外圆精车刀	精车外轮廓面	
3	T03	93°内孔粗车刀	粗车内轮廓面	
4	T04	93°内孔精车刀	精车内轮廓面	
5	T05	外切槽刀	切削外轮廓槽	刀宽 4mm，左刀尖为刀位点
6	T06	外螺纹车刀	切削外螺纹	刀尖角 60°

加工时，应根据切削用量的选择原则，结合被加工内容要求、刀具材料和工件材料等实际加工情况，参考切削用量选用经验手册选取切削用量。本例具体切削用量的选择见表 4-6。

表 4-6　数控加工工序卡

零件号		程序编号		使用机床		夹具		加工材料
01				数控车床		自定心卡盘		45 钢
零件装夹	工步	工步内容	刀具	主轴转速/（r/min）	进给速度/（mm/r）	背吃刀量/mm		备注
夹持右端加工左端	1	粗车外轮廓	T01	600	0.2	0.75		
	2	精车外轮廓至要求	T02	1000	0.1	0.25		
	3	车削外轮廓槽至要求	T05	300	0.05	4		
	4	粗车内轮廓	T03	600	0.15	1		
	5	精车内轮廓至要求	T04	1000	0.08	0.15		
夹持左端加工右端	1	粗车右端外轮廓	T01	600	0.2	1.5		
	2	精车右端外轮廓至要求	T02	1000	0.1	0.15		
	3	车削 4mm×ϕ24mm 槽	T05	300	0.05	4		
	4	车削螺纹	T06	300	1.5	0.4、0.3、0.2、0.08		

（4）夹具选用

1）夹持右端加工左端。选用自定心卡盘进行装夹。工件坐标系的原点选在左端面的中心。

2）夹持左端加工右端。应先手动加工右端面，保证总长 95mm，手动钻中心孔，然后采用一夹一顶的装夹方案。注意调整卡盘夹持工件的长度，夹持长度不宜过长。顶上顶尖，再进行外圆、槽、螺纹的自动控制加工。

（5）填写加工工序卡 结合上述工艺设计，填写加工工序卡，见表 4-6。

2. 编写加工程序

（1）工件左端加工程序 图 4-92 所示为左端加工结构及坐标系，图 4-93 所示为左端内结构加工示意图。槽加工子程序及加工路线如图 4-94 所示。

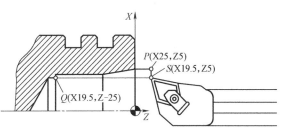

图 4-92 左端加工结构及坐标系

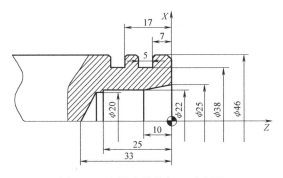

图 4-93 左端内结构加工示意图

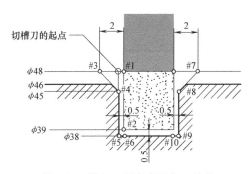

图 4-94 槽加工子程序及加工路线

参考程序如下：

O1111；	主程序名
M03 S600 T0101；	主轴正转；换 T01 刀，粗加工左端外形
G00 X50. Z2.；	快速定位至循环起点
G90 X46.5 Z-35. F0.2；	粗加工左端外形，留 0.5mm 余量
G00 X100. Z100.；	快速返回换刀点
M05；	主轴停转
M00；	程序暂停，测量
M03 S1000 T0202；	换 T02 刀，精加工左端外形
G00 X52. Z2.；	接近工件
G00 X40.；	快速定位至倒角起点
G01 X46. Z-1.5 F0.1；	倒角
Z-35.；	精车 $\phi46$mm 外径
G00 X100. Z100.；	快速返回换刀点
M05；	主轴停转
M00；	程序暂停，测量
M03 S300 T0505；	换 T05 刀，车 5mm×$\phi38$mm 两槽
G00 X50. Z-12.；	快速定位到右侧槽起点

M98 P1112；	调用槽加工子程序
G00 X50. Z-22. ；	快速定位到左侧槽起点
M98 P1112；	调用槽加工子程序
G00 X100. Z100. ；	快速返回换刀点
M05；	主轴停转
M00；	程序暂停，测量
M03 S600 T0303；	换 T03 内孔粗车刀，粗加工左端内形
G00 X19. 5 Z5. ；	快进至内径粗车循环起点
G71 U1. R0. 5；	内径粗车循环
G71 P10 Q20 U-0. 3 W0. 1 F0. 15；	
N10 G01 X25. ；	精加工开始
Z0；	
X22. 016 Z-10. ；	
Z-25. ；	
N20 X20. ；	精加工结束
G00 X100. Z100. ；	快速返回换刀点
M05；	主轴停转
M00；	程序暂停，测量
M03 S1000 T0404；	换 T04 内孔精车刀，精加工左端内形
G00 G41 X19. 5 Z5. ；	快速进刀，建立刀尖半径补偿
G70 P10 Q20 F0. 08；	精车循环
G40 G00 X100. Z100. ；	快速返回换刀点，取消刀尖半径补偿
M05；	主轴停转
M30；	程序结束并复位
O1112；	槽加工子程序
W0. 5；	左刀尖到#1
G01 X39. F0. 05；	到#2
G00 X48. ；	到#1
W-2. ；	到#3
G01 W1. 5 X45. ；	到#4
X38. ；	到#5
W0. 5；	到#6
G00 X48. ；	到#1
W2. ；	右刀尖到#7
G01 X45. W-1. 5；	到#8
G01 X38. ；	到#9
W-0. 5；	到#10
G00 X48. ；	快速退刀
M99；	返回主程序

（2）工件右端加工程序　图 4-95 所示为右端外圆加工示意图。

参考程序如下：

O1133；	程序号
T0101；	换 1 号刀，粗加工右端外形
M03 S600；	主轴正转，转速为 600r/min
G00 X52. Z2. ；	快进至外径粗车循环起点 S
G71 U1.5 R1. ；	外径粗车循环
G71 P30 Q40 U0.3 W0.1 F0.2；	
N30 G00 X15. ；	快进至精加工轮廓起点 P
G01 X22. Z−1.5；	
Z−23. ；	
X24.85；	
X26.85 Z−24.5；	
Z−45. ；	
X30. ；	
X33.28 Z−61.398；	
G02 X41.24 Z−65. R4. ；	
N40 G01 X52. ；	切削至精加工轮廓终点 Q
G00 X100. Z100. ；	快速返回换刀点
M05；	主轴停转
M00；	程序暂停，测量
M03 S1000 T0202；	换 2 号刀，精加工右端外形
G00 G42 X52. Z2. ；	快速进刀，建立刀尖半径补偿
G70 P30 Q40 F0.1；	精车固定循环，进给速度降低
G40 G00 X100. Z100. ；	快速返回换刀点，取消刀尖半径补偿
M05；	主轴停转
M00；	程序暂停，测量
T0505；	换 5 号刀，车 4mm×ϕ24mm 槽
M03 S300；	主轴正转，转速为 300r/min
G00 Z−45. ；	
X32. ；	快进至车槽起点
G01 X24. F0.05；	车槽
X30. ；	退刀
W3. ；	右刀尖到达倒角延长线
G01 X24. Z−45. ；	倒角
G00 X100. Z100. ；	快速返回换刀点
M05；	主轴停转
M00；	程序暂停，测量
M03 S300 T0606；	换 6 号刀，车削 M27×1.5mm 外螺纹

G00 X29. Z-20. ;　　　　　　　快进至外螺纹复合循环起点

G76 P010160 Q80 R100；　　　　螺纹复合循环

G76 X25. 14 Z-42. R0 P974 Q400 F1. 5；

G00 X100. Z100. ;　　　　　　　快速返回换刀点

M05；　　　　　　　　　　　　主轴停转

M30；　　　　　　　　　　　　程序结束并复位

3. 零件加工操作

（1）加工准备

1）开机前检查，起动数控机床，回参考点操作。

2）装夹工件，露出加工的部位，确保定位精度和装夹刚度。

3）根据数控加工工序卡准备刀具，安装车刀，确保刀尖高度正确和刀具装夹刚度。

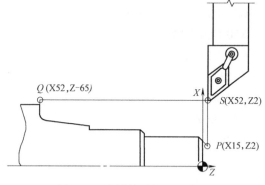

图 4-95　右端外圆加工示意图

4）按照前面所述方法进行对刀和测量，填写刀偏值或零点偏置值，并认真检查补偿数据的正确性。

5）输入程序并校验程序。

（2）零件加工

1）执行每一个程序前应检查所用的刀具，检查切削参数是否合适，开始加工时宜把进给速度调到最小，密切观察加工状态，有异常现象及时停机检查。

在操作过程中必须集中注意力，谨慎操作，运行前关闭防护门。在运行过程中一旦发生问题，及时按下复位按钮或紧急停止按钮。

2）在加工过程中不断优化加工参数，以达到最佳加工效果。粗加工后检查工件是否有松动，检查工件位置、形状尺寸。

3）精加工后检查工件位置、形状尺寸，调整加工参数，直到工件与图样及工艺要求相符。

4）拆下工件，使刀架停放在远离工件的换刀位置，及时清洁机床。

4.3.3　典型套类零件的数控车削加工

图 4-96 所示为典型套类零件，材料为 45 钢，毛坯尺寸为 $\phi72mm \times 108mm$，单件小批生产。对该零件进行数控车削工艺分析，并编写数控加工工序卡、刀具卡，编制加工

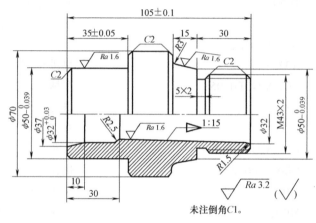

图 4-96　套类零件

程序。

1. 加工工艺设计

（1）零件图的加工内容和加工要求分析　分析图样可见，该零件的主要加工内容和加工要求为：零件表面包括内外圆柱面、圆锥面、圆弧面及外螺纹等结构。零件图尺寸标注完整，轮廓描述清楚完整，图中多个直径尺寸与轴向尺寸有较高的尺寸精度和表面粗糙度要求。零件材料为 45 钢，切削性能较好。

（2）加工方案　工件有内、外结构的加工要求，左、右端面为 Z 向尺寸的设计基准。

进行相应工序前，应先将左、右端面加工出来。左端内、外结构与右端的内、外结构的加工不能在同一次装夹中完成，如车 1:15 锥孔与车 ϕ32mm 孔及锥面时需调头装夹，因而工件的加工需要两次装夹。

在用数控机床加工工件前，可预先对毛坯手动操作加工，完成 ϕ70mm 外圆加工，有利于提高数控车削时的工件定位精度。

1）左端加工。加工方案：夹持右端，使工件伸出 40mm，对工件左端进行加工。加工方法：车削端面；选用 ϕ3mm 的中心钻钻削中心孔；钻 ϕ25mm 的孔；进行 ϕ50mm 圆柱面的粗、精加工；车削内孔。

2）右端加工。加工方案：夹持左端 ϕ50mm 圆柱面，对右端进行加工。加工方法：车削右端面，保证总长 105mm±0.1mm；进行右端外形的粗、精加工；车 5mm×2mm 槽；车 M43×2mm 外螺纹；车削 1:15 锥孔。

（3）零件的定位基准和装夹方式

1）夹持右端加工左端。用自定心卡盘进行装夹。工件坐标系的原点选在左端面的中心。

2）夹持左端 ϕ50mm 圆柱面加工右端。用自定心卡盘进行装夹。工件坐标系的原点选在右端面的中心。

（4）刀具选择　将所选定的刀具及规格填入表 4-7 数控加工刀具卡中，便于编程和操作管理。

表 4-7　数控加工刀具卡

序号	刀具号	刀具类型	加工表面	备注
1	T01	93°外圆粗车刀	粗车外轮廓面	
2	T02	93°外圆精车刀	精车外轮廓面	
3	T03	93°内孔粗车刀	粗车内轮廓面	
4	T04	93°内孔精车刀	精车内轮廓面	
5	T05	外切槽刀	切削外轮廓槽	刀宽 3mm，以左刀尖为刀位点
6	T06	外螺纹车刀	切削外螺纹	刀尖角 60°
7	T07	中心孔钻	钻中心孔	ϕ5mm
8	T08	钻底孔钻头	钻底孔	ϕ26mm

（5）切削用量选择　根据被加工表面质量要求、刀具材料、零件材料、工艺系统刚度等因素，参考切削用量手册或有关资料选取切削用量，填入表 4-8 所示的数控加工工序卡中。

表 4-8　数控加工工序卡

零件号		程序编号		使用机床		夹具		加工材料
01				数控车床		自定心卡盘		45 钢
零件装夹	工步	工步内容	刀具	主轴转速/ (r/min)	进给量/ (mm/r)	背吃刀量 /mm		备注
夹持右端 加工左端	1	车端面	T01	600				手动
	2	钻 φ5mm 的中心孔	T07	1500				手动
	3	钻 φ25mm 的孔	T08	400				手动
	4	粗车左端外轮廓	T01	600	0.2	2		
	5	精车左端外轮廓	T02	1000	0.1	0.15		
	6	粗车左端内轮廓	T03	600	0.15	1.5		
	7	精车左端内轮廓	T04	1000	0.08	0.15		
夹持左端 加工右端	1	车端面	T01	600				手动、保证 零件总长
	2	粗车右端外轮廓	T03	600	0.2	2		
	3	精车右端外轮廓	T04	1000	0.1	0.15		
	4	粗车右端内轮廓	T01	600	0.15	1.5		
	5	精车右端内轮廓	T02	1000	0.08	0.15		
	6	车削 5mm×2mm 外槽	T05	300	0.05			
	7	车削螺纹	T06	300	2	0.45、0.3、 0.3、0.2、 0.05		

（6）填写数控加工工序卡　将前面分析的各项内容综合成表 4-8 所示的数控加工工序卡。

2. 编写加工程序

（1）工件左端加工程序　图 4-97 所示为左端加工结构及坐标系，图 4-98 所示为左端内结构加工示意图。

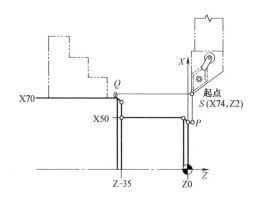

图 4-97　左端加工结构及坐标

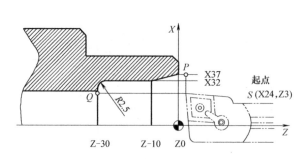

图 4-98　左端内结构加工示意图

参考程序如下：

O1111;　　　　　　　　　　　　左端加工主程序名

M03 S600 T0101;　　　　　　　　主轴正转，换 T01 刀，粗加工左端外形

G00 X74. Z2. ;　　　　　　　　快进至外径粗车循环起刀点 S

G71 U2. R1. ;	外径粗车循环
G71 P10 Q20 U0. 3 W0. 1 F0. 2;	
N10 G00 X46. ;	快进至精加工轮廓起点 P
G01 Z0;	
X50. Z-2. ;	
Z-35. ;	
X66. ;	
U6. W-3. ;	
N20 G01 X74. ;	切削至精加工轮廓终点 Q
G00 X100. Z100. ;	快速返回换刀点
M05;	主轴停转
M00;	程序暂停，测量
M03 S1000 T0202;	换 T02 刀，精加工左端外形
G00 X74. Z2. ;	快进至循环起点
G70 P10 Q20 F0. 1;	外径精车循环
G00 X100. Z100. ;	快速返回换刀点
M05;	主轴停转
M00;	程序暂停，测量
M03 S600 T0303;	换 T03 内孔车刀，粗加工左端内形
G00 X24. Z3. ;	快进至内径粗车循环起点
G71 U1. 5 R0. 5;	外径粗车循环
G71 P30 Q40 U-0. 3 W0. 1 F0. 15;	U(X 方向精加工余量）必须为负值
N30 G00 X37. ;	左端内轮廓精加工开始
G01 Z0;	
X32. Z-10. ;	
Z-27. 5;	
G03 X27. Z-30. R2. 5;	
N40 G01 X24. ;	左端内轮廓精加工结束
G00 X100. Z100. ;	快速返回换刀点
M05;	主轴停转
M00;	程序暂停，测量
M03 S1000 T0404;	换 4 号内孔车刀，精加工左端内形
G00 G41 X24. Z3. ;	快速进刀，建立刀尖半径补偿
G70 P30 Q40 F0. 08;	内径精车循环
G40 G00 X100. Z100. ;	快速返回换刀点，取消刀尖半径补偿
M05;	主轴停转
M30;	程序结束并复位

（2）工件右端加工程序　图 4-99 所示为右端内结构加工示意图，图 4-100 所示为右端外轮廓加工示意图。

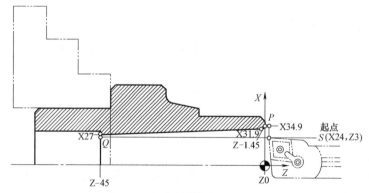

图 4-99　右端内结构加工示意图

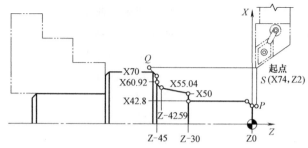

图 4-100　右端外轮廓加工示意图

参考程序如下：

O1122；	右端加工程序名
M03 S600 T0101；	换 T01 刀，粗加工右端外形
G00 X74. Z2. ；	快进至外径粗车循环起点 S
G71 U2 R1. ；	外径粗车循环
G71 P50 Q60 U0. 5 W0. 1 F0. 2；	
N50 G00 X38. 8；	快进至精加工轮廓起点 P
G01 Z0；	
G01 X42. 8 Z-2. ；	
Z-30. ；	
X50. ；	
X55. 04 Z-42. 59；	
G03 X60. 92 Z-45. R3. ；	
G01 Z-45. ；	
X66. ；	
N60 G01 U8. W-4. ；	切削至精加工轮廓终点 Q
G00 X100. Z100. ；	快速返回换刀点
M05；	主轴停转
M00；	程序暂停
M03 S1000 T0202；	换 T02 刀，精加工右端外形

G00 G42 X74. Z2. ;	快速进刀，建立刀尖半径补偿
G70 P50 Q60 F0. 1 ;	外径精车循环
G40 G00 X100. Z100. ;	快速返回换刀点，取消刀尖半径补偿
M05 ;	主轴停转
M00 ;	程序暂停，测量
M03 S600 T0303 ;	换 T03 内孔车刀，粗加工右端内形
G00 X24. Z3. ;	快进至内径粗车循环起点
G71 U1. 5 R0. 5 ;	内径粗车循环
G71 P70 Q80 U-0. 3 W0. 1 F0. 15 ;	
N70 G01 X34. 9 ;	内径精加工开始
Z0 ;	
G02 X31. 9 Z-1. 45 R1. 5 ;	
G01 X27. Z-45. ;	
N80 X24. ;	内径精加工结束
G00 X100. Z100. ;	快速返回换刀点
M05 ;	主轴停转
M00 ;	程序暂停，测量
M03 S1000 T0404 ;	换 T04 内孔车刀，精加工右端内形
G00 G41 X24. Z3. ;	快进至内径精车循环起点，建立刀尖半径补偿
G70 P70 Q80 F0. 08 ;	内径精车循环
G40 G00 X100. Z100. ;	快速返回换刀点，取消刀尖半径补偿
M05 ;	主轴停转
M00 ;	程序暂停，测量
T0505 S300 M03 ;	换 T05 刀，车 4mm×ϕ24mm 槽
G00 Z-28. ;	
X55. ;	快进至车槽起点
G75 R0. 5 ;	车槽复合循环
G75 X38. 8 Z-30. P800 Q1000 R200 F0. 05 ;	
G00 W2. ;	
X42. 8 ;	右刀尖到达倒角起点
G01 U-4. W-2. ;	倒角
G00 X100. Z100. ;	快速返回换刀点
M05 ;	主轴停转
M00 ;	程序暂停，测量
T0606 S300 M03 ;	换 T06 刀，车削 M27×1.5mm 外螺纹
G00 X45. Z10. ;	快进至外螺纹复合循环起点
G76 P010160 Q80 R100 ;	螺纹复合循环
G76 X40. 4 Z-27. P1300 Q400 F2 ;	
G00 X100. Z100. ;	快速返回

M05；　　　　　　　　　　　　　　主轴停转

M30；　　　　　　　　　　　　　　程序结束并复位

3. 零件加工操作

加工操作可参考 4.3.2。

思考与训练

4-1　数控车床的机床原点与工件原点怎么确定？

4-2　G 代码表示什么功能？M 代码表示什么功能？

4-3　什么是模态 G 代码？什么是非模态 G 代码？

4-4　程序结束指令 M02 和 M30 有何相同的功能？又有什么区别？

4-5　在恒线速度控制车削过程中，为什么要限制主轴的最高转速？

4-6　螺纹车削有哪些指令？为什么螺纹车削时要留有引入距离和超越距离？

4-7　G00 指令与 G01 指令的主要区别是什么？

4-8　单一形状固定循环指令（G90、G94）能否实现圆弧插补循环？

4-9　复合固定循环指令（G71、G72、G73）能否实现圆弧插补循环？各指令适合加工哪类毛坯工件？

4-10　为什么要进行刀尖圆弧半径补偿？请写出刀尖圆弧半径补偿的编程指令格式。

4-11　请简要说明华中数控车床的对刀步骤及刀偏值的设置方法。

4-12　根据零件特征，请选择合适的单一形状固定循环指令，分别按 FANUC 0i 系统及 HNC-21/22T 系统编程格式，完成图 4-101～图 4-105 所示零件的车削编程。毛坯尺寸分别为 $\phi62mm×100mm$、$\phi60mm×50mm$、$\phi62mm×60mm$、$\phi27mm×80mm$、$\phi52mm×100mm$，所用刀具均为 T01（93°外圆车刀）。

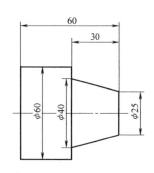

图 4-101　单一形状固定循环指令训练 1

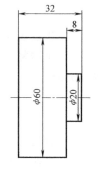

图 4-102　单一形状固定循环指令训练 2

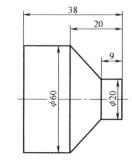

图 4-103　单一形状固定循环指令训练 3

4-13　根据零件特征，分别用复合固定循环指令 G71、G72、G73 及 G70 按 FANUC 0i 系统编程格式完成图 4-106～图 4-108 所示零件的外轮廓车削编程（粗、精加工）。毛坯尺寸分别为 $\phi35mm×80mm$、$\phi45mm×50mm$、$\phi30mm×100mm$，所用刀具均为 T01（93°外圆车刀，其中加工图 4-108 所示零件时车刀副偏角要大，以避免干涉）。

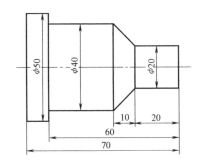

图 4-104　单一形状固定循环指令训练 4

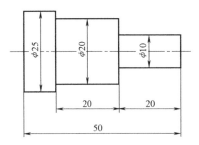

图 4-105　单一形状固定循环指令训练 5

4-14　用 G71、G70 指令按 FANUC 0i 系统编程格式完成图 4-109 所示零件外轮廓车削编程，精加工要使用刀具半径（假设其为 0.3mm）补偿功能。毛坯尺寸为 $\phi40\text{mm} \times 80\text{mm}$，粗、精加工所用刀具分别为 T01（93°外圆粗车刀）、T02（93°外圆精车刀）。

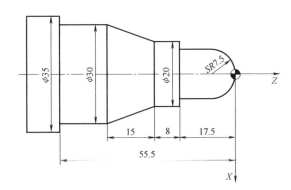

图 4-106　复合固定循环指令训练 1

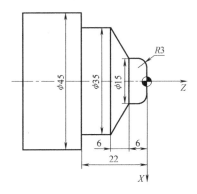

图 4-107　复合固定循环指令训练 2

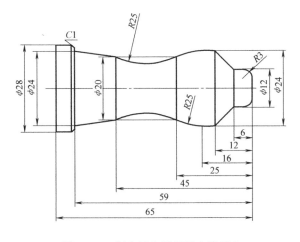

图 4-108　复合固定循环指令训练 3

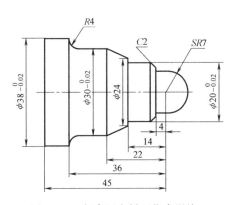

图 4-109　复合固定循环指令训练 4

4-15　用 G71 指令按 HNC-21/22T 系统编程格式完成图 4-110、图 4-111 所示零件内轮廓车削编程，精加工要使用刀具半径补偿功能（假设其为 0.3mm）。加工前分别钻出直径为

φ18mm 和 φ26mm 的毛坯孔，粗、精加工所用刀具分别为 T01（93°内孔粗车刀）、T02（93°内孔精车刀）。

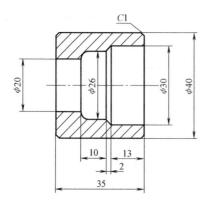

图 4-110　复合固定循环指令训练 5

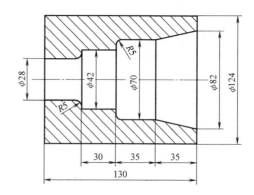

图 4-111　复合固定循环指令训练 6

4-16　完成图 4-112、图 4-113 所示零件车削编程，注明所用数控系统。毛坯尺寸分别为 φ25mm × 90mm、φ40mm×90mm。所用刀具分别为 T01（93°外圆车刀，其中加工图 4-112 所示零件的车刀副偏角要大，以避免干涉）、T02（4mm 宽切槽切断刀）、T03（60°螺纹车刀）。

4-17　完成图 4-114 ~ 图 4-116 所示零件的车削编程（均需调头加工），注明所用数控系统。毛坯尺寸分别为 φ62mm × 118mm、φ50mm × 88mm、φ40mm×102mm。所用刀具分别为 T01（93°外圆车刀）、T02（4mm 宽切槽切断刀）、T03（60°螺纹车刀）。

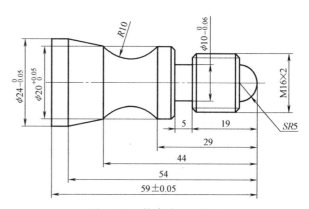

图 4-112　综合编程训练 1

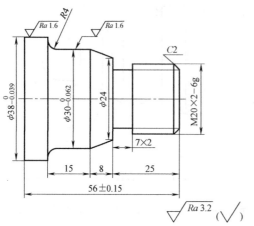

图 4-113　综合编程训练 2

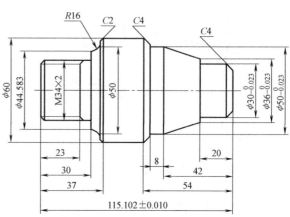

图 4-114　综合编程训练 3

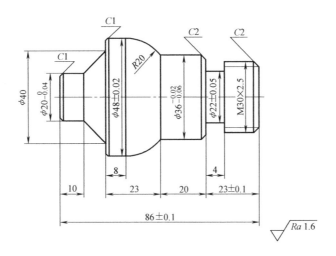

图 4-115　综合编程训练 4

4-18　完成图 4-117 所示零件的内轮廓车削编程，注明所用数控系统。加工前钻出直径为 $\phi18mm$ 的毛坯孔，所用刀具分别为 T01（93°内孔车刀）、T02（3mm 宽内切槽刀）、T03（60°内螺纹车刀）。

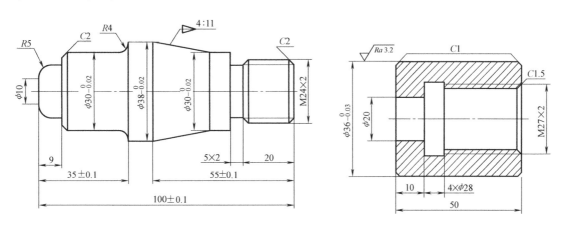

图 4-116　综合编程训练 5　　　　　　　　图 4-117　综合编程训练 6

4-19　完成图 4-118、图 4-119 所示零件的内、外轮廓车削编程，注明所用数控系统。毛坯尺寸分别为 $\phi82mm\times42mm$、$\phi54mm\times62mm$。所用刀具分别为 T01（93°外圆车刀）、T02（93°内孔车刀）、T03（4mm 宽切断刀）、T04（60°螺纹车刀）、T05（60°内螺纹车刀）。

4-20　完成图 4-120 所示配合件的车削编程，注明所用数控系统。毛坯尺寸分别为 $\phi66mm\times94mm$、$\phi54mm\times38mm$。所用刀具分别为 T01（93°外圆车刀）、T02（93°内孔车刀）、T03（4mm 宽切槽切断刀）、T04（60°螺纹车刀）、T05（60°内螺纹车刀）。

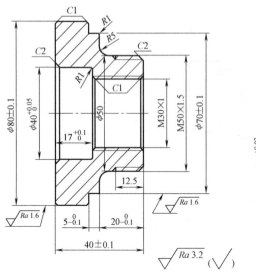

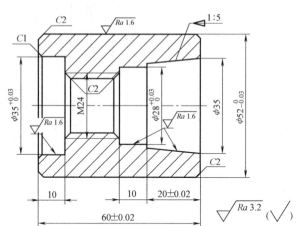

图 4-118 综合编程训练 7

图 4-119 综合编程训练 8

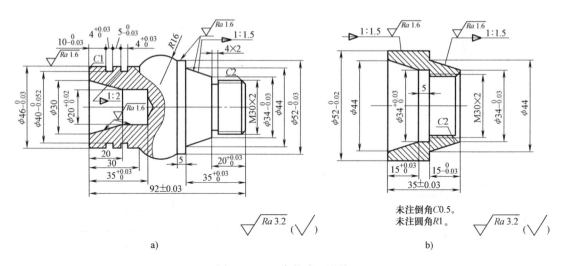

a)

b)

图 4-120 配合件编程训练

第5章

数控铣床编程及加工

知识提要： 本章全面介绍数控铣床的编程及加工。主要内容包括数控铣床的编程指令及编程方法、华中世纪星 HNC-21/22M 编程指令简介、数控铣床操作及加工编程实例等，并对自动编程做了简单介绍。为了满足不同学习者的需要，主要以 FANUC 0i 系统为例来介绍，同时也介绍了 HNC-21/22M 系统的编程。

学习目标： 通过本章学习内容，学习者应对数控铣床的手工编程有全面认识，系统掌握数控铣床的程序编制方法，掌握手工程序编制的技巧。注意不同系统的编程差异，掌握其编程特点及要点。

5.1 数控铣床的编程指令及编程方法

数控铣床及铣削数控系统的种类也很多，但其基本编程功能指令相同，只在个别编程指令和格式上有差异。本节仍以 FANUC 0i 数控系统为例来说明。

5.1.1 数控铣床的坐标系

有关机床坐标系和工件坐标系的内容前面已述及，这里不再详述。

1. 机床坐标系

通常数控机床每次通电后，机床的三个坐标轴都要依次运动到机床正方向的一个极限位置，这个位置就是机床坐标系的原点，是机床出厂时设定的固定位置。

通常在数控铣床上机床原点（见图 5-1）和机床参考点是重合的。

2. 工件坐标系

数控铣床的工件原点一般设在工件外轮廓的某一个角上或工件对称中心处，进刀深度方向上的零点大多取在工件表面。利用数控铣床、加工中心进行工件加工时，其工件坐标系与机床坐标系之间的关系如图 5-1 所示。

5.1.2 数控铣床的基本编程指令

1. F、S 指令

（1）F 指令——进给功能　F 指令用于指定切削的进给速度。和数控车床不同，数控铣床一般只用每分钟

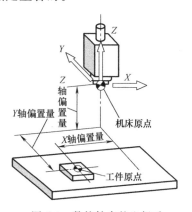

图 5-1　数控铣床的坐标系

进给。

（2）S 指令——主轴功能　S 指令用于指定主轴转速，单位为 r/min。例如，要求主轴转速为 1000r/min，则执行指令 S1000。

2. 辅助功能——M 功能

辅助功能指令用于指定主轴的旋转、起停、切削液的开关、工件或刀具的夹紧或松开、刀具更换等，从 M00~M99，共 100 种。FANUC 0i 系统常用的 M 功能代码见表 5-1。

表 5-1　FANUC 0i 系统常用的 M 功能代码

代码	是否模态	功能说明	代码	是否模态	功能说明
M00	非模态	程序停止	M03	模态	主轴正转起动
M01	非模态	选择停止	M04	模态	主轴反转起动
M02	非模态	程序结束	M05	模态	主轴停止转动
M30	非模态	程序结束并返回	M06	非模态	加工中心换刀
M98	非模态	调用子程序	M08	模态	切削液打开
M99	非模态	子程序结束	M09	模态	切削液关闭

3. 准备功能——G 功能

准备功能指令是使数控机床建立起某种加工方式的指令，从 G00~G99，共 100 种。FANUC 0i 系统常用的 G 功能代码见表 5-2。

表 5-2　FANUC 0i 系统常用的 G 功能代码

G 代码	组别	解释	G 代码	组别	解释
* G00	01	定位、快速移动	G58	14	选择工件坐标系 5
G01		直线切削	G59		选择工件坐标系 6
G02		顺时针方向切削圆弧	G73		高速深孔钻削循环
G03		逆时针方向切削圆弧	G74		左旋螺纹切削循环
G04	00	暂停	G76		精镗孔循环
* G17	02	选择 XY 平面	* G80		取消固定循环
G18		选择 XZ 平面	G81		中心钻循环
G19		选择 YZ 平面	G82		带停顿钻孔循环
G28	00	机床返回参考点	G83	09	深孔钻削循环
G30		机床返回第 2 和第 3 原点	G84		右旋螺纹切削循环
* G40	07	取消刀具直径偏移	G85		镗孔循环
G41		刀具直径左偏移	G86		镗孔循环
G42		刀具直径右偏移	G87		反向镗孔循环
G43	08	刀具长度正方向偏移	G88		镗孔循环
G44		刀具长度负方向偏移	G89		镗孔循环
* G49		取消刀具长度偏移	* G90	03	指定绝对坐标编程
G53		机床坐标系选择	G91		指定增量坐标编程
* G54	14	选择工件坐系 1	G92	00	设置工件坐标系
G55		选择工件坐标系 2	* G98	10	固定循环返回起始点
G56		选择工件坐标系 3	G99		固定循环返回 R 点
G57		选择工件坐标系 4	—	—	—

注：带 * 的指令为系统电源接通时的初始值。

5.1.3　数控铣床的基本编程方法

1. 绝对坐标编程和增量坐标编程指定指令

指令格式：G90/G91 X ___ Y ___ Z ___;

指令说明：G90 为绝对坐标编程指令。绝对坐标表示程序段中的尺寸字为绝对坐标值，即以编程原点为基准计量的坐标值。G91 为增量坐标编程指令。增量坐标表示程序段中的尺寸字为增量坐标值，即刀具运动的终点相对于起点的坐标值增量。G90 为系统默认值，可省略不写。前面学习的如 FANUC 0i 系统数控车床是直接用地址符来区分的：X、Y、Z 后为绝对坐标，U、V、W 后为相对坐标。

如图 5-2 所示，假设刀具在 O 点，先快速定位到 A 点，再以 100mm/min 的速度直线插补到 B 点，分别用 G90 指令和 G91 指令编程时，运动点的坐标是有差异的。

2. 平面选择指令 G17、G18、G19

指令格式：G17/G18/G19；

指令说明：G17 表示选择 XY 平面，G18 表示选择 ZX 平面，G19 表示选择 YZ 平面，如图 5-3 所示。系统开机时默认为 G17 指令状态。

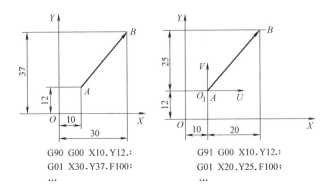

G90 G00 X10.Y12.；
G01 X30.Y37.F100；
…

G91 G00 X10.Y12.；
G01 X20.Y25.F100；
…

图 5-2 绝对坐标和增量坐标编程

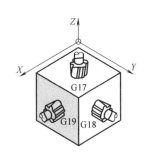

图 5-3 坐标平面选择和加工示意

3. 刀具移动指令

（1）快速定位指令 G00

指令格式：G00 X __ Y __ Z __；

指令说明：①G00 指令刀具从所在点以最快的速度（系统设定的最高速度）移动到目标点。②使用绝对坐标时，X、Y、Z 为目标点在工件坐标系中的坐标；使用增量坐标时，X、Y、Z 为目标点相对于起点的坐标增量。③不运动的坐标可以不写。④当刀具按指令远离工作台时，先 Z 轴运动，再 X 轴、Y 轴运动。当刀具按指令接近工作台时，先 X 轴、Y 轴运动，再 Z 轴运动。如图 5-4 所示，刀具由当前点快速移动到目标点 P，程序如下：

G00 X45.Y30.Z6.；

注意：在刀具快速接近工件时，不能以 G00 速度直接切入工件，一般应离工件有 5～10mm 的安全距离，如图 5-5 所示，刀具在 Z 方向快速下刀时，应留有 5mm 的安全距离。

（2）直线插补功能指令 G01

指令格式：G01 X __ Y __ Z __ F __；

指令说明：①G01 指令刀具从所在点以直线移动到目标点。②使用绝对坐标时，X、Y、Z 为目标点在工件坐标系中的坐标；使用增量坐标时，X、Y、Z 为目标点相对于起点的增量坐标；F 为刀具进给速度。③不运动的坐标可以不写。

如图 5-6 所示，刀具由起点 A 直线运动到目标点 B，进给速度为 100mm/min。程序如下：

G90 G01 X90. Y70. F100；

或 G91 G01 X70. Y50. F100；

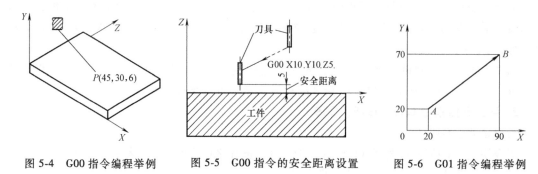

图 5-4　G00 指令编程举例　　　图 5-5　G00 指令的安全距离设置　　　图 5-6　G01 指令编程举例

（3）圆弧插补功能指令 G02、G03

1）平面圆弧插补。G02 指令表示在指定平面顺时针方向圆弧插补；G03 指令表示在指定平面逆时针方向圆弧插补。不同平面内圆弧插补方向如图 5-7 所示。不同平面内圆弧插补示意如图 5-8 所示。

指令格式：G17 G02/G03 X ＿ Y ＿ R ＿ （或 I ＿ J ＿）F ＿；

　　　　　G18 G02/G03 X ＿ Z ＿ R ＿ （或 I ＿ K ＿）F ＿；

　　　　　G19 G02/G03 Y ＿ Z ＿ R ＿ （或 J ＿ K ＿）F ＿；

指令说明：①X、Y、Z 为圆弧终点坐标值。绝对坐标编程时，X、Y、Z 是圆弧终点的绝对坐标值；相对坐标编程时，X、Y、Z 是圆弧终点相对于圆弧起点的增量值。②I、J、K 表示圆心相对于圆弧起点的增量值，如图 5-9 所示。③F 规定沿圆弧切向的进给速度。④G17、G18、G19 为圆弧插补平面选择指令，以此来确定被加工表面所在平面，G17 可以省略。⑤R 表示圆弧半径，因为在相同的起点、终点、半径和相同的方向下有两种圆弧（见图 5-10），如果圆心角小于 180°（劣弧），则 R 为正数；如果圆心角大于 180°

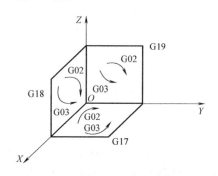

图 5-7　不同平面内圆弧插补方向

（优弧），则 R 为负数。⑥整圆编程时不能使用 R 编程，只能使用 I、J、K 编程。

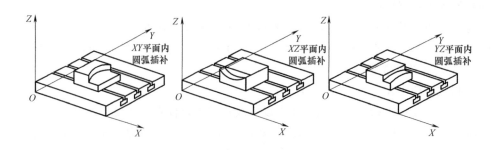

图 5-8　不同平面内圆弧插补示意

如图 5-10 所示，加工劣弧的程序如下：

绝对坐标编程：G90 G02 X40. Y-30. I40. J-30. F100；
或 G90 G02 X40. Y-30. R50. F100；

增量坐标编程：G91 G02 X80. Y0 I40. J-30. F100；
或 G91 G02 X80. Y0 R50. F100；

如图 5-11 所示，以 A 点为起点和终点的整圆加工程序段如下：

G02 I30.0 J0；或简写成 G03 I30.0；

也可把整圆分成几部分，用半径方式编程。现将整圆分为上下两个半圆编程，具体程序如下：

G02 X70. Y40. R30. F80；插补加工上半圆

G02 X10. Y40. R30. F80；插补加工下半圆

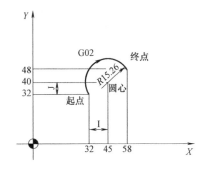

图 5-9 I、J、K 的设置

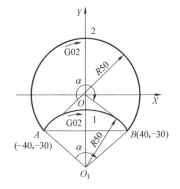

图 5-10 R 编程时的优弧和劣弧

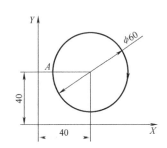

图 5-11 整圆加工编程

2）螺旋线插补。对于大的螺纹孔，不能用丝锥攻螺纹，要用螺纹镗刀加工螺纹，其指令就是螺旋线插补指令。在圆弧插补时，与插补平面垂直的直线轴同步运动，构成螺旋线插补运动。如图 5-12 所示，A 为起点，B 为终点，C 为圆心，K（为与指令保持一致，此处保留正体）为导程。

指令格式：G17 G02/G03 X __ Y __ Z __ I __ J __ K __ F __；
　　　　　或 G17 G02/G03 X __ Y __ Z __ R __ K __ F __；

指令说明：G02、G03 分别表示顺时针方向、逆时针方向螺旋线插补；X、Y、Z 是螺旋线的终点坐标值；I、J 是圆心在 XY 平面上，相对螺旋线起点在 X、Y 方向上的坐标增量；R 是 XY 平面上的圆的半径值；K 是螺旋线的导程，为正值。

同理可写出 G18 指令的和 G19 指令的平面上的螺旋线插补指令。

图 5-13a 所示为右旋螺纹，参考程序如下：

G90 G17 G02 X-25. Y0 Z-60. I25. J0 K30. F100；

或 G90 G17 G02 X-25. Y0 Z-60. R25. K30. F100；

图 5-13b 所示为左旋螺纹，参考程序如下：

G90 G17 G03 X25. Y0 Z-60. I-25. J0 K30. F100；

或 G90 G17 G03 X25. Y0 Z-60. R25. K30. F100；

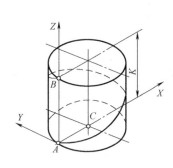

图 5-12　螺旋线插补

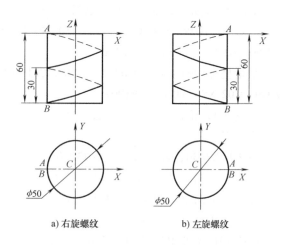

a) 右旋螺纹　　　　　b) 左旋螺纹

图 5-13　螺旋线插补指令实例

4．参考点返回指令

（1）参考点返回检查指令 G27

指令格式：G27 X ___ Y ___ Z ___ ；

指令说明：①G27 指令可以检验刀具是否能够定位到参考点上，指令中 X、Y、Z 分别代表参考点在工件坐标系中的坐标值。执行该指令后，如果刀具可以定位到参考点上，则相应轴的参考点指示灯就点亮。②若不要求每次执行程序时都执行返回参考点的操作，应在该指令前加上符号"/"（程序跳转），以便在不需要校验时，跳过该程序段。③若希望执行该程序段后使程序停止，应在该程序段后加上 M00 或 M01 指令，否则程序将不停止而继续执行后面的程序段。④在刀具补偿方式中使用该指令，刀具到达的位置将是加上补偿量的位置，此时刀具将不能到达参考点，因而相应轴参考点的指示灯不亮，因此执行该指令前，应先取消刀具补偿。

（2）自动参考点返回指令 G28

指令格式：G28 X ___ Y ___ Z ___ ；

指令说明：①G28 指令可使刀具以点位方式经中间点快速返回参考点，中间点的位置由该指令后面的 X、Y、Z 坐标值所决定，该坐标值可以用绝对值也可以用增量值，但这要取决于采用 G90 指令还是 G91 指令。设置中间点是为了防止刀具返回参考点时与工件或夹具发生干涉。②通常 G28 指令用于自动换刀，原则上应在执行该指令前取消各种刀具补偿。③G28 指令能够记忆中间点的坐标值。也就是说，对于在使用 G28 程序段中没有被指令的轴，以前 G28 中的坐标值就作为那个轴的中间点坐标值。

（3）从参考点返回指令 G29

指令格式：G29 X ___ Y ___ Z ___ ；

指令说明：

① G29 指令可以使刀具从参考点出发，经过一个中间点后到达由这个指令中的 X、Y、Z 坐标值所指定的位置。中间点的坐标由前面的 G28 指令所规定，因此 G29 指令应与 G28 指令成对使用。指令中 X、Y、Z 是目标点的坐标，由 G90、G91 决定是绝对值还是增量值。

若为增量值，则是指到达点相对于 G28 中间点的增量值。

② 选择 G28 指令之后，G29 指令不是必需的，使用 G00 定位有时可能更为方便。

如图 5-14 所示，加工后刀具已定位到 A 点，取 B 点为中间点，C 点为执行 G29 指令时应到达的目标点，则程序如下：

G28 X200. Y280.；

T02 M06；在参考点完成换刀

G29 X500. Y100.；

5. 延时功能指令 G04

指令格式：G04 X ＿＿；或 G04 P ＿＿；

指令说明：①G04 指令可使刀具做暂短的无进给光整加工，一般用于镗孔、锪孔等场合。②X 或 P 为暂停时间，其中 X 后面可用带小数点的数，单位为 s，如 "G04 X2.0；" 表示在前一程序执行完后，要经过 2s 以后，后一程序段才执行；地址 P 后面不允许用小数点，单位为 ms，如 "G04 P1000；" 表示暂停 1000ms，即 1s。

6. 工件坐标系建立指令

（1）坐标系设定指令 G92

指令格式：G92 X ＿＿ Y ＿＿ Z ＿＿；

指令说明：X、Y、Z 为刀具当前点在工件坐标系中的坐标；G92 指令是将工件原点设定在相对于刀具起点的某一空间点上。也可以理解为通过指定刀具起始点在工件坐标系中的位置来确定工件原点。执行 G92 指令时，机床不动作，即 X、Y、Z 轴均不移动。

如图 5-15 所示，建立工件坐标系的程序为：G92 X30. Y30. Z0；

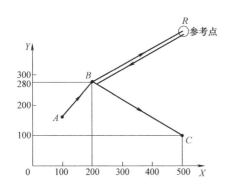

图 5-14　G28 和 G29 编程实例

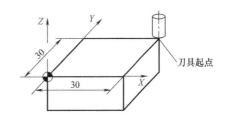

图 5-15　G92 指令建立坐标系

（2）工件坐标系调用指令 G54~G59

指令格式：G54/G55/G56/G57/G58/G59；

指令说明：这组指令可以调用六个工件坐标系，其中 G54 坐标系是机床一开机并返回参考点后就有效的坐标系。这六个坐标系是通过指定每个坐标系的零点在机床坐标系中的位置来设定的，即通过 MDI 输入每个工件坐标系零点的偏移值（相对于机床原点）。如图 5-16 所示，图中有六个完全相同的轮廓，如果将它们分别置于 G54~G59 指定的六个坐标系中，则它们的加工程序将完全一样，加工时只需调用不同的坐标系（即零点偏置）即可实现。

注意：G54~G59 工件坐标系指令与 G92 坐标系设定指令的差别是：G92 指令需后续坐

标值指定刀具起点在当前工件坐标系中的坐标值，用单独一个程序段指定；在使用 G92 指令前，必须保证刀具回到程序中指定的加工起点，即对刀点。G54～G59 指令建立工件坐标系时，可单独使用，也可与其他指令同段使用；使用该指令前，先用手动数据输入（MDI）方式输入该坐标系的坐标原点在机床坐标系中的坐标值。

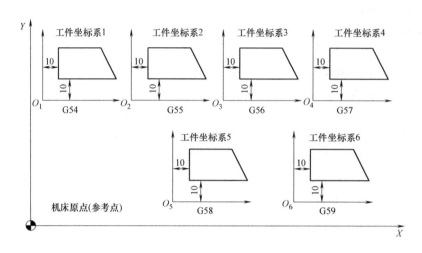

图 5-16 G54～G59 工件坐标系调用

学习了数控铣床的基本编程指令和编程方法后，就能够进行直线槽及圆弧槽的加工编程。

【例 5-1】 直线槽的编程：如图 5-17 所示的直线字母槽，字母槽深为 2mm，字母槽宽为 5mm。编程原点在工件左下角，刀具为 φ5mm 的键槽铣刀。参考程序如下：

O0051；	程序名
G54 G90 G00 X0 Y0 Z100.；	调用 G54 坐标系，刀具快速定位到编程原点上方 100mm 处
M03 S600；	主轴正转，转速为 600r/min
Z5.；	刀具 Z 方向快速接近工件
X5. Y35.；	XY 面快速定位到 Z 字母起点
G01 Z−2.F50；	Z 方向下刀，切入工件
G01 X25.；	铣削 Z 字母槽
X5. Y5.；	
X25.；	
G00 Z5.；	快速提刀
X30. Y35.；	XY 面快速定位到 Y 字母起点
G01 Z−2.；	Z 方向下刀，切入工件
X40. Y20.；	铣削 Y 字母槽
Y5.；	
G00 Z5.；	
Y20.；	
G01 Z−2.；	

X50. Y35. ;

G00 Z5. ;　　　　　　　　　快速提刀

X55. ;　　　　　　　　　　　*XY* 面快速定位到 X 字母起点

G01 Z-2. ;　　　　　　　　　*Z* 方向下刀，切入工件

X75. Y5. ;　　　　　　　　　铣削 X 字母槽

G00 Z5. ;

X55. ;

G01 Z-2. ;

X75. Y35. ;

G00 Z100. ;　　　　　　　　*Z* 方向快速返回

M05 ;　　　　　　　　　　　主轴停转

M30 ;　　　　　　　　　　　程序结束并复位

【例 5-2】　圆弧槽的编程：如图 5-18 所示带圆弧的字母槽，字母槽深为 2mm，字母槽宽为 5mm。编程原点在工件左下角，刀具为 φ5mm 的键槽铣刀。参考程序如下：

O00052 ;　　　　　　　　　　程序名

G54 G90 G00 X0 Y0 Z100. ;　　调用 G54 坐标系，刀具快速定位到编程原点上方
　　　　　　　　　　　　　　　100mm 处

M03 S600 ;　　　　　　　　　主轴正转，转速为 600r/min

Z5. ;　　　　　　　　　　　　刀具 *Z* 方向快速接近工件

X23. Y32. 5 ;　　　　　　　　*XY* 面快速定位到左侧 C 字母起点

G01 Z-2. F50 ;　　　　　　　*Z* 方向下刀，切入工件

G03 X8. Y32. 5 R7. 5 F100 ;　　铣削左侧 C 字母槽

G01 Y17. 5 ;

G03 X23. Y17. 5 R7. 5 ;

G00 Z5. ;　　　　　　　　　　快速提刀

X33. Y10. ;　　　　　　　　　*XY* 面快速定位到左侧 N 字母起点

G01 Z-2. ;　　　　　　　　　*Z* 方向下刀，切入工件

Y40. ;　　　　　　　　　　　铣削 N 字母槽

X48. Y10. ;

Y40. ;

G00 Z5. ;　　　　　　　　　　快速提刀

X73. Y32. 5 ;　　　　　　　　*XY* 面快速定位到右侧 C 字母起点

G01 Z-2. ;　　　　　　　　　*Z* 方向下刀，切入工件

G03 X58. Y32. 5 R7. 5 ;　　　铣削右侧 C 字母槽

G01 Y17. 5 ;

G03 X73. Y17. 5 R7. 5 ;

G00 Z100. ;　　　　　　　　　*Z* 方向快速返回

M05 ;　　　　　　　　　　　主轴停转

M30 ;　　　　　　　　　　　程序结束并复位

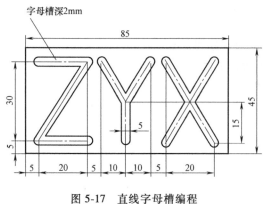

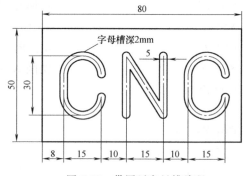

图 5-17　直线字母槽编程　　　　　　　　　图 5-18　带圆弧字母槽编程

5.1.4　刀具长度补偿功能

1. 刀具长度补偿目的

使用刀具长度补偿功能，在编程时就不必考虑刀具的实际长度了。当由于刀具磨损、更换刀具等原因引起刀具长度尺寸变化时，只需修正刀具长度补偿量，而不必调整程序或刀具。

2. 刀具长度补偿指令 G43、G44、G49

指令格式：G43/G44 G00/G01 Z ＿＿ H ＿＿；

　　　　　　…

　　　　　　G49 G00/G01 Z ＿＿；

指令说明：①刀具长度补偿指令一般用于刀具轴向（Z 向）的补偿，它使刀具在 Z 方向上的实际位移量比程序给定值增加或减少一个偏置量。G43 为刀具长度正向补偿；G44 为刀具长度负向补偿；Z 为目标点坐标；H 为刀具长度补偿代号（H00～H99），补偿量存入由 H 代码指定的存储器中。若输入指令"G90 G00 G43 Z100 H01；"，并于 H01 中存入"－20"，则执行该指令时，将用 Z 坐标值"100"与 H01 中所存"－20"进行加运算，即 100＋（－20）＝ 80，并将所求结果作为 Z 轴移动的目标值。取消刀具长度补偿用 G49 指令或 H00 指令。②当刀具在长度方向的尺寸发生变化时，可以在不改变程序的情况下，通过改变偏置

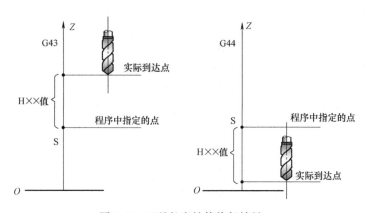

图 5-19　刀具长度补偿执行效果

量,加工出所要求的零件尺寸。刀具长度补偿执行效果如图 5-19 所示。③如果补偿值使用正负号,则 G43 和 G44 可以互相取代。即 G43 的负值补偿等于 G44 的正值补偿,G44 的负值补偿等于 G43 的正值补偿,G43、G44 指令的互换补偿效果如图 5-20 所示。

注意: 无论是绝对坐标还是增量坐标编程,G43 指令都是将偏移量 H 值加到坐标值(绝对方式)或位移值(增量方式)上,G44 指令则是从坐标值(绝对方式)或位移值(增量方式)减去偏移量 H 值。

【例 5-3】 如图 5-21 所示,图中 A 为程序起点,加工路线为①→②…→⑨。刀具为 ϕ10mm 的钻头,实际起始位置为 B 点,与编程的起点偏离了 3mm(相当于刀具长了 3mm),用 G43 指令进行补偿,按相对坐标编程,偏置量 3mm 存入 H01 的补偿号中。参考程序如下:

O0053;	程序名
N10 G91 G00 X70.Y45.;	增量移动到左侧孔中心,动作①,不需要建立工件坐标系
N11 M03 S600;	主轴正转,转速为 600r/min
N12 G43 Z-22.H01;	Z 向快速接近工件,建立刀具长度正向补偿,动作②
N13 G01 Z-18.F60 M08;	钻孔,开切削液,动作③
N14 G04 X2.;	孔底暂停 2s,动作④
N15 G00 Z18.;	快速抬刀,动作⑤
N16 X30.Y-20.;	定位到右侧孔中心,动作⑥
N17 G01 Z-33.;	钻孔,动作⑦
N18 G00 G49 Z55.M09;	快速抬刀,取消刀具长度补偿,动作⑧,关切削液
N19 X-100.Y-25.;	返回起刀点,动作⑨
N20 M05;	主轴停转
N21 M30;	程序结束并复位

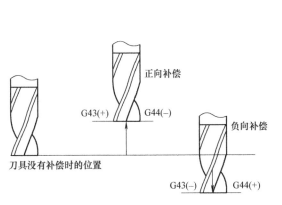

图 5-20 G43、G44 指令的互换补偿效果

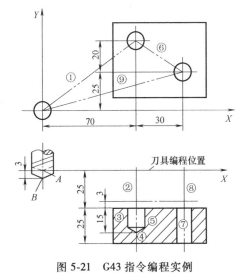

图 5-21 G43 指令编程实例

5.1.5 刀具半径补偿功能

1. 刀具半径补偿目的
数控机床在加工过程中,它所控制的是刀具中心轨迹,而为了方便(避免计算刀具中

心轨迹）起见，用户可按零件图样上的轮廓尺寸编程，同时指定刀具半径和刀具中心偏离编程轮廓的方向。而在实际加工时，数控系统会控制刀具中心自动偏移零件轮廓一个半径值进行加工，如图 5-22 所示，这种偏移称为刀具半径补偿。

2. 刀具半径补偿的概念

当加工曲线轮廓时，对于有刀具半径补偿功能的数控系统，可不必求刀具中心的运动轨迹，只按零件轮廓曲线编程，同时在程序中给出刀具半径的补偿指令，即可加工出具有轮廓曲线的零件，使编程工作大大简化。

ISO 标准规定，当刀具中心处于编程轨迹前进方向的左侧时，称为刀具半径左补偿，简称左刀补，如图 5-23a 所示。反之，当刀具中心处于编程轨迹前进方向的右侧时称为刀具半径右补偿，简称右刀补，如图 5-23b 所示。

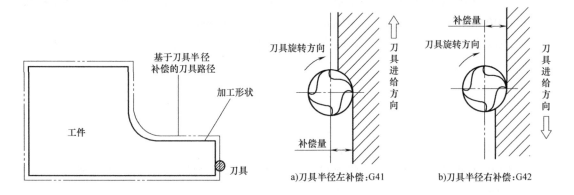

图 5-22 刀具半径补偿　　　　　　　图 5-23 刀具半径补偿的判别

3. 刀具半径补偿指令 G41、G42、G40

指令格式：G17 G41/G42 G00/G01 X __ Y __ D __ ;

　　　　　　G18 G41/G42 G00/G01 X __ Z __ D __ ;

　　　　　　G19 G41/G42 G00/G01 Y __ Z __ D __ ;

　　　　　　……

　　　　　　G40 G00/G01 X __ Y __ （或 X __ Z __ 或 Y __ Z __）;

指令说明：①系统在 G17~G19 指令所选择的平面中以刀具半径补偿的方式进行加工，其中 G17 为系统默认值，可省略不写，一般的刀具半径补偿都是在 XY 平面上进行的。

②G41 指定左刀补，G42 指定右刀补，G40 取消刀具半径补偿功能。它们都是模态代码，可以相互注销。

③刀具必须有相应的刀具补偿号 D 码（D00~D99）才有效，D 代码是模态码，指定后一直有效。

④改变刀补号或刀补方向时必须撤销原刀补，否则会重复刀补而出错。

⑤只有在线性插补（G00、G01）时才可以用 G41、G42 指令建立刀具半径补偿和使用 G40 指令取消刀具半径补偿。

⑥轮廓切削过程中，不能建立刀补和撤销刀补，否则会造成轮廓的过切或少切，如图 5-24 所示。

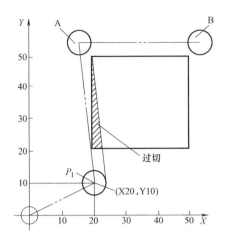

图 5-24　刀具半径补偿不当造成的过切

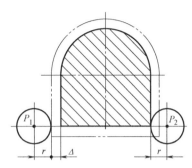

图 5-25　同一轮廓的粗、精加工

⑦ 通过刀具半径补偿值的灵活设置，可以实现同一轮廓的粗、精加工。如图 5-25 所示，铣刀半径为 r，单边精加工余量为 Δ，若将刀补值设为 $r+\Delta$，则为粗加工，而将刀补值设为 r，则为精加工。

注意：如果偏移量使用正负号，则 G41 指令和 G42 指令可以互相取代。即 G41 指令的负值补偿等于 G42 指令的正值补偿，G42 指令的负值补偿等于 G41 指令的正值补偿。利用这一结论，可以对同一编程轮廓采用左刀补（或右刀补）正负值补偿，实现凸、凹模加工，如图 5-26 所示。

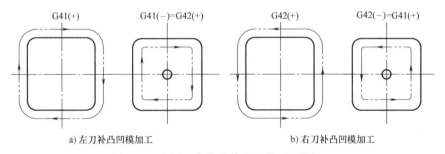

a) 左刀补凸凹模加工　　　　　　　　b) 右刀补凸凹模加工

图 5-26　应用正负值补偿实现凸、凹模加工

【例 5-4】 刀具半径补偿编程：如图 5-27 所示，切削深度为 10mm，Z 向零点在工件上表面，刀补号为 D01。参考程序如下：

O0054；	程序名
N11 G90 G17；	初始化
N12 G54 G00 X0 Y0 Z100.；	调用 G54 坐系，刀具快速定位到编程原点上方 100mm 处
N13 M03 S800；	主轴正转，转速为 800r/min
N14 G41 G00 X20. Y10. D01；	快速定位到（X20，Y10），建立刀具半径左补偿
N15 G01 Z-10. F50 M08；	下刀，切削液开
N16 G01 Y50. F100；	直线插补，切向切入

N17 X50.；

N18 Y20.；

N19 X10.；　　　　　　　　　　切向切出

N20 G00 Z10.；　　　　　　　　快速抬刀

N21 G40 X0 Y0；　　　　　　　*XY*面快速返回编程原点，取消刀具半径补偿

N22 M05；　　　　　　　　　　主轴停转

N23 M30；　　　　　　　　　　程序结束并复位

【例5-5】　刀具半径补偿和长度补偿同时编程：如图5-28所示，刀具比理想值长5mm，半径为6mm，长度补偿号为H01，半径补偿号为D01。凸台外轮廓铣削参考程序如下：

O00055；　　　　　　　　　　程序名

N01 G54 G00 X0 Y0 Z100.；　　调用G54坐标系，刀具快速定位到编程原点上方100mm处

N02 M03 S800；　　　　　　　　主轴正转，转速为800r/min

N03 G90 G43 G00 Z5. H01；　　快速接近工件到Z5，建立刀具长度正向补偿（H01=5）

N04 G42 G00 X-60. Y-20. D01；　快速定位到（X-60，Y-20），建立刀具半径左补偿（D01=6）

N05 G01 Z-10. F60；　　　　　　下刀

N06 X20.；　　　　　　　　　　切向切入

N07 G03 X40. Y0 I0 J20.；

N08 X-6.195 Y39.517 R40.；

N09 G01 X-40. Y20.；

N10 Y-40.；　　　　　　　　　　切向切出

N11 G49 G00 Z100.；　　　　　　快速抬刀，取消刀具长度补偿

N12 G40 X0 Y0；　　　　　　　　*XY*平面快速返回编程原点，取消刀具半径补偿

N13 M05；　　　　　　　　　　主轴停转

N14 M30；　　　　　　　　　　程序结束并复位

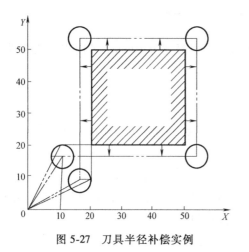

图5-27　刀具半径补偿实例

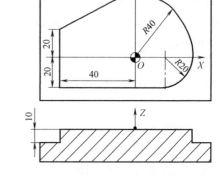

图5-28　刀具半径和长度补偿实例

4. 刀具半径补偿指令的应用

【例 5-6】 应用刀具半径补偿功能完成图 5-29 所示零件凸台外轮廓精加工编程，毛坯为 70mm×50mm×20mm 长方块（其余面已经加工）。刀具为直径 ϕ10mm 的立铣刀，采用附加半圆的圆弧切入切出方式，走刀路线如图 5-30 所示。

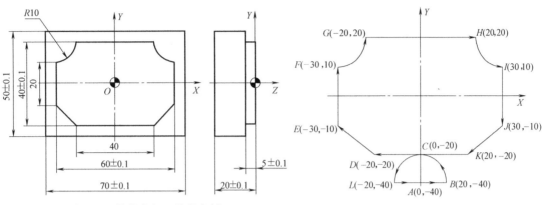

图 5-29　外轮廓加工编程实例　　　　　图 5-30　走刀路线

参考程序如下：

O0056；	程序名
N10 G54 G00 X0 Y0 Z100.；	调用 G54 坐标系，刀具快速定位到编程原点上方 100mm 处
N11 M03 S800；	主轴正转，转速为 800r/min
N12 X0 Y−40.；	XY 平面快速定位到图 5-30 所示半圆圆心
N13 G00 Z10.；	刀具 Z 方向快速接近工件
N14 G01 Z−5. F100；	Z 方向下刀，切入工件
N15 G41 G01 X20.；	建立刀具半径补偿，A→B
N16 G03 X0 Y−20. R20.；	圆弧切向切入 B→C
N17 G01 X−20. Y−20.；	直线插补 C→D
N18 X−30. Y−10.；	直线插补 D→E
N19 Y10.；	直线插补 E→F
N20 G03 X−20. Y20. R10.；	逆时针方向圆弧插补 F→G
N21 G01 X20.；	直线插补 G→H
N22 G03 X30. Y10. R10.；	逆时针方向圆弧插补 H→I
N23 G01 Y−10.；	直线插补 I→J
N24 X20. Y−20.；	直线插补 J→K
N25 X0；	直线插补 K→C
N26 G03 X−20. Y−40. R20.；	圆弧切向切出 C→L
N27 G40 G00 X0；	取消刀具半径补偿 L→A
N28 G00 Z100.；	
N29 X0 Y0；	
N30 M05；	主轴停转
N31 M30；	程序结束并复位

【例 5-7】 编程加工图 5-31 所示型腔类零件，毛坯为 120mm×100mm×20mm 长方体，刀具为直径 φ8mm 的带中心刃立铣刀。

加工型腔类零件时，刀具的下刀点只能选在零件轮廓内部。使用立铣刀时，一般情况下在下刀之前需要钻一个工艺孔，便于下刀。而键槽铣刀可以沿轴向进给，只需在垂直下刀过程中降低进给速度即可满足工艺要求。

如图 5-32 所示，刀具由 1→2→3→4→5→6→7→8→9→10→11→12→13→14→6→1 的顺序按环切法进行加工。1→2→3→4→5 是去余量加工，直接按刀具中心编程；6→7→8→9→10→11→12→13→14→6 是轮廓加工，按零件轮廓编程，使用刀具半径补偿；5→6 是刀补建立；6→1 是刀补撤销。铣削过程采用的是顺铣，刀具的走刀路线是逆时针方向。

参考程序如下：

O0057；	程序名
G54 G90 G00 X0 Y0 Z100.；	调用 G54 坐标系，刀具快速定位到编程原点上方 100mm 处
M03 S800 ；	主轴正转，转速为 800r/min
X−18. Y0	*XY* 平面快速定位到 1 点
Z10.；	刀具 *Z* 方向快速接近工件
M08；	开切削液
G01 Z−10. F50；	*Z* 方向下刀，切入工件（也可以每次下 5mm，分两次切削）
X30. Y0 F100；	1→2
Y17. 714；	2→3
G02 X−30. Y17. 714 R56.；	3→4
G01 Y−9. ；	4→5
G41 X50. D01；	5→6，建立刀具半径左补偿
Y41. 762；	6→7
G03 X35. Y45. 635 R8.；	7→8
G02 X−35. R40.；	8→9
G03 X−50. Y41. 762 R8.；	9→10
G01 X−50. Y−15.；	10→11
G03 X−40. Y−25. R10.；	11→12
G01 X40.；	12→13
G03 X50. Y−15. R10.；	13→14
G01 Y−9.；	14→6
G40 X−18. Y0；	6→1，取消刀具半径补偿
G00 Z100. M09；	快速抬刀，关切削液
M05；	主轴停转
M30；	主程序结束并复位

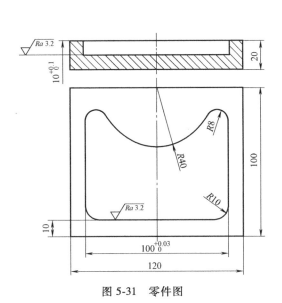

图 5-31　零件图

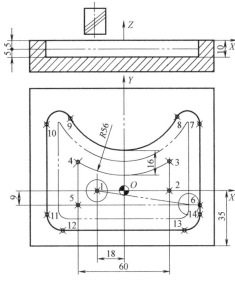

图 5-32　加工路线

5.1.6　子程序

数控铣床及加工中心子程序的编程格式及调用格式和前面阐述的数控车床的完全一样，这里不再详述，只举例来说明。

【例 5-8】　加工图 5-33 所示零件上的 4 个相同尺寸的长方形槽，槽深为 2mm，槽宽为 10mm，未注圆角半径为 $R5$mm。刀具为 $\phi10$mm 键槽铣刀，用子程序功能编程（不考虑刀具半径补偿）。

参考程序如下：

O0058；	主程序
N09 G17 G40 G80 G90；	初始化
N10 G54 G00 X0 Y0 Z100.；	调用 G54 坐标系，刀具快速定位到 Z100
N11 M03 S800；	主轴正转，转速为 800r/min
N13 G00 X20. Y20.；	XY 平面快速定位到 A_1 点
N14 Z2.；	快速接近工件至上方 2mm 处
N15 M98 P0002；	调用 2 号子程序，完成槽 Ⅰ 加工
N16 G90 G00 X90.；	快速移动到 A_2 点上方 2mm 处
N17 M98 P0002；	调用 2 号子程序，完成槽 Ⅱ 加工
N18 G90 G00 Y70.；	快速移动到 A_3 点上方 2mm 处
N19 M98 P0002；	调用 2 号子程序，完成槽 Ⅲ 加工
N20 G90 G00 X20.；	快速移动到 A_4 点上方 2mm 处
N21 M98 P0002；	调用 2 号子程序，完成槽 Ⅳ 加工
N22 G90 G00 X0 Y0；	回到工件原点
N23 Z10.；	

N24 M05;	主轴停转
N25 M30;	主程序结束并复位
O0002;	子程序
N10 G91 G01 Z-4. F100;	刀具 Z 向工进 4mm（切削深度为 2mm）
N20 X50. ;	$A \rightarrow B$
N30 Y30. ;	$B \rightarrow C$
N40 X-50. ;	$C \rightarrow D$
N50 Y-30. ;	$D \rightarrow A$
N60 G00 Z4. ;	Z 向快退 4mm
N70 M99;	子程序结束，返回主程序

【例 5-9】 如图 5-34 所示，零件上有 4 个尺寸完全相同的槽，用 ϕ9mm 立铣刀加工，每次 Z 方向下刀 5mm，用子程序功能编写程序（不考虑刀具半径补偿）。参考程序如下：

O0059;	主程序
N10 G40 G80 G90;	初始化
N11 G54 G00 X0 Y0 Z100. ;	调用 G54 坐标系，刀具快速定位到起点
N12 M03 S800;	主轴正转，转速为 800r/min
N13 M08;	开切削液
N14 X-4.5 Y-10.	XY 平面快速定位
N15 Z2. ;	快速接近工件至上方 2mm 处
N16 M98 P41000;	调用 1000 号子程序 4 次，完成 4 个槽的加工
N17 G90 G00 Z100. ;	绝对坐标编程，刀具快速返回到 Z100
N18 X0 Y0;	XY 平面返回编程原点
N19 M05;	主轴停转
N20 M09;	关切削液

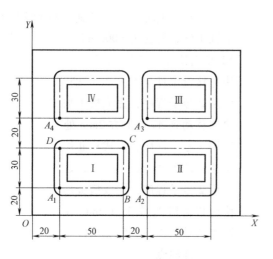

图 5-33 子程序编制实例

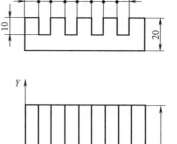

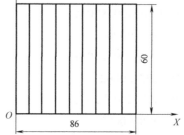

图 5-34 子程序编制实例

N21 M30;	主程序结束并复位
O1000;	子程序
N10 G91 G00 X19.;	X 向增量快速移动 19mm
N20 G01 Z-7. F60;	下刀,切削深度为 5mm
N30 G01 Y75. F100;	Y 向增量切削 75mm
N40 Z-5. F60;	再次下刀,切削深度为 5mm
N50 Y-75. F100;	Y 负向增量切削 75mm
N60 G00 Z12.;	增量快速抬刀 12mm
N70 M99;	子程序结束

5.1.7 调用子程序去余量编程

1. 去余量自动编程方法

如图 5-35 所示,在轮廓铣削时,按照零件轮廓编程,将刀具半径补偿值设为实际刀具半径 r,则可完成零件精加工。然后将半径补偿值不断增大,可多次通过调用零件轮廓子程序完成去余量粗加工。这样,用同一编程轮廓实现了零件的粗、精加工,大大简化了编程人员的工作量。为了使相邻两次粗加工之间不留下残余,实际编程时的每次刀补增加值为 $\Delta = 2r-1$。图 5-35a 所示为以圆台外轮廓为例通过刀具半径补偿实现粗、精加工的过程,图 5-35b 所示为以圆腔内轮廓为例通过刀具半径补偿实现粗、精加工的过程。

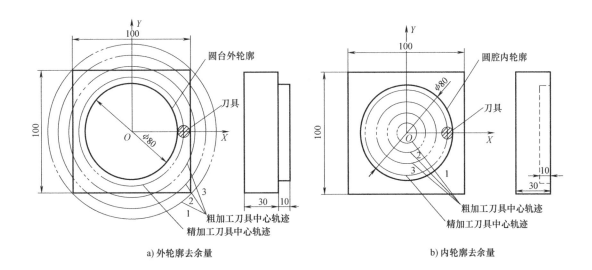

a) 外轮廓去余量   b) 内轮廓去余量

图 5-35 通过刀具半径补偿实现零件的粗、精加工

2. 方便调用的子程序编制

如图 5-36a 所示,按照上述思路,编写外轮廓去余量子程序,注意刀补为左刀补。参考程序如下:

G41 G01 X25. Y-65.;   路径①,此时不能给定刀补值 D

G03 X0 Y-40. R25.；　　　　路径②

G02 X0 Y-40. I0 J40.；　　　路径③，此路径的程序由实际轮廓决定，有繁有简

G03 X-25. Y-65. R25.；　　　路径④

G40 G01 X0；　　　　　　　路径⑤

如图 5-36b 所示，按照上述思路，编写子程序，注意刀补为右刀补。参考程序如下：

G42 G01 X25. Y-15.；　　　路径①，此时不能给定刀补值 D

G02 X0 Y-40. R25.；　　　　路径②

G02 X0 Y-40. I0 J40.；　　　路径③，此路径的程序由实际轮廓决定，有繁有简

G02 X-25. Y-15. R25.；　　　路径④

G40 G01 X0；　　　　　　　路径⑤

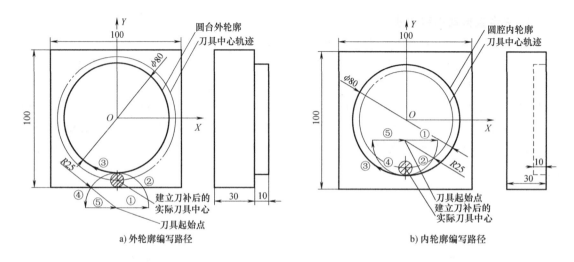

图 5-36　子程序编写动作路径

【例 5-10】　如图 5-37 所示，通过调用子程序不断改变刀具半径补偿值，完成内、外轮廓的自动去余量加工。

（1）图样分析　根据图样，毛坯尺寸为 100mm×100mm，外形上、下极限偏差为 ±0.03，深度为 10mm±0.03mm，内腔尺寸为 $\phi40^{\ 0}_{-0.05}$mm，深度为 5mm±0.03mm。表面粗糙度值均为 Ra3.2μm。

（2）工艺分析　根据图样分析，内、外轮廓均有精度要求，所以分粗精两次加工。内、外轮廓的进给路线分别如图 5-38 和 5-39 所示，附加半圆弧完成轮廓切入、切出，半径分别为 25mm 和 18mm。所用刀具及其补偿值的分配见表 5-3。

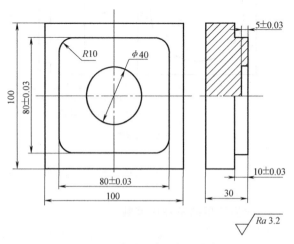

图 5-37　自动去余量加工实例

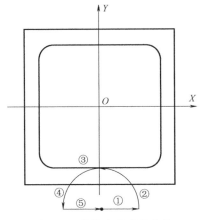

图 5-38　外轮廓的进给路线

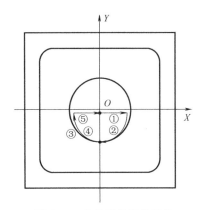

图 5-39　内轮廓的进给路线

表 5-3　刀具及其补偿值的分配

工步	加工内容	刀具名称	补偿号	补偿值/mm	主轴转速/(r/min)	进给速度/(mm/min)	切削深度/mm	XY 平面精加工余量/mm
1	粗铣外形	φ10mm 带中心刃立铣刀	D01	14	800	200	9.8	0.2（单边）
			D02	5.2				
2	精铣外形	φ10mm 带中心刃立铣刀	D03	5	1200	100	10	0
3	粗铣 $\phi40^{\ 0}_{-0.05}$mm 孔	φ20mm 带中心刃立铣刀	D04	10.2	800	200	4.8	0.2（单边）
4	精铣 $\phi40^{\ 0}_{-0.05}$mm 孔	φ20mm 带中心刃立铣刀	D05	10	1200	100	5	0

（3）装夹定位　采用机用平口钳装夹工件，使毛坯上表面高出钳口 15mm，确保加工安全。

（4）编写加工程序　工件上表面的中心作为工件坐标系原点。参考程序如下：

O0510；	主程序
G40 G49 G80 G90；	初始化
G54 G00 X0 Y0 Z100.；	调用 G54 坐标系，刀具快速定位到起点
M03 S800；	主轴正转，转速为 800r/min
M08；	开切削液
X0. Y-65.；	XY 平面快速定位图 5-38 所示半圆圆心
Z5.；	快速接近工件至上方 5mm 处
G01 Z-9.8 F100；	下刀至 Z-9.8，留 0.2mm 精加工余量
D01 M98 P1000 F200；	给定刀补值 D01＝14，调用 1000 号子程序去余量
D02 M98 P1000；	给定刀补值 D02＝5.2，调用 1000 号子程序去余量
D03 M98 P1000 S1200 F100；	给定刀补值 D03＝5，调用 1000 号子程序精加工外形
G01 Z-10. F100；	下刀至 Z-10，精加工
D01 M98 P1000 F200；	给定刀补值 D01＝14，调用 1000 号子程序去余量
D02 M98 P1000；	给定刀补值 D02＝5.2，调用 1000 号子程序去余量
D03 M98 P1000 S1200 F100；	给定刀补值 D03＝5，调用 1000 号子程序精加工外形
G00 Z100.；	快速抬刀

M05;	主轴停转
M00;	程序暂停

手动换 $\phi 20$ 带中心刃立铣刀，和 $\phi 10mm$ 的带中心刃立铣刀长度一致，不需要补偿。

M03 S800;	再次启动主轴正转，转速为 800r/min
G00 Z5.;	快速接近工件至上方 5mm 处
G00 X0 Y-2.;	快速定位到图 5-39 所示半圆圆心
G01 Z-4.8 F100;	下刀至 Z-4.8，留 0.2mm 精加工余量
D04 M98 P2000 F200;	给定刀补值 D04 = 10.2，调用 2000 号子程序去余量
G01 Z-5. F100;	下刀至 Z-5，精加工
D04 M98 P2000 F200;	给定刀补值 D04 = 10.2，调用 2000 号子程序去余量
D05 M98 P2000 S1200 F100;	给定刀补值 D05 = 10，调用 2000 号子程序精加工内腔
G00 Z100.	快速抬刀
X0. Y0.;	XY 平面快速返回原点
M05;	主轴停转
M09;	关切削液
M30;	程序结束并复位

外形铣削子程序：

O1000;	程序名
G41 G01 X25.;	建立刀具半径左补偿，路径①
G03 X0 Y-40. R25.;	逆时针方向圆弧切入，路径②
G01 X-30.	轮廓切削，路径③
G02 X-40. Y-30. R10.;	
G01 Y30.;	
G02 X-30. Y40. R10.;	
G01 X30.;	
G02 X40. Y30. R10.;	
G01 Y-30.;	
G02 X30. Y-40. R10.;	
G01 X0;	
G03 X-25. Y-65. R25.;	逆时针方向圆弧切出，路径④
G01 G40 X0;	取消刀补，路径⑤
M99;	子程序结束

内腔铣削子程序：

O2000;	程序名
G42 G01 X18.;	建立刀具半径右补偿，路径①
G02 X0 Y-20. R18.;	顺时针方向圆弧切入，路径②
I0 J20.	轮廓切削，路径③
X-18. Y-2. R18.	顺时针方向圆弧切出，路径④
G40 G01 X0;	取消刀补，路径⑤

M99；　　　　　　　　子程序结束

5.1.8 孔加工固定循环

1. 概述

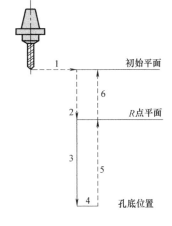

数控加工中，某些加工动作循环已经典型化。例如，钻孔、镗孔的动作是孔位平面定位、快速引进、工作进给、快速退回等，这样一系列典型的加工动作已经预先编好程序，存储在内存中，可用包含 G 代码的一个程序段调用，从而简化编程工作。这种包含了典型动作循环的 G 代码称为循环指令。

图 5-40　固定循环的组成

通常固定循环由六个动作组成（见图 5-40）。

1）在 XY 平面上定位。

2）快速运行到 R 平面。

3）孔加工操作。

4）暂停。

5）返回到 R 平面。

6）快速返回到初始点。

2. 编程格式

固定循环的编程格式包括数据形式、返回点位置、孔加工方式、孔位置数据、孔加工数据和循环次数，其中数据形式（G90 或 G91）在程序开始时就已指定（见图 5-41），因此在固定循环编程格式中可不注出。固定循环的编程格式如下：

　　G90/G91　G98/G99　G73~G89　X __ Y __ Z __ R __ Q __ P __ F __ K __；

指令说明：G98 和 G99 决定加工结束后的返回位置，G98 指令返回初始平面，G99 指令返回 R 点平面，如图 5-42 所示；X、Y 为孔位数据，指被加工孔的位置；Z 为孔底平面相对于 R 点平面的 Z 向增量值（G91 时）或孔底坐标（G90 时）；R 为 R 点平面相对于初始平面的 Z 向增量值（G91 时）或 R 点的坐标值（G90 时）；Q 在 G73 和 G83 中为每次的切削深度，在 G76 和 G87 中为偏移值，始终是增量值，用正值表示；P 指定刀具在孔底的暂停时间，用整数表示，单位为 ms；F 为切削进给速度；K 为重复加工次数（1~6）。

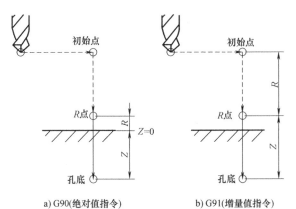

a) G90(绝对值指令)　　　b) G91(增量值指令)

图 5-41　G90、G91 规定的 Z、R

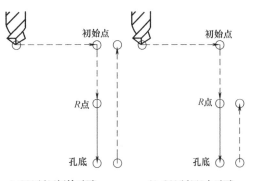

a) G98(返回初始平面)　　b) G99(返回R点平面)

图 5-42　孔加工结束后的返回位置

3. 固定循环指令

孔加工固定循环功能指令的动作方式和用途见表 5-4。

表 5-4　孔加工固定循环功能指令的动作方式和用途

孔加工指令	Z 向进刀方式	孔底动作	Z 向退刀方式	用　　途
G73	间歇进给	—	快速移动	高速啄式钻深孔循环
G74	切削进给	暂停—主轴正转	切削进给	攻左旋螺纹循环
G76	切削进给	主轴定向停止	快速移动	精镗孔循环
G80	—	—	—	取消固定循环
G81	切削进给	—	快速移动	钻孔循环、点钻循环
G82	切削进给	暂停	快速移动	钻孔、锪孔、镗阶梯孔循环
G83	间歇进给	—	快速移动	带排屑啄式钻深孔循环
G84	切削进给	暂停—主轴反转	切削进给	攻右旋螺纹循环
G85	切削进给	—	切削进给	通孔铰孔循环
G86	切削进给	主轴停止	快速移动	粗镗孔循环
G87	切削进给	主轴正转	快速移动	反镗孔循环
G88	切削进给	暂停—主轴正转	手动移动	手动返回镗孔循环
G89	切削进给	暂停	切削进给	精镗阶梯孔循环

（1）简单钻孔循环指令 G81

指令格式：G98/G99　X＿＿ Y＿＿ Z＿＿ R＿＿ F＿＿ K＿＿；

指令说明：G81 指令的钻孔动作循环包括 X、Y 坐标定位，快进，工进和快速返回等动作，该指令主要用于钻中心孔、通孔或螺纹孔。G81 指令动作循环示意如图 5-43 所示。

【例 5-11】 如图 5-44 所示，编程原点在工件上表面中心，钻孔初始点距工件上表面 50mm，在距工件上表面 5mm 处（R 点）由快进转换为工进。用 G81 指令编程如下（注意重复次数 K 的使用）：

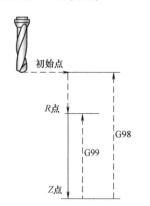

图 5-43　G81 指令动作循环示意

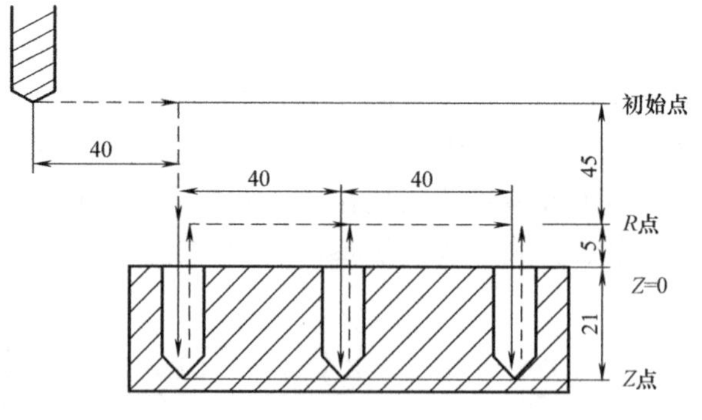

图 5-44　G81 指令编程实例

O0511；	程序名
G90 G40 G80 G49；	初始化
G54 G00 X0 Y0 Z100.；	调用 G54 坐标系，刀具快速定位到初始点
M03 S600；	主轴正转，转速为 600r/min
Z50.	快速下刀至钻孔初始平面
G91 G99 G81 X40. Z-26. R-45. K3 F60；	增量坐标编程，将钻孔动作重复 3 次
G80 G90 G00 Z100.；	取消循环，绝对坐标编程，快速抬刀

X0 Y0；	XY 平面上返回编程原点
M05；	主轴停转
M30；	程序结束并复位

（2）带停顿的钻孔（锪孔、镗孔）循环指令 G82

指令格式：G98/G99 X ＿ Y ＿ Z ＿ R ＿ P ＿ F ＿ K ＿；

指令说明：G82 指令除了要在孔底暂停外，其他动作与 G81 相同。暂停时间由地址 P 给出。该指令主要用于扩孔、锪沉头孔或镗阶梯孔。G82 指令动作循环示意如图 5-45 所示。

【例 5-12】 如图 5-46 所示，工件上 $\phi6mm$ 的通孔已加工完毕，需用锪孔刀加工 4 个直径为 $\phi10mm$、深度为 5mm 的沉头孔，试编写加工程序。编程原点在工件上表面中心，参考程序如下：

O0512；	程序名
G90 G40 G80 G49；	初始化
G54 G00 X0 Y0 Z100.；	调用 G54 坐标系，刀具快速定位到初始点
M03 S300；	主轴正转，转速为 300r/min
Z20.；	快速下刀至锪孔初始平面
G99 G82 X−20.Y20.Z−5.R5.P2000 F60；	锪孔循环，1 号孔，返回至 R 平面
X20.；	2 号孔，返回至 R 平面
Y−20.；	3 号孔，返回至 R 平面
G98 X−20.；	4 号孔，返回至初始平面
G80 G00 Z100.；	取消循环，快速抬刀
X0 Y0；	XY 平面上返回编程原点
M05；	主轴停转
M30；	程序结束并复位

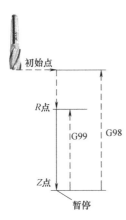

图 5-45　G82 指令动作循环示意

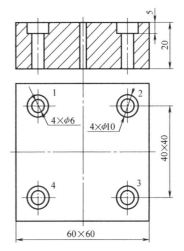

图 5-46　G82 指令编程实例

（3）高速啄式钻深孔循环指令 G73

指令格式：G98/G99 G73 X ＿ Y ＿ Z ＿ R ＿ Q ＿ F ＿ K ＿；

指令说明：Q 为每次进给深度；每次退刀距离 d 由系统参数设定。G73 指令用于 Z 轴的间歇进给，使深孔加工时容易排屑，但每次不退出孔外，退刀距离短，所以孔的加工效率比 G83 指令高，但排屑和冷却效果没 G83 指令好。G73 指令动作循环示意如图 5-47 所示。

（4）带排屑啄式钻深孔循环指令 G83

指令格式：G98/G99 G83 X＿＿Y＿＿Z＿＿R＿＿Q＿＿F＿＿K＿＿；

指令说明：Q 为每次进给深度；每次退刀后再次进给，由快速进给转换为切削进给时距上次加工面的距离 d 由系统参数设定。

G83 指令动作循环示意如图 5-48 所示，与 G73 指令的不同之处在于每次进刀后都返回安全平面高度处，即退出孔外，更有利于钻深孔时的排屑和钻头的冷却，但其钻孔速度没 G73 指令快。

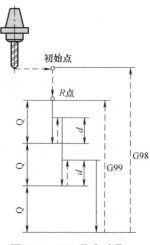

图 5-47　G73 指令动作循环示意

【例 5-13】　用 G73 指令钻削图 5-49 所示零件上的孔。由于孔有精度要求，所以钻孔时必须留有精加工余量，选择刀具为直径 $\phi9.5$mm 的麻花钻头。主轴转速为 600r/min，进给速度为 60mm/min。程序原点设在零件上表面中心。参考程序如下：

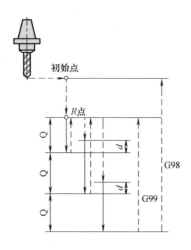

图 5-48　G83 指令动作循环示意

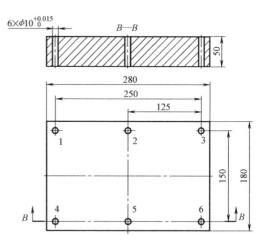

图 5-49　G73 指令编程实例

O0513;	程序名
G90 G40 G80 G49;	初始化
G54 G00 X0 Y0 Z100.;	调用 G54 坐标系，刀具定位到初始点
M03 S600 M08;	主轴正转，冷却液开
Z20.;	快速下刀至钻孔初始平面
G99 G73 X-125. Y75. Z-60. R5. Q5. F60.;	钻孔循环，第 1 个孔，返回至 R 平面
X0;	第 2 个孔，返回至 R 平面
X125.;	第 3 个孔，返回至 R 平面

X-125. Y-75. ;	第 4 个孔，返回至 R 平面
X0 ;	第 5 个孔，返回至 R 平面
G98 X125. ;	第 6 个孔，返回至初始平面
G80 G00 Z100. ;	取消循环，快速抬刀
M05 ;	主轴停转
M09 ;	关切削液
M30 ;	程序结束并复位

（5）攻螺纹循环指令 G74（左旋）和 G84（右旋）

1）攻左旋螺纹循环指令 G74。攻左旋螺纹时主轴反转，到孔底时主轴正转，然后退回。攻螺纹时速度倍率不起作用。使用进给保持时，在全部动作结束前也不停止。G74 指令动作循环示意如图 5-50 所示。

指令格式：G98/G99 G74 X ＿ Y ＿ Z ＿ R ＿ F ＿ K ＿ ；

注意：攻螺纹时进给速度与主轴转速成严格的比例关系，其比例系数为螺纹的螺距，即：进给速度＝螺纹的螺距×主轴转速。编程时要根据主轴的转速计算出进给速度。

2）攻右旋螺纹循环指令 G84

指令格式：G98/G99 G84 X ＿ Y ＿ Z ＿ R ＿ F ＿ K ＿ ；

图 5-51 所示为 G84 指示动作循环示意。从 R 点到 Z 点攻螺纹时，刀具正向进给，主轴正转。到孔底时，主轴反转，刀具以反向进给速度退出 [这里的进给速度 F＝主轴转速（r/min）×螺纹螺距（mm），R 应选在距工件表面 7mm 以上的地方]。

执行 G84 指令中进给倍率不起作用，进给保持只能在返回动作结束后执行。

【**例 5-14**】 如图 5-52 所示的零件，孔已加工完毕，用 G74 指令攻螺纹，刀具为 M12 粗牙机用丝锥。主轴转速为 100r/min，进给速度为 175mm/min。程序原点设在零件上表面中心处。参考程序如下：

O0514 ;	程序名
N10 G90 G40 G80 G49 ;	初始化
N11 G54 G00 X0 Y0 Z100. ;	调用 G54 坐标系，刀具定位到初始点
N14 Z20. ;	快速下刀至攻螺纹初始平面
N15 M04 S100 M08 ;	主轴反转，切削液开
N16 G99 G74 X-125. Y75. Z-24. R5. P2000 F175 ;	
	攻螺纹循环，第 1 个孔，返回至 R 平面
N17 X0 ;	第 2 个孔，返回至 R 平面
N18 X125. ;	第 3 个孔，返回至 R 平面
N19 X-125. Y-75. ;	第 4 个孔，返回至 R 平面
N20 X0 ;	第 5 个孔，返回至 R 平面
N21 G98 X125. ;	第 6 个孔，返回至初始平面
N22 G80 G00 Z100. ;	取消循环，快速抬刀
N23 M05 ;	主轴停转
N24 M09 ;	切削液关
N25 M30 ;	程序结束并复位

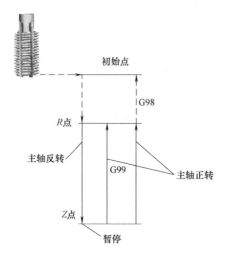

图 5-50　G74 指令固定循环示意

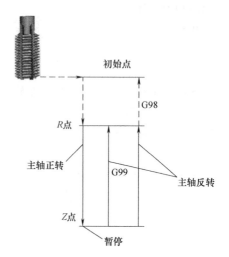

图 5-51　G84 指令固定循环示意

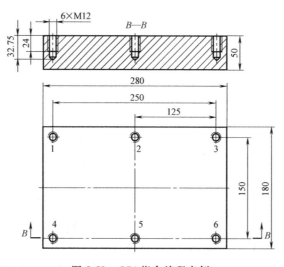

图 5-52　G74 指令编程实例

（6）镗（铰）孔循环指令 G85

指令格式：G98/G99 G85 X ＿＿ Y ＿＿ Z ＿＿ R ＿＿ F ＿＿ K ＿＿；

指令说明：G85 指令动作过程与 G81 指令相同，只是 G85 指令的进刀和退刀都为工进速度，且回退时主轴不停转，如图 5-53 所示。由于 G85 指令循环的退刀动作是以进给速度退出的，因此可以用于铰孔。

（7）粗镗孔循环指令 G86

指令格式：G98/G99 G86 X ＿＿ Y ＿＿ Z ＿＿ R ＿＿ F ＿＿ K ＿＿；

指令说明：G86 指令动作过程与 G85 相同，但在孔底时主轴停止，然后快速退回，如

图 5-54 所示。

（8）镗阶梯孔循环指令 G89

指令格式：G98/G99 G89 X ＿ Y ＿ Z ＿ R ＿ F ＿ P ＿ K ＿;

指令说明：G89 指令与 G85 指令基本相同，只是在孔底有暂停。G89 指令动作循环示意如图 5-55 所示。

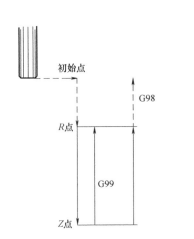

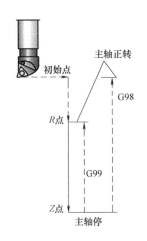

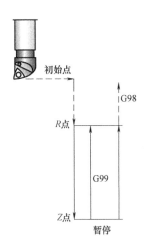

图 5-53 G85 指令动作循环示意　　　图 5-54 G86 指令动作循环示意　　　图 5-55 G89 指令动作循环示意

（9）镗孔循环指令（手动退刀）G88

指令格式：G98/G99 G88 X ＿ Y ＿ Z ＿ R ＿ P ＿ F ＿ K ＿;

指令说明：在孔底暂停，主轴停止后，转换为手动状态，即手动将刀具从孔中退出。到 R 点平面后，主轴正转，再转入下一个程序段进行自动加工，如图 5-56 所示。

由于镗孔时手动退刀，所以不需主轴准停。

（10）精镗循环指令 G76

指令格式：G98/G99 G76 X ＿ Y ＿ Z ＿ R ＿ Q ＿ P ＿ F ＿ K ＿;

指令说明：Q 为在孔底的偏移量，是在固定循环内保存的模态值，必须小心指定。

图 5-57 给出了 G76 指令的动作顺序。精镗时，主轴在孔底定向停止后，向刀尖反方向

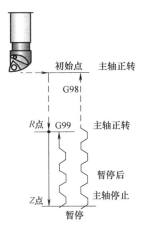

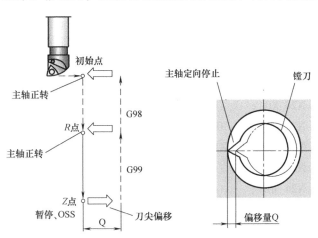

图 5-56 G88 指令动作循环示意　　　图 5-57 G76 指令动作循环示意及反向偏移量 Q

移动，然后快速退刀，退刀位置由 G98 指令或 G99 指令决定。这种带有让刀的退刀不会划伤已加工平面，保证了镗孔精度。刀尖反向位移量用地址 Q 指定，其值只能为正值。Q 值是模态的，位移方向由 MDI 设定，可为±X、±Y 中的任一个。

【例 5-15】 精镗图 5-58 所示零件上的孔内表面，零件材料为中碳钢，刀具材料为硬质合金。设程序原点在零件的上表面中心。

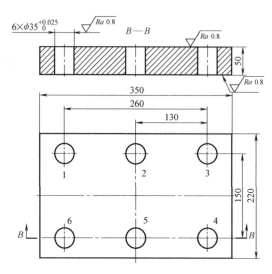

图 5-58 G76 指令编程实例

参考程序如下：

O0515；	程序名
N11 G90 G80 G49 G40；	初始化
N12 G54 G00 X0 Y0 Z100.；	G54 坐标系，刀具定位到初始点
N13 M03 S800；	主轴正转，转速为 800r/min
N14 M08；	切削液开
N15 Z20.；	快速下刀至镗孔初始平面
N16 G99 G76 X-130. Y75. Z-55. R5. Q3. P2000 F60；	精镗循环，镗孔 1，返回至 R 平面
N17 X0.；	镗孔 2，返回 R 平面
N18 X130.；	镗孔 3，返回 R 平面
N19 Y-75.；	镗孔 4，返回 R 平面
N20 X0.；	镗孔 5，返回 R 平面
N21 G98 X-130.；	镗孔 6，返回初始平面
N22 G80 G00 Z100.；	取消循环，快速抬刀
N23 M05；	主轴停转
N24 M09；	切削液关
N25 M30；	程序结束并复位

（11）反镗循环指令 G87

指令格式：G98 G87 X__ Y__ Z__ R__ Q__ P__ F__ K__ ；

指令说明：G87指令用于精镗孔。参数意义同G76指令。

G87指令动作循环示意及偏移量Q如图5-59所示。其动作过程为：在XY平面上定位；主轴定向停止；在X(Y)方向向刀尖的反方向移动Q值；定位到R点（孔底）；在X(Y)方向向刀尖的方向移动Q值；主轴正转；在Z轴正方向上加工至Z点；主轴定向停止；在X(Y)方向向刀尖的反方向移动Q值；返回到初始点（只能用G98）；在X(Y)方向向刀尖的方向移动Q值；主轴正转。

注意： ①在固定循环中，定位速度由前面的指令决定。②各固定循

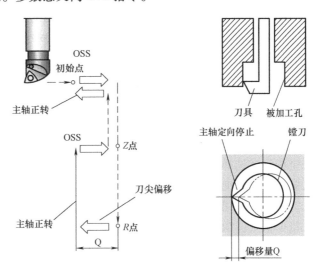

图5-59　G87指令动作循环示意及偏移量Q

环指令均为非模态指令，因此每个循环的各项参数应写全。③固定循环中定位方式取决于上次是G00指令还是G01指令，因此如果希望快速定位，则在上一行或固定循环开头加G00指令。

（12）取消固定循环指令G80　G80指令能取消所有固定循环，同时R点和Z点也被取消。

使用固定循环时应注意以下几点：

① 在固定循环指令前应使用M03指令或M04指令使主轴转动。

② 在固定循环程序段中，X、Y、Z、R数据应至少指令一个才能进行孔加工。

③ 在使用控制主轴回转的固定循环（G74、G84、G86）中，如果连续加工一些孔间距比较小或者初始平面到R点平面的距离比较短的孔时，会出现在进入孔的切削动作前主轴还没有达到正常转速的情况，此时应在各孔的加工动作之间插入G04指令，以获得足够的时间。

④ 当用G00～G03指令注销固定循环指令时，若G00～G03指令和固定循环指令出现在同一程序段，按后出现的指令运行。

⑤ 在固定循环程序段中，如果指定了M指令，则在执行时先送出M信号，等待M信号完成，才能进行孔加工循环。

5.2　华中世纪星 HNC-21/22M 编程指令简介

华中世纪星HNC-21/22M系统大部分编程指令的格式、含义与FANUC 0i系统一样，这里只介绍不同的部分。

5.2.1　HNC-21/22M系统的基本编程指令

1. 局部坐标系设定指令 G52

指令格式：G52 X __ Y __ Z __ A __ B __ C __ U __ V __ W __

指令说明：①X、Y、Z、A、B、C、U、V、W为局部坐标系原点在工件坐标系中的坐标值。G52指令能在所有的工件坐标系（G54~G59）内形成子坐标系，即设定局部坐标系。含有G52指令的程序段中，绝对坐标（G90）编程的移动指令就是在该局部坐标系中的坐标值。即使设定了局部坐标系，工件坐标系和机床坐标系也不变化。②G52指令仅在其被规定的程序段中有效。③在缩放及坐标系旋转状态下，不能使用G52指令，但在G52指令下能进行缩放及坐标系旋转。

2. 脉冲当量输入指令 G22

G22指令用来指定坐标轴的尺寸字以脉冲当量的形式输入，与G20、G21指令一样，都属于坐标尺寸选择指令。如果在程序中使用了G22指令，则坐标字的尺寸或进给速度的单位以脉冲当量来度量。

3. 单向定位指令 G60

指令格式：G60 X__ Y__ Z__ A__ B__ C__ U__ V__ W__

指令说明：①X、Y、Z、A、B、C、U、V、W为定位终点，在G90指令下为终点在工件坐标系中的坐标，在G91指令下为终点相对于起点的位移量。②在单向定位时，每一轴的定位方向是由机床参数确定的。执行G60指令时，先以G00速度快速定位到一个中间点，然后以一个固定速度移动到定位终点。中间点与定位终点的距离（偏移值）是一个常量，由机床参数设定，且从中间点到定位终点的方向即为定位方向。③G60指令仅在其被规定的程序段中有效。

4. 暂停功能指令 G04

指令格式：G04 P__

指令说明：①P为暂停时间，单位为s。②G04指令在前一程序段的进给速度降到零之后才开始暂停动作，在执行含G04指令的程序段时，先执行暂停功能。③G04指令为非模态指令，仅在其被规定的程序段中有效。

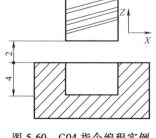

图 5-60　G04 指令编程实例

【例5-16】 编制图5-60所示零件的钻孔加工程序。参考程序如下：

%0516	程序名
G54 G00 X0 Y0 Z100	调用G54坐标系，刀具定位到起始点
M03 S800	主轴正转，转速为800r/min
Z2	下刀至Z2
G91 G01 Z-6 F100	增量编程，钻孔
G04 P2	孔底暂停2s
Z6	退刀
G90 Z100	绝对编程，快速返回
M05	主轴停转
M30	程序结束并复位

执行G04指令可使刀具做短暂停留，以获得圆整而光滑的表面。如对不通孔进行深度控制时，在刀具进给到规定深度后，用G04指令使刀具做非进给光整切削，然后退刀，可保证孔底平整。

5. 准停检验指令 G09

指令格式：G09

指令说明：①执行一个包括 G09 指令的程序段时，在继续执行下个程序段前，各进给轴都准确停止在本程序段中指定的终点。该功能用于加工尖锐的棱角。②G09 为非模态指令，仅在其被规定的程序段中有效。

6. 段间过渡方式指令 G61、G64

指令格式：G61/G64

指令说明：①G61 指令为精确停止检验；G64 指令为连续切削方式。②在 G61 指令后的各程序段，编程轴都要准确停止在程序段的终点，然后再继续执行下一程序段。③在 G64 指令之后的各程序段，编程轴刚开始减速时（未到达所编程的终点）就开始执行下一程序段，但在定位指令（G00 或 G60）或有准停校验指令（G09）的程序段中，以及在不含运动指令的程序段中，进给速度仍减速到零，才执行定位校验。④G61 指令的编程轮廓与实际轮廓相符。G61 指令与 G09 指令的区别在于 G61 指令为模态指令。G64 指令的编程轮廓与实际轮廓不同，其不同程度取决于 F 值的大小及两路径间的夹角，F 越大其区别越大。⑤G61、G64 指令为模态指令，可相互注销，G64 指令为默认值。

【例 5-17】 编制图 5-61 所示轮廓的加工程序，要求编程轮廓与实际轮廓相符。参考程序如下：

%0517	程序名
G54 G00 X0 Y0 Z100	调用 G54 坐标系，刀具定位到起点
M03 S800	主轴正转，转速为 800r/min
G00 Z−10	快速下刀
G91 G41 X50 Y20 D01	增量编程，快速定位，建立刀具半径左补偿
G01 G61 Y80 F100	直线插补，精确停止检验
X100	
...	

【例 5-18】 编制图 5-62 所示轮廓的加工程序，要求程序段间不停顿。参考程序如下：

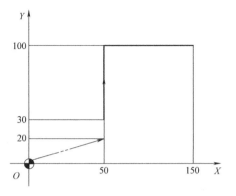

图 5-61　G61 指令编程实例

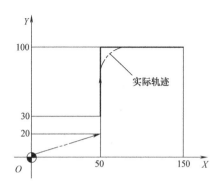

图 5-62　G64 指令编程实例

%0518	程序名
G54 G00 X0 Y0 Z100	调用 G54 坐标系，刀具定位到起点

M03 S800	主轴正转，转速为 800r/min
G00 Z-10	快速下刀
G91 G41 X50 Y20 D01	增量编程，快速定位，建立刀具半径左补偿
G01 G64 Y80 F100	直线插补，连续切削（程序段间不停顿）
X100	
…	

5.2.2 固定循环功能

1. 概述

HNC-21/22M 系统固定循环功能的编程格式和前面述及的 FANUC 0i 系统的基本一样，这里只重点说明与其不同的部分。

HNC-21/22M 系统固定循环的编程格式如下：

G98/G99 G73~G88 X __ Y __ Z __ R __ Q __ P __ I __ J __ K __ F __ L __

说明：G98 指令和 G99 指令决定加工结束后的返回位置，G98 指令为返回初始平面，G99 指令为返回 R 点平面；X、Y 为孔位数据，指被加工孔的位置；Z 为孔底到 R 点的增量（G91 时）或孔底坐标（G90 时）；R 为 R 点到初始点的增量（G91 时）或 R 点的坐标值（G90 时）；Q 指定每次进给深度（G73 或 G83 时），是增量值，Q<0；K 指定每次退刀量（G73 或 G83 时），K>0；I、J 指定刀尖向反方向的移动量（负值，分别在 X 轴、Y 轴向上）；P 指定刀具在孔底的暂停时间；F 指定切削进给速度；L 指定固定循环的次数。

2. 固定循环指令

（1）高速深孔加工循环指令 G73 和深孔加工循环指令 G83

1）高速深孔加工循环指令 G73

指令格式：G98/G99 G73 X __ Y __ Z __ R __ Q __ P __ K __ F __ L __

指令说明：Q 为每次进给深度（负值）；K 为每次退刀距离（正值）。

注意：Z、K、Q 移动量均为零时，该指令不执行。

2）深孔加工循环指令 G83

指令格式：G98/G99 G83 X __ Y __ Z __ R __ Q __ P __ K __ F __ L __

指令说明：Q 为每次进给深度（负值）；K 为每次退刀后再次进给时，由快速进给转换为切削进给时距上次加工面的距离（正值）。

（2）钻孔循环指令 G81 和 G82

1）一般钻孔循环指令 G81

指令格式：G98/G99 G81 X __ Y __ Z __ R __ F __ L __

2）带停顿的钻孔循环指令 G82

指令格式：G98/G99 G82 X __ Y __ Z __ R __ P __ F __ L __

（3）攻螺纹循环指令 G74（左旋）和 G84（右旋）

1）攻左旋螺纹循环指令 G74

指令格式：G98/G99 G74 X __ Y __ Z __ R __ P __ F __ L __

指令说明：攻左旋螺纹时主轴反转，到孔底时主轴正转，然后退回。攻螺纹时速度倍率不起作用。使用进给保持时，在全部动作结束前也不停止。

2）攻右旋螺纹循环指令 G84

指令格式：G98/G99 G84 X ＿ Y ＿ Z ＿ R ＿ P ＿ F ＿ L ＿

指令说明：G84 指令中进给倍率不起作用，进给保持只能在返回动作结束后执行。

（4）镗孔循环指令 G85、G86 和 G89

1）镗孔（铰孔）循环指令 G85

指令格式：G98/G99 G85 X ＿ Y ＿ Z ＿ R ＿ F ＿ L ＿

2）粗镗孔循环指令 G86

指令格式：G98/G99 G86 X ＿ Y ＿ Z ＿ R ＿ F ＿ L ＿

3）镗阶梯孔循环指令 G89

指令格式：G98/G99 G89 X ＿ Y ＿ Z ＿ R ＿ P ＿ F ＿ L ＿

（5）镗孔循环（手动退刀）指令 G88

指令格式：G98/G99 G88 X ＿ Y ＿ Z ＿ R ＿ P ＿ F ＿ L ＿

注意：以上指令与 FANUC 0i 系统中的指令差别是参数形式不一样，循环指令及循环功能的执行过程都是一样的，所以只给出了 HNC-21/22M 系统的指令格式，具体的循环过程及注意事项可参考前面所阐述的。

（6）精镗循环指令 G76

指令格式：G98/G99 G76 X ＿ Y ＿ Z ＿ R ＿ P ＿ I(J) ＿ F ＿ L ＿

指令说明：I 为 X 轴刀尖反向位移量；J 为 Y 轴刀尖反向位移量。

图 5-63 所示为 G76 指令的循环动作及刀尖反向偏移示意。

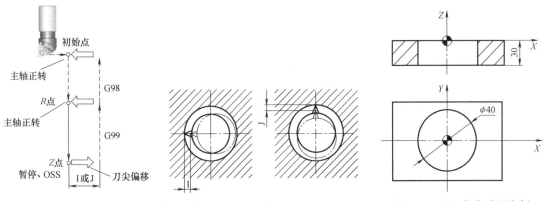

图 5-63　G76 指令的循环动作及刀尖反向偏移示意　　　图 5-64　G76 指令编程实例

【例 5-19】　使用 G76 指令编制图 5-64 所示孔的精镗加工程序。刀具起点为（0，0，100），循环起点为（0，0，20），安全高度为 5mm。参考程序如下：

%0519	程序名
G54 G00 X0 Y0 Z100	调用 G54 坐标系，刀具定位到起始点
M03 S1200	主轴正转，转速为 1200r/min
G00 Z20	快速下刀至镗孔初始平面
G99 G76 R5 P2 I-5 Z-35 F60	精镗孔循环
G80 G00 Z100	取消循环，快速抬刀
M05	主轴停转

M30   程序结束并复位

（7）反镗循环指令 G87

指令格式：G98 G87 X ＿＿ Y ＿＿ Z ＿＿ R ＿＿ P ＿＿ I ＿＿ J ＿＿ F ＿＿ L ＿＿

指令说明：I 为 X 轴刀尖反向位移量；J 为 Y 轴刀尖反向位移量。

G87 指令动作循环示意如图 5-65 所示，其动作过程为：在 XY 平面上定位；主轴定向停止；在 $X(Y)$ 方向向刀尖的反方向移动 I(J) 值；定位到 R 点（孔底）；在 $X(Y)$ 方向向刀尖方向移动 I(J) 值；主轴正转；在 Z 轴正方向上加工至 Z 点；主轴定向停止；在 $X(Y)$ 方向向刀尖的反方向移动 I(J) 值；返回到初始点（只能用 G98 指令）；在 $X(Y)$ 方向向刀尖的方向移动 I(J) 值；主轴正转。

【例 5-20】 使用 G87 指令编制图 5-66 所示阶梯孔加工程序。设编程原点在工件上表面中心。参考程序如下：

%0520   程序名

G54 G00 X0 Y0 Z100   调用 G54 坐标系，刀具定位到起始点

M03 S1200   主轴正转，转速为 1200r/min

Z20   快速下刀至镗孔初始平面

G98 G87 Z-30 R-50 I-5 P2 F60   反镗孔循环

G80 G00 Z100   取消循环，快速抬刀

M05   主轴停转

M30   程序结束并复位

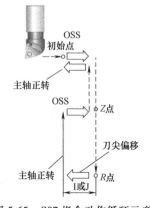

图 5-65   G87 指令动作循环示意

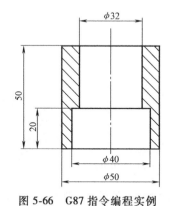

图 5-66   G87 指令编程实例

5.3   数控铣床操作及加工编程实例

5.3.1   数控铣床的对刀

1. 对刀原理

对刀的目的就是找出零件被装夹好后，相应的编程原点在机床坐标系中的坐标位置。此时编程原点就变为加工原点。在加工过程中，数控机床是按照工件装夹好后的加工原点及程序要求进行自动加工的。

2. 对刀方法

对刀的方法很多，常用的是试切法对刀。以图 5-67 所示为例，取工件上表面的中心为编程原点，对刀步骤如下：

1）机床回参考点。其目的是建立机床坐标系。

2）确定工件的编程原点在机床坐标系中的坐标值 (X, Y, Z)。

① X 方向对刀。如图 5-68 所示，将刀具靠近毛坯的左侧，慢速移动 X 轴试切，当切屑刚刚飞出的瞬间，立即停止坐标轴移动，读取机床 CRT 显示器界面中的 X 坐标值（此值为刀具中心所在的 X 轴坐标位置），记为 X_1，数据记录后，抬起 Z 轴，将刀具反向移开，移动到工件右侧，用同样的方法得到 X_2，则工件上表面中心的 X 坐标为 $(X_1+X_2)/2$。

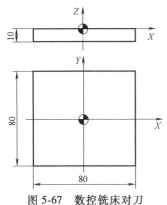

图 5-67　数控铣床对刀

图 5-68　X 方向对刀

② Y 方向对刀。如图 5-69 所示，将刀具靠近毛坯的前侧，慢速移动 Y 轴试切，当切屑刚刚飞出的瞬间，立即停止坐标轴移动，读取机床 CRT 显示器界面中的 Y 坐标值（此值为刀具中心所在的 Y 轴坐标位置），记为 Y_1，数据记录后，抬起 Z 轴，将刀具反向移开，移动到工件后侧，用同样的方法得到 Y_2，则工件上表面中心的 Y 坐标为 $(Y_1+Y_2)/2$。

③ Z 方向对刀。完成 X、Y 方向对刀后，如图 5-70 所示，移动 Z 轴，将刀具靠近毛坯的上表面，当有切屑飞出的瞬间，读取机床 CRT 显示器界面中的 Z 值。

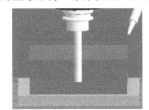

图 5-69　Y 方向对刀

图 5-70　Z 方向对刀

通过对刀得到的坐标值 (X, Y, Z) 即为工件坐标系原点在机床坐标系中的坐标值。

3）在 G54 坐标中输入得到的 X、Y、Z 坐标值。

注：若编程时 Z 轴运用刀具长度补偿功能，则对刀得到的 Z 值输入到刀补表的长度补偿中，而 G54 中的 Z 坐标设为 0；若编程时运用的是坐标系功能，则对刀得到的 Z 值直接输入到 G54 的 Z 坐标中。

5.3.2　数控铣床加工实例

如图 5-71 所示零件（单件生产），毛坯为 80mm×80mm×20mm 长方块（上、下表面已加工），材料为 45 钢。

1. 加工工艺的制订

（1）分析零件图样 该零件包含外形轮廓、沟槽的加工，表面粗糙度值全部为 $Ra3.2\mu m$。76mm×76mm 外形轮廓和 56mm×56mm 凸台轮廓的尺寸公差为对称公差，可直接按公称尺寸编程；十字槽中两宽度尺寸的公差为非对称公差，需要通过调整刀补来达到公差要求。

（2）工艺分析

1）加工方案。根据零件的精度要求，所有表面均采用立铣刀粗铣→精铣完成。

2）装夹方案。该零件为单件生产，且零件外形为长方体，可选用机用平口钳装夹。

3）刀具及切削参数的确定。刀具及切削参数见表 5-5。

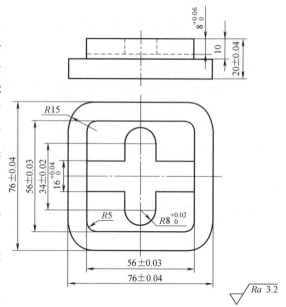

图 5-71 零件图

表 5-5 数控加工刀具卡

数控加工 刀具卡		零件号	程序编号	零件名称		加工材料	
						45	
序号	刀具号	刀具名称	刀具规格/mm	加工内容			备注
1	T01	立铣刀（3 齿）	$\phi16$	粗加工外轮廓			
2	T02	立铣刀（4 齿）	$\phi16$	精加工外轮廓			
3	T03	带中心刃立铣刀	$\phi12$	粗、精加工内轮廓			

4）走刀路线的确定。底部和凸台外轮廓加工的走刀路线如图 5-72 所示，十字槽加工的走刀路线如图 5-73 所示。加工底部外轮廓时，图 5-72 中各基点坐标见表 5-6，加工凸台外轮廓时，图 5-72 中各基点坐标见表 5-7。十字槽加工时，图 5-73 中各基点坐标见表 5-8。

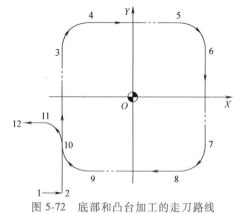

图 5-72 底部和凸台加工的走刀路线

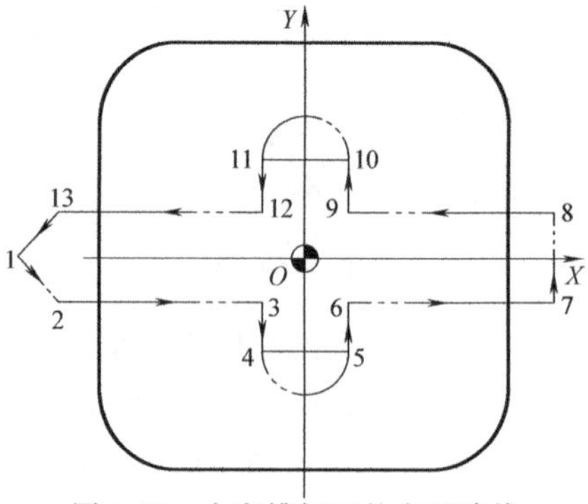

图 5-73 十字槽加工的走刀路线

表 5-6 底部外轮廓加工基点坐标

序号	坐标	序号	坐标	序号	坐标	序号	坐标
1	（-48，-48）	4	（-23，38）	7	（38，-23）	10	（-38，-23）
2	（-38，-48）	5	（23，38）	8	（23，-38）	11	（-48，-13）
3	（-38，23）	6	（38，23）	9	（-23，-38）	12	（-58，-13）

表 5-7 凸台外轮廓加工基点坐标

序号	坐标	序号	坐标	序号	坐标	序号	坐标
1	(−38,−48)	4	(−23,28)	7	(28,−23)	10	(−28,−23)
2	(−28,−48)	5	(23,28)	8	(23,−28)	11	(−38,−13)
3	(−28,23)	6	(28,23)	9	(−23,−28)	12	(−48,−13)

表 5-8 十字槽加工基点坐标

序号	坐标	序号	坐标	序号	坐标	序号	坐标	序号	坐标
1	(−53,0)	4	(−8,−17)	7	(36,−8)	10	(8,17)	12	(−8,8)
2	(−36,−8)	5	(8,−17)	8	(36,8)	11	(−8,17)	13	(−36,8)
3	(−8,−8)	6	(8,−8)	9	(8,8)				

5）确定加工工艺。数控加工工序卡见表 5-9。

表 5-9 数控加工工序卡

数控加工工序卡			产品名称	零件名称	材料	零件图号
					45 钢	
工序号	程序编号	夹具名称	夹具编号	使用设备		车间
		机用平口钳				
工步号	工 步 内 容	刀具号	主轴转速/ (r/min)	进给速度/ (mm/min)	背吃刀量/ mm	刀补号
1	底部外轮廓粗加工	T01	600	120	10，9.8	D01、D02
2	底部外轮廓精加工	T02	1000	60	0.2	D01、D02
3	凸台外轮廓粗加工	T01	600	120	9.8	D01、D02
4	凸台外轮廓精加工	T02	1000	60	0.2	D01、D02
5	十字槽粗加工	T03	600	120	7.8	
6	十字槽精加工	T03	1000	60	0.2	

6）建立工件坐标系。以工件上表面中心作为 G54 工件坐标系原点，加工时要先进行对刀。

2. 参考程序编制

（1）底部外轮廓参考程序编制

1）底部外轮廓粗加工程序编制如下：

O1101；   主程序名

N10 G90 G40 G80 G49；   设置初始状态

N11 G54 G00 X0 Y0 Z100.；   调用 G54 坐标系，刀具快速定位到起始点

N12 M03 S600；   主轴正转，转速为 600r/min

N13 X−48.Y−48.；   快速定位至外轮廓加工下刀位置

N14 G00 Z5.M08；   接近工件，同时打开切削液

N15 G01 Z−10 F60；   下刀，Z 向粗加工

N16 D01 M98 P1112 F120；   给定刀补值 D01＝8.2，调用 1112 号子程序去余量

N17 D02 M98 P1112 F60；   给定刀补值 D02＝8，调用 1112 号子程序精加工

N18 G01 Z−19.8 F60；   下刀，Z 向粗加工

N19 D01 M98 P1112 F120；   给定刀补值 D01＝8.2，调用 1112 号子程序去余量

N20 D02 M98 P1112 F60；   给定刀补值 D02＝8，调用 1112 号子程序精加工

N21 G00 Z50.M09；   Z 向抬刀至安全高度，关闭冷却液

N22 M05；   主轴停转

N23 M30；   主程序结束并复位

2）底部外轮廓精加工程序编制如下：

O1102；   主程序名

N11 G90 G40 G80 G49；　　　　　　　设置初始状态

N12 G54 G00 X0 Y0 Z100.；　　　　　调用 G54 坐标系，刀具快速定位到起始点

N13 G00 X-48. Y-48. S1000 M03；　　主轴正转，快速定位至下刀位置

N14 G00 Z5. M08；　　　　　　　　　接近工件，同时打开冷却液

N15 G01 Z-20. F60；　　　　　　　　下刀，Z 向精加工

N16 D01 M98 P1112；　　　　　　　　给定刀补值 D01＝8.2，调用 1112 号子程序去余量

N17 D02 M98 P1112；　　　　　　　　给定刀补值 D02＝8，调用 1112 号子程序精加工

N18 G00 Z50. M09；　　　　　　　　　Z 向抬刀至安全高度，并关闭冷却液

N19 M05；　　　　　　　　　　　　　主轴停转

N20 M30；　　　　　　　　　　　　　主程序结束并复位

3）底部外轮廓加工子程序编制如下：

O1112；　　　　　　　　　　　　　　子程序名

N11 G41 G01 X-38. Y-48.；　　　　　1→2（见图 5-72），建立刀具半径补偿

N12 G01 Y23.；　　　　　　　　　　　2→3

N13 G02 X-23. Y38. R15.；　　　　　3→4

N14 G01 X23.；　　　　　　　　　　　4→5

N15 G02 X38. Y23. R15.；　　　　　　5→6

N16 G01 Y-23.；　　　　　　　　　　　6→7

N17 G02 X23. Y-38. R15.；　　　　　　7→8

N18 G01 X-23.；　　　　　　　　　　　8→9

N19 G02 X-38. Y-23. R15.；　　　　　9→10

N20 G03 X-48. Y-13. R10.；　　　　　10→11

N21 G40 G00 X-58. Y-13.；　　　　　11→12，取消刀具半径补偿

N22 G00 Z5.；　　　　　　　　　　　快速提刀

N23 M99；　　　　　　　　　　　　　子程序结束

（2）凸台参考程序编制

1）凸台外轮廓粗加工程序编制如下：

O1103；　　　　　　　　　　　　　　主程序名

N11 G90 G40 G80 G49；　　　　　　　设置初始状态

N12 G54 G00 X0 Y0 Z100.；　　　　　调用 G54 坐标系，刀具快速定位到起始点

N13 G00 X-38. Y-48. S600 M03；　　主轴正转，快速进给至下刀位置

N14 G00 Z5. M08；　　　　　　　　　接近工件，同时打开冷却液

N15 G01 Z-9.8 F60；　　　　　　　　下刀，Z 向粗加工

N16 D01 M98 P1113 F120；　　　　　给定刀补值 D01＝8.2，调用 1113 号子程序去余量

N17 D02 M98 P1113 F60；　　　　　　给定刀补值 D02＝8，调用 1113 号子程序精加工

N18 G00 Z50. M09；　　　　　　　　　Z 向抬刀至安全高度，关闭冷却液

N19 M05；　　　　　　　　　　　　　主轴停转

N20 M30；　　　　　　　　　　　　　主程序结束并复位

2）凸台外轮廓精加工程序编制如下：

O1104；　　　　　　　　　　　　　　主程序名

N11 G90 G40 G80 G49；　　　　　　　设置初始状态

N12 G54 G00 X0 Y0 Z100. ;　　　　　　调用 G54 坐标系，刀具快速定位到起始点

N13 G00 X-38. Y-48. S1000 M03；　　主轴正转，快速进给至下刀位置

N14 G00 Z5. M08；　　　　　　　　　　接近工件，同时打开切削液

N15 G01 Z-10. F60；　　　　　　　　　下刀，Z 向精加工

N16 D01 M98 P1113；　　　　　　　　　给定刀补值 D01＝8.2，调用 1113 号子程序去余量

N17 D02 M98 P1113；　　　　　　　　　给定刀补值 D02＝8，调用 1113 号子程序精加工

N18 G00 Z50. M09；　　　　　　　　　　Z 向抬刀至安全高度，关闭切削液

N19 M05；　　　　　　　　　　　　　　主轴停转

N20 M30；　　　　　　　　　　　　　　主程序结束并复位

3）凸台外轮廓精加工子程序编制如下：

O1113；　　　　　　　　　　　　　　　子程序名

N10 G41 G01 X-28. Y-48. ；　　　　　1→2，建立刀具半径补偿

N11 G01 Y23. ；　　　　　　　　　　　2→3

N12 G02 X-23. Y28. R5. ；　　　　　　3→4

N13 G01 X23. ；　　　　　　　　　　　4→5

N14 G02 X28. Y23. R5. ；　　　　　　　5→6

N15 G01 Y-23. ；　　　　　　　　　　　6→7

N16 G02 X23. Y-28. R5. ；　　　　　　7→8

N17 G01 X-23. ；　　　　　　　　　　　8→9

N18 G02 X-28. Y-23. R5. ；　　　　　　9→10

N19 G03 X-38. Y-13. R10. ；　　　　　10→11

N20 G40 G00 X-48. Y-13. ；　　　　　11→12，取消刀具半径补偿

N21 G00 Z5. ；　　　　　　　　　　　快速抬刀

N22 M99；　　　　　　　　　　　　　子程序结束

（3）十字槽加工程序

1）十字槽加工主程序编制如下：

O1105；　　　　　　　　　　　　　　　主程序名

N10 G90 G40 G80 G49；　　　　　　　　设置初始状态

N11 G54 G00 X0 Y0 Z100. ；　　　　　调用 G54 坐标系，刀具快速定位到起始点

N12 G00 X-53. Y0 S600 M03；　　　　主轴正转，快速进给至下刀位置（点1）

N13 G00 Z5. M08；　　　　　　　　　　接近工件，同时打开切削液

N14 G01 Z-7.8 F60；　　　　　　　　　下刀，Z 向粗加工

N15 D03 M98 P1114 F120；　　　　　　给定刀补值 D03＝6.2，调用 1114 号子程序去余量

N16 D04 M98 P1114 F60；　　　　　　给定刀补值 D04＝6，调用 1114 号子程序精加工

N17 M03 S1000；　　　　　　　　　　　主轴转速为 1000r/min

N18 G01 Z-8. F60；　　　　　　　　　下刀，Z 向精加工

N19 D03 M98 P1114；　　　　　　　　给定刀补值 D03＝6.2，调用 1114 号子程序去余量

N20 D04 M98 P1114；　　　　　　　　给定刀补值 D04＝6，调用 1114 号子程序精加工

N21 G00 Z50. M09；　　　　　　　　　Z 向抬刀至安全高度，关闭切削液

N22 M05;	主轴停转
N23 M30;	主程序结束并复位

2）十字槽加工子程序编制如下：

O1114;	子程序名
N10 G41 G01 X−36. Y−8.;	1→2（见图5-73），建立刀具半径补偿
N11 G01 X−8. Y−8.	2→3;
N12 G01 Y−17.;	3→4
N13 G03 X8. Y−17. R8;	4→5
N14 G01 Y−8.;	5→6
N15 G01 X36.;	6→7
N16 G01 Y8.;	7→8
N17 G01 X8.;	8→9
N18 G01 Y17.;	9→10
N19 G03 X−8. R8.;	10→11
N20 G01 Y8.;	11→12
N21 G01 X−36.;	12→13
N22 G40 G00 X−53. Y0;	13→1，取消刀具半径补偿
N23 G00 Z5.;	快速抬刀
N24 M99;	子程序结束

5.4 自动编程简介

自动编程主要应掌握 CAD/CAM 软件的使用，限于篇幅，这里只对自动编程做简要介绍。

5.4.1 自动编程的基本概念

手工编程通常只应用于一些简单零件的编程，对于几何形状复杂，或者虽不复杂但程序量很大的零件（如一个零件上有数千个孔），编程的工作量是相当繁重的，这时手工编程便很难胜任。一般认为，手工编程仅适用于三轴联动以下加工程序的编制，三轴联动以上（含三轴）的加工程序必须采用自动编程。据有关资料介绍，一般手工编程时间与加工时间之比平均为 30：1，在数控机床不能开动的原因中，有 20%～30% 是由于等待编程。因此，编程自动化是人们的迫切需求。

正因为客观上的迫切需要，20 世纪 50 年代第一台数控机床问世不久，为了发挥数控机床高效的特点和满足复杂零件的加工需求，麻省理工学院便开始自动编程技术的研究。从那时到现在，自动编程技术有了很大的发展，从最早的 APT 语言自动编程系统到目前广泛使用的交互式图形自动编程系统，极大地满足了人们对复杂零件的加工需求，丰富了数控加工技术的内容。

自动编程就是用计算机编制数控加工程序的过程。编程人员只需根据图样的要求，使用数控语言编写出零件加工源程序，送入计算机进行数值计算、后置处理，生成零件加工程序单，直至将加工程序通过通信的方式送入数控机床，实现数控加工。自动编程的出现使得一些计算烦琐、手工编程困难或无法编程的加工任务得以完成。因此，自动编程的前景是非常远大的。

5.4.2 自动编程系统的基本工作原理

交互式图形自动编程系统的工作原理是：采用图形输入方式，通过激活屏幕上的相应菜单，利用系统提供的图形生成和编辑功能，将零件的几何图形输入到计算机，完成零件造型。同时，以人机交互方式指定要加工的零件部位、加工方式和加工方向，输入相应的加工工艺参数，通过软件系统的处理自动生成刀具轨迹文件，并动态显示刀具运动的加工轨迹，生成适合指定数控系统的数控加工程序。最后，通过通信接口，把数控加工程序送给机床数控系统。这种编程系统具有交互性好、直观性强、运行速度快、便于修改和检查、使用方便、容易掌握等特点。因此，交互式图形自动编程已成为国内外流行的 CAD/CAM 软件所普遍采用的数控编程方法。在交互式图形自动编程系统中，需要输入两种数据以产生数控加工程序，即零件几何模型数据和切削加工工艺数据。交互式图形自动编程系统实现了造型→刀具轨迹生成→加工程序自动生成的一体化，它的三个主要处理过程是：零件几何造型、生成刀具轨迹文件、后置处理生成零件加工程序。

1. 零件几何造型

交互式图形自动编程系统（CAD/CAM），可通过如下三种方法获取和建立零件几何模型：

1）软件本身提供的 CAD 设计模块。

2）其他 CAD/CAM 系统生成的图形，通过标准图形转换接口（例如 STEP、DXFIGES、STL、DWG、PARASLD、CADL、NFL 等），转换成编程系统的图形格式。

3）三坐标测量机数据或三维多层扫描数据。

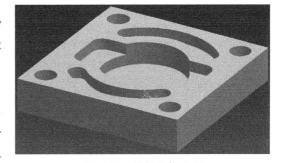

图 5-74 零件实体造型

图 5-74 所示为用 CAXA 制造工程师 2013 软件生成的零件实体造型。

2. 生成刀具轨迹

在完成零件的几何造型以后，交互式图形自动编程系统第二步要完成的是生成刀具轨迹。其基本过程为：

1）首先确定加工类型（轮廓、点位、挖槽或曲面加工），用光标选择加工部位，选择走刀路线或切削方式。

2）选取或输入刀具类型、刀具号、刀具直径、刀具补偿号、加工预留量、进给速度、主轴转速、退刀安全高度、粗精切削次数及余量、刀具半径长度补偿状况、进退刀延伸线值等加工所需的全部工艺切削参数。

3）编程系统根据这些零件几何模型数据和切削加工工艺数据，进行计算、处理，生成刀具运动轨迹数据，即刀位文件（Cut Location File，CLF），并动态显示刀具运动的加工轨迹。刀位文件与采用哪一种特定的数控系统无关，是一个中性文件，因此通常称产生刀具路径的过程为前置处理。图 5-75 所示为用 CAXA 制造工程师 2013 软件自动生成的刀具轨迹。

3. 后置处理

后置处理的目的是生成针对某一特定数控系统的数控加工程序。由于各种机床使用的数控系统各不相同，如有 FANUC、SIEMENS、华中等系统，每一种数控系统所规定的代码及格式不尽相同。为此，自动编程系统通常提供多种专用的或通用的后置处理文件。这些后置处理文件的作用是将已生成

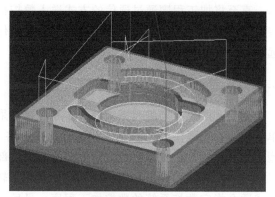

图 5-75　刀具轨迹

的刀位文件转变成合适的数控加工程序。早期的后置处理文件是不开放的，使用者无法修改。目前绝大多数优秀的 CAD/CAM 软件提供开放式的通用后置处理文件。使用者可以根据自己的需要打开文件，按照希望输出的数控加工程序格式，修改文件中相关的内容。这种通用后置处理文件，只要稍加修改，就能满足多种数控系统的要求。图 5-76 所示为 CAXA 制造工程师 2013 软件后置处理设置界面。

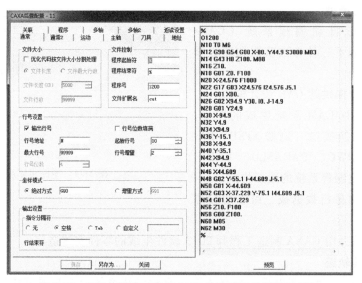

图 5-76　CAXA 制造工程师 2013 软件后置处理设置界面

4. 模拟和通信

系统在生成刀位文件后模拟显示刀具运动的加工轨迹是非常必要和直观的，它可以检查编程过程中可能产生的错误。通常自动编程系统提供一些模拟方法，分为线架模拟和实体模拟两类，可以有效地检查刀具运动轨迹与零件的干涉。图 5-77 所示为用 CAXA 制造工程师 2013 软件对图 5-75 生成的刀具轨迹进行加工模拟。

通常自动编程系统还提供计算机与数控系统之间数控加工程序的通信传输。通过 RS232C 通信接口，可以实现计算机与数控机床之间数控加工程序的双向传输（接收、发送和终端模拟），可以设置数控加工程序格式（ASCII、EIA、BIN）、通信接口（COM1、

COM2）、传输速度、奇偶校验、数据位数、停止位数及发送延时参数等有关的通信参数。

5.4.3 国内外典型 CAM 软件介绍

1. CAXA 制造工程师软件

CAXA 系列软件是由北京数码大方科技股份有限公司开发的全中文 CAD/CAM 软件，是作为国家"863/CIMS"目标产品的优秀国产 CAD/CAM 软件。它包括电子图板、实体设计、工艺图表、工艺汇总表、制造工程师、数控铣、数控车、雕刻、线

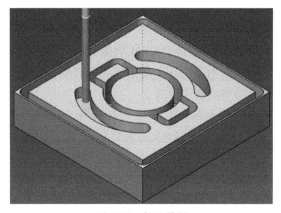

图 5-77　加工模拟

切割、网络 DNC、协同管理等，涵盖了从 2D、3D 产品设计到加工制造及管理的全过程。由于该软件符合中国人的思维习惯，具有易学习、易使用、高效率的特点，因此它是目前国内使用最多的正版 CAD/CAM 软件之一。

（1）CAXA 软件的 CAD 功能　主要有提供线框造型、曲面造型、实体造型方法来生成 3D 图形；采用 NURBS 非均匀 B 样条造型技术，能更精确地描述零件形体；用多种方法来构建复杂曲面，包括扫描、放样、拉伸、导动、等距、边界网格等；对曲面的编辑方法有任意裁剪、过渡、拉伸、变形、相交、拼接等；可生成真实感图形；具有 DXF 和 IGES 图形数据交换接口。

（2）CAXA 软件的 CAM 功能

1）支持 2~5 轴铣削加工，提供轮廓、区域 3~5 轴加工；允许区域内有任意形状和数量的岛，分别指定区域边界和岛的起模斜度，自动进行分层加工；针对叶轮、叶片类零件提供 4~5 轴加工；可以利用刀具侧刃和端刃加工整体叶轮和大型叶片；支持用带有锥度的刀具进行加工，任意控制刀轴方向。此外，还支持钻削加工。

2）支持车削加工，如轮廓粗车、精切、切槽、钻中心孔、车螺纹；可以对轨迹的各种参数进行修改，以生成新的加工轨迹。

3）支持线切割加工，如快、慢走丝切割；可输出 3B 或 G 代码的后置格式。

4）系统提供丰富的工艺控制参数、多种加工方式（粗加工、参数线加工、限制线加工、复杂曲线加工、曲面区域加工、曲面轮廓加工）、刀具干涉检查、真实感仿真、数控代码反读、后置处理等功能。

2. ProE/Creo

ProE 软件是美国 PTC 公司于 1988 年推出的产品，它是一种典型的基于参数化（Parametric）实体造型的软件，可工作在工作站和 UNIX 操作环境下，也可以运行在微机的 Windows 环境下。ProE 软件包含从产品的概念设计、详细设计、工程图、工程分析、模具，直至数控加工的产品开发全过程。

（1）ProE 软件的 CAD 功能　主要是：具有简单零件设计、装配设计、设计文档（绘图）和复杂曲面的造型等功能；具有从产品模型生成模具模型的所有功能；可直接从 Pro/E 实体模型生成全关联的工程视图，包括尺寸标注、公差、注释等，还提供三坐标测量仪的软件接口；

可将扫描数据拟合成曲面，完成曲面光顺和修改；提供图形标准数据库交换接口，包括 IGES、SET、VDA、CGM、SIA 等，还提供 Pro/Engineer 软件与 CATIA 软件的图形直接交换接口。

（2）ProE 软件的 CAM 功能　主要是：具有提供车加工、2~5 轴铣削加工、电火花线切割，激光切割等功能；加工模块能自动识别工件毛坯和成品的特征；当特征发生修改时，系统能自动修改加工轨迹。

Creo 是美国 PTC 公司于 2010 年 10 月推出 CAD 设计软件包。Creo 软件是整合了 PTC 公司的三个软件——ProE 的参数化技术、CoCreate 的直接建模技术和 Productview 的三维可视化技术的新型 CAD 设计软件包，是 PTC 公司闪电计划所推出的第一个产品。Creo 也就是 ProE 的新版本，ProE5.0 以后改名为 Creo，所以 Creo1.0 相当于 ProE6.0。

3. UG Ⅱ 软件

UG Ⅱ 软件是美国 Unigraphics Solutions 公司的 CAD/CAM/CAE 产品。其核心产品 Parasolid 提供强大的实体建模功能和无缝数据转换能力。UG Ⅱ 软件提供用户一个灵活的复合建模，包括实体建模、曲面建模、线框建模和基于特征的参数建模。UG Ⅱ 软件覆盖制造全过程，融合了工业界丰富的产品加工经验，为用户提供了一个功能强劲的、实用的、柔性的 CAM 软件系统。

UG Ⅱ 软件可以运行在工作站和微机、UNIX 或 Windows 操作环境下。

（1）UG Ⅱ 软件的 CAD 功能　主要是：提供实体建模、自由曲面建模等造型手段，提供装配建模、标准件库建模等环境；可建立和编辑各种标准的设计特征，如孔、槽、型腔、凸台、倒角和倒圆等；可从实体模型生成完全相关的二维工程图；提供 IGES、STEP 等标准图形接口，还提供大量的直接转接器，如与 CATIA、CADDS、I-DEAS、AutoCAD 等 CAD/CAM 系统直接高效地进行数据转换；具有有限元分析和机构分析模块；对二维、三维机构可进行复杂的运动学分析和设计仿真。

（2）UG Ⅱ 软件的 CAM 功能　主要是提供 2~4 轴车削加工，具有粗车、多次走刀、精车、车沟槽、车螺纹和中心钻孔等功能；提供 2~5 轴或更高的铣削加工，如型芯和型腔铣削；提供粗切单个或多个型腔，沿任意形状切去大量毛坯材料以及可加工出型芯的全部功能。这些功能对加工模具和冷冲模特别有用。

UG Ⅱ 软件还具有固定轴铣削功能、Cut 清根切削功能、可变轴铣削功能、顺序铣切削功能、切削仿真（VERICUT）功能、EDM 线切削功能、机床仿真功能（包含整个加工环境——机床、刀具、夹具和工件，对数控加工程序进行仿真，检查相互间的碰撞和干涉情况）等。它还提供非均匀 B 样条轨迹生成器；从 NC 处理器中直接生成基于 NURBS 的刀具轨迹数据；直接从 UG 软件的实体模型中生成新的刀具轨迹，其加工程序可比原来程序减少 50%~70%，特别适用于高速加工。

除上述模块以外，UG Ⅱ 软件还提供注塑分析、钣金设计、排样和制造、管路、快速成型转换等。

4. Mastercam 软件

Mastercam 软件是美国 CNC 公司开发的一套适用于机械设计、制造，运行在 PC 平台上的三维 CAD/CAM 交互式图形集成系统。它可以完成产品的设计和各种类型数控机床的自动编程，包括数控铣床（3~5 轴）、车床（带 C 轴）、线切割机（4 轴）、激光切割机、加工中心等的编程加工。

产品零件的造型可以由系统本身的 CAD 模块来建立模型，也可以通过三坐标测量机测得的数据建模。系统提供的 DXF、IGES、CADL、VDA、STL、PARASLD 等标准图形接口，可实现其与其他 CAD 系统的双向图形传输，也可以通过专用 DWG 图形接口与 AutoCAD 软件进行图形传输。

Mastercam 软件具有很强的加工能力，可实现多曲面连续加工、毛坯粗加工、刀具干涉检查与消除、实体加工模拟、DNC 连续加工以及开放式的后置处理等功能。

思考与训练

5-1　G90 指令方式下的（X10，Y20）与 G91 指令方式下的（X10，Y20）有何区别？

5-2　为什么要进行刀具半径补偿？刀具半径补偿的实现分为哪三大步骤？

5-3　刀具长度补偿有什么作用？何谓正向补偿？何谓负向补偿？

5-4　高速啄式钻深孔循环指令 G73 和带排屑啄式钻深孔循环指令 G83 有什么区别？

5-5　精镗孔循环指令 G76 在退刀前为什么要进行刀尖反向偏移，在 FANUC 0i 系统和 HNC-21/22M 系统中分别如何实现？

5-6　编写图 5-78、图 5-79 所示字槽的加工程序。字槽深为 2mm，字槽宽分别为 3mm 和 5mm。编程原点在工件左下角，刀具分别为 φ3mm 和 φ5mm 的键槽铣刀。

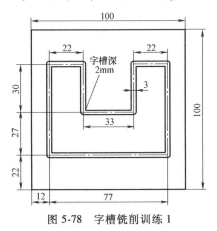

图 5-78　字槽铣削训练 1

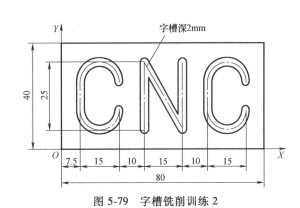

图 5-79　字槽铣削训练 2

5-7　编写图 5-80 所示零件外轮廓精加工程序。使用刀具半径补偿，按顺时针方向路线走刀，刀具为 φ10mm 的立铣刀。主轴转速为 800r/min，下刀进给速度为 60mm/min，切削进给速度为 100mm/min。

5-8　编写图 5-81 所示零件内轮廓精加工程序。使用刀具半径补偿，按顺时针方向路线走刀，刀具为 φ10mm 的立铣刀。主轴转速为 800r/min，下刀进给速度为 60mm/min，切削进给速度为 100mm/min。

5-9　编写图 5-82、图 5-83 所示轮廓槽的加工程序。毛坯分别如图所示，刀具为 φ10mm 的键槽铣刀，选择合适的切削参数。

5-10　编写图 5-84 所示零件（凸台）的加工程序。毛坯尺寸为 96mm×80mm×20mm，刀具为 φ10mm 的立铣刀，选择合适的切削参数。

5-11　编写图 5-85 所示零件（凹腔）的加工程序，A、B、C、D 四点的坐标分别为

（30，9.506）、（35.091，16.958）、（16.958，35.091）、（9.506，30）。毛坯尺寸为100mm×100mm×20mm，刀具为φ10mm的带中心刃立铣刀，选择合适的切削参数。

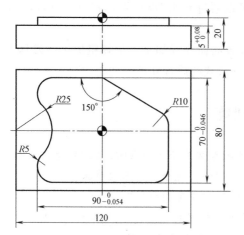

图 5-80　外轮廓精加工编程训练

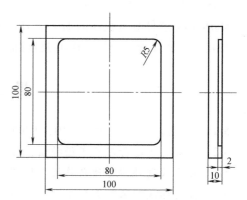

图 5-81　内轮廓精加工编程训练

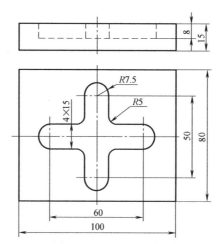

图 5-82　轮廓槽编程训练 1

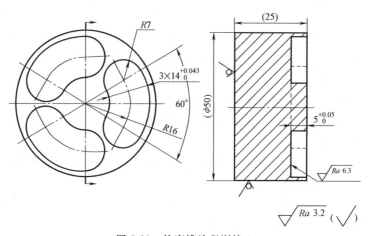

图 5-83　轮廓槽编程训练 2

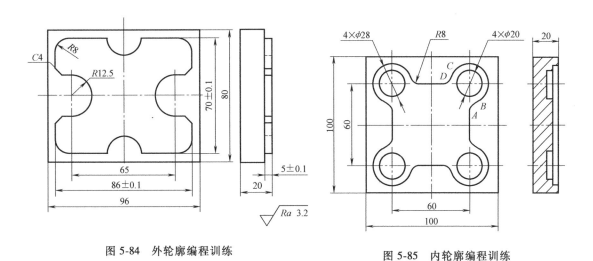

图 5-84　外轮廓编程训练

图 5-85　内轮廓编程训练

5-12　编写图 5-86、图 5-87 所示零件的加工程序。毛坯尺寸分别为 100mm×100mm×15mm、80mm×80mm×18mm，刀具为 φ10mm 的键槽铣刀，选择合适的切削参数。

5-13　编写图 5-88、图 5-89 所示零件的加工程序。毛坯尺寸分别为 70mm×70mm×25mm、100mm×100mm×23mm，所用刀具为 φ10mm 的键槽铣刀、φ10mm 的钻头（手动换刀），选择合适的切削参数。

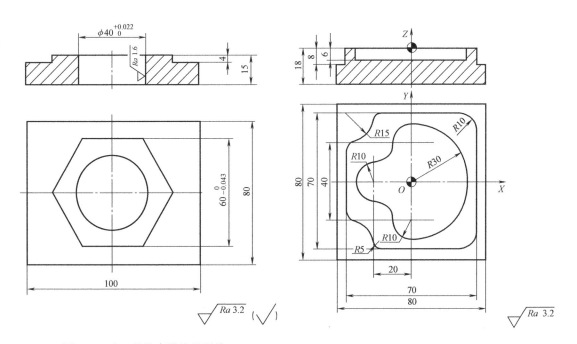

图 5-86　内、外轮廓槽编程训练 1

图 5-87　内、外轮廓槽编程训练 2

5-14　编写图 5-90～图 5-93 所示零件的孔加工程序，选择合适的钻孔循环指令、刀具及切削参数。

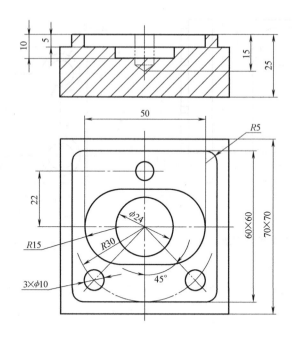

图 5-88 综合编程训练 1

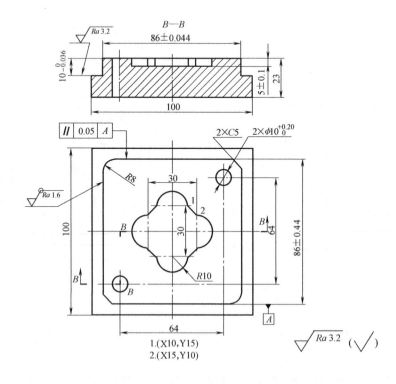

图 5-89 综合编程训练 2

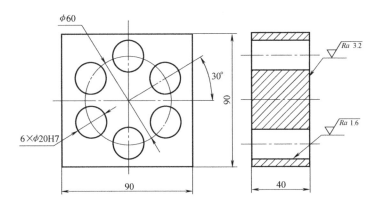

图 5-90　孔加工编程训练 1

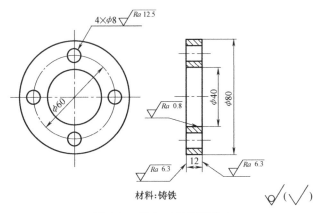

材料:铸铁

图 5-91　孔加工编程训练 2

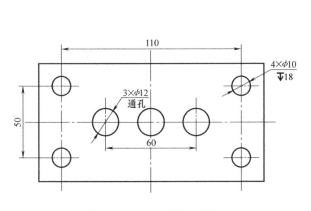

图 5-92　孔加工编程训练 3

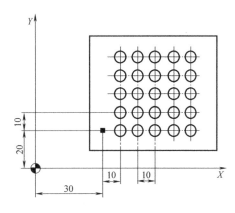

图 5-93　孔加工编程训练 4

第6章

加工中心编程及加工

知识提要：本章全面介绍加工中心的编程及加工。主要包括多把刀的长度补偿、刀具的选择与交换、加工中心对刀方法及编程与加工实例等内容。为了满足不同学习者的需要，主要以 FANUC 0i 系统为例来介绍，同时也介绍了 HNC-21/22M 系统的编程。

学习目标：通过学习本章内容，学习者应对加工中心的手工编程有全面认识，系统掌握加工中心的程序编制方法，掌握手工程序编制的技巧。注意不同系统的编程差异，掌握其编程特点及要点。

6.1 加工中心的编程

6.1.1 多把刀的长度补偿

如图 6-1 所示，有三把长度不一样的刀具，为了避免加工时对每把刀分别对刀，选择 2 号刀为标准刀，1 号刀比标准刀短 10mm，3 号刀比标准刀长 10mm。实际加工时，只需用 2 号标准刀进行对刀，1 号刀和 3 号刀分别相对于 2 号刀加长度补偿即可。具体的补偿指令和编程格式和与单把刀的完全一样，这里不再赘述。如果用三把刀加工同一个孔，则采用绝对坐标和增量坐标编制的程序分别见图的右侧（补偿值均为 10mm，正值）。

这样通过多把刀的长度补偿，可以用长度不同的刀具来执行同一程序，而不需要根据刀具长度分别编制程序，从而使编程人员在编程时可以不考虑刀具的实际长度。

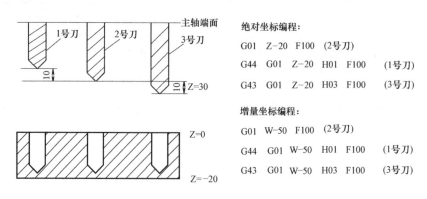

图 6-1　刀具长度补偿实例

6.1.2　刀具的选择与交换

1. 刀具的选择

刀具的选择是指把刀库上指令了刀号的刀具转到换刀的位置，为下次换刀做好准备。这一动作的实现是通过选刀指令——T 功能指令实现的。T 功能指令用 T×× 表示。若刀库装刀总容量为 24 把，编程时，可用 T01～T24 来指令 24 把刀具。在刀库刀具排满时，如果再在主轴上装一把刀，则刀具总数可以增加到 25 把，即 T00～T24。此外，也可以把 T00 作为空刀定义。

2. 换刀点

一般立式加工中心上规定换刀点的位置在 Z 轴机床零点处，即加工中心规定了固定的换刀点（定点换刀），主轴只有移动到这一位置，换刀机构才能执行换刀动作。

3. 刀具交换

刀具交换是指刀库上位于换刀位置的刀具与主轴上的刀具进行自动交换。这一动作的实现是通过换刀指令 M06 实现的。

指令格式：T×× M06；

例如，执行"T01 M06；"程序段表示将当前主轴刀具更换为刀库 1 号位置刀具。

M06 为非模态后作用 M 功能。

注意：在执行 M06 指令前，一定要用 G28 指令使机床返回参考点（对大多数加工中心来说即换刀点），这样才能保证换刀动作的可靠性。否则，换刀动作可能无法完成。

4. 换刀程序

（1）Z 轴先回参考点，再选刀换刀

N01 G91 G28 Z0；

N02 T×× M06；

（2）Z 轴回参考点与刀库转位同时进行

N01 G91 G28 Z0 T××；

N02 M06；

在 Z 轴返回参考点的同时，刀库也开始转位。采用这种编程方式，避免执行 T 功能指令时占用加工时间，在执行 T 功能指令的同时机床完成返回参考点动作。若刀具返回参考点的动作已完成，而刀库转位尚未完成，则只有等刀库转位完成后，才开始执行换刀动作。

（3）先选定刀具，需要时再完成换刀动作

N01 T××；

…

N07 G91 G28 Z0；

N08 M06；

先选定 ×× 号刀具，但并不立即换刀，而是继续执行若干段程序，在需要换 ×× 号刀具加工时，再完成换刀动作。

各把刀的长度可能不一样，换刀时一定要考虑刀具的长度补偿，以免发生撞刀或危及人身安全的事故。图 6-1 所示三把刀换刀的参考程序如下：

N10 G91 G28 Z0 M05；　　　　　　　　　 Z 轴回到参考点（换刀位置），主轴停转

N20 T02 M06；　　　　　　　　　换 2 号刀到主轴，其为标准刀，不需加补偿

…　　　　　　　　　　　　　　　2 号刀的加工程序

N50 G91 G28 Z0 M05；　　　　　*Z* 轴回到参考点（换刀位置）

N60 T03 M06；　　　　　　　　　换 3 号刀到主轴，其比标准刀长 10mm

N70 M03 S600；　　　　　　　　起动主轴正转，转速为 600r/min

N80 G90 G43 G00 Z50 H03；　　刀具快速移动到工件表面以上 50mm 处（*Z* 轴原点在工件上表面），加长度正向补偿（补偿值为正，补偿号为 H03）

…　　　　　　　　　　　　　　　3 号刀的加工程序

N100 G49 G91 G28 Z0 M05；　　*Z* 轴回到参考点（换刀位置），取消 3 号刀的刀补

N110 T01 M06；　　　　　　　　换 1 号刀到主轴，其比标准刀短 10mm

N130 M03 S600；　　　　　　　起动主轴正转，转速为 600r/min

N140 G90 G44 G00 Z50 H01；　刀具快速移动到工件表面以上 50mm 处，加长度负向补偿（补偿值为正，补偿号为 H01）

…　　　　　　　　　　　　　　　1 号刀的加工程序

6.1.3　编程实例

【例 6-1】　在加工中心上加工图 6-2 所示的孔。所用刀具如图 6-3 所示，T01 为 ϕ6mm 钻头，T02 为 ϕ10mm 钻头，T03 为镗刀。T01、T02 和 T03 的刀具长度补偿号分别为 H01、H02 和 H03。以 T01 为标准刀进行对刀，长度补偿指令都使用 G43，则三把刀的长度补偿值分别为 H01 = 0，H02 = -10，H03 = -50。编程坐标系如图 6-2 所示，参考程序如下：

O0061；

N10 G54 G90 G00 X0 Y0 Z100.；　　调用 G54 坐标系，绝对坐标编程，刀具快速定位到起点

N11 G91 G28 Z0；　　　　　　　　　*Z* 向返回参考点

N12 T01 M06；　　　　　　　　　　换 1 号刀

N13 M03 S600；　　　　　　　　　主轴正转，转速为 600r/min

N14 M08；　　　　　　　　　　　开切削液

N15 G90 G43 G00 Z20. H01；　　绝对坐标编程，快速下刀至钻孔初始平面，建立长度补偿

N16 G99 G83 X20. Y120. Z-63. Q3. R-27. F60；

　　　　　　　　　　　　　　　　深孔钻削循环，加工 1 号孔，返回 *R* 平面

N17 Y80.；　　　　　　　　　　加工 2 号孔，返回 *R* 平面

N18 G98 Y40.；　　　　　　　　加工 3 号孔，返回初始平面

N19 G99 X280.；　　　　　　　　加工 4 号孔，返回 *R* 平面

N20 Y80.；　　　　　　　　　　加工 5 号孔，返回 *R* 平面

N21 G98 Y120.；　　　　　　　　加工 6 号孔，返回初始平面

N22 G49 G00 Z100. M05 M09；　取消长度补偿，快速抬刀，主轴停转，关切削液

N23 G91 G28 Z0；　　　　　　　　*Z* 向返回参考点

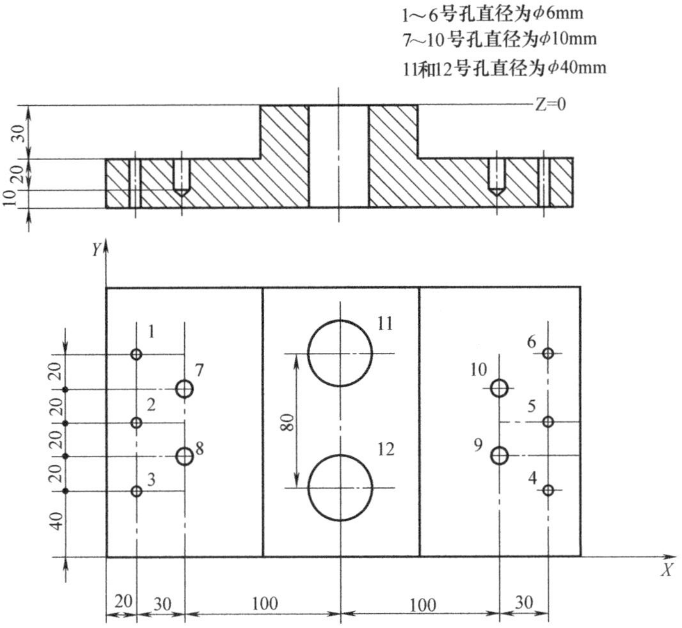

图 6-2　加工中心编程实例 1

N24 T02 M06；　　　　　　　　　　　换 2 号刀

N25 G90 G43 Z20. H02；　　　　　　　绝对坐标编程，快速下刀至钻孔初始平面，建立
　　　　　　　　　　　　　　　　　　　长度补偿

N26 M03 S1000；　　　　　　　　　　主轴正转，转速为 1000r/min

N27 M08；　　　　　　　　　　　　　开切削液

N28 G99 G82 X50. Y100. Z-53. R-27. P2000 F60；
　　　　　　　　　　　　　　　　　　　钻孔循环，加工 7 号孔，返回 R 平面

N29 G98 Y60. ；　　　　　　　　　　8 号孔，返回初始平面

N30 G99 X250. ；　　　　　　　　　　9 号孔，返回 R 平面

N31 G98 Y100. ；　　　　　　　　　　10 号孔，返回初始平面

N32 G49 G00 Z100. M05 M09；　　　　取消长度补偿，快速抬刀，主轴停转，关切削液

N33 G91 G28 Z0；　　　　　　　　　　换 3 号刀

N34 T03 M06；　　　　　　　　　　　Z 向返回参考点

N35 G90 G43 Z20. H03；　　　　　　　绝对值编程，快速下刀至镗孔初始平面，建立长
　　　　　　　　　　　　　　　　　　　度补偿

N36 M08；　　　　　　　　　　　　　开切削液

N37 M03 S1000；　　　　　　　　　　主轴正转，转速为 1000r/min

N38 G99 G76 X150. Y120. Z-65. R3. P2000 Q2. F60；
　　　　　　　　　　　　　　　　　　　精镗孔循环，加工 11 号孔，返回 R 平面

N39 G98 Y40. ；　　　　　　　　　　加工 12 号孔，返回初始平面

N40 G80 G49 G00 Z100. ；　　　　　　取消循环，取消长度补偿，快速抬刀

N41 M05；　　　　　　　　　　　　主轴停转

N42 M09；　　　　　　　　　　　　关切削液

N43 M30；　　　　　　　　　　　　程序结束并复位

【例 6-2】　在加工中心上加工图 6-4 所示零件，毛坯为 80mm×80mm×25mm。外轮廓、内轮廓、孔加工所用刀具分别为 ϕ8mm 立铣刀（T01）、ϕ10mm 带中心刃立铣刀（T02）和 ϕ10mm 钻头（T03），三把刀的长度分别为 100mm、105mm、110mm。

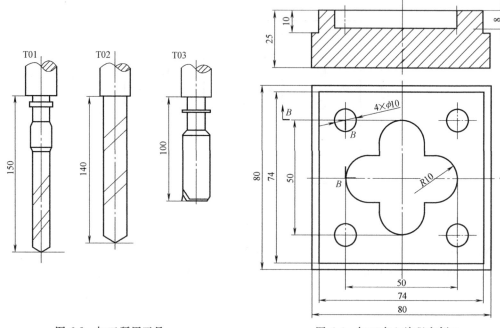

图 6-3　加工所用刀具　　　　　　　　　　　图 6-4　加工中心编程实例 2

外轮廓、内轮廓及孔加工走刀路线及加工顺序分别如图 6-5~图 6-7 所示。以 T01 为标准刀进行对刀，长度补偿指令都使用 G43，则三把刀的长度补偿值分别为 H01＝0，H02＝5，H03＝10。编程坐标系如图 6-5~图 6-7 所示，按华中系统的格式编程。

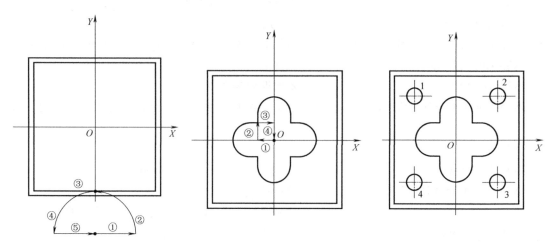

图 6-5　外轮廓加工走刀路线　　　图 6-6　内轮廓加工走刀路线　　　图 6-7　孔加工顺序

参考程序如下：

%0062	主程序
G54 G90 G00 X0 Y0 Z100	调用 G54 坐标系，绝对坐标编程，刀具快速定位到起点
G91 G28 Z0	Z 向返回参考点
T01 M06	换 1 号刀
M03 S800	主轴正转，转速为 800r/min
G90 G00 Z10	绝对坐标编程，Z 向快速接近工件
X0 Y−57	快速定位到图 6-5 所示半圆圆心
G01 Z−10 F60	Z 向下刀
D01 M98 P2000 F100	给定刀补值 D01 = 5，调用 2000 号子程序去余量
D02 M98 P2000 S1200 F50	给定刀补值 D02 = 4，调用 2000 号子程序精加工
G00 Z100	Z 向快速抬刀
M05	主轴停转
G91 G28 Z0	Z 向返回参考点
T02 M06	换 2 号刀
M03 S800	主轴正转，转速为 800r/min
G90 G43 G00 Z10 H02	绝对坐标编程，快速下刀至 Z10，建立长度补偿
X0 Y0	XY 平面定位至编程原点 O
G01 Z−10	Z 向下刀
D03 M98 P3000 F100	给定刀补值 D03 = 15，调用 3000 号子程序去余量
D04 M98 P3000 F100	给定刀补值 D04 = 5.2，调用 3000 号子程序去余量
D05 M98 P3000 S1200 F50	给定刀补值 D05 = 5，调用 3000 号子程序精加工
Z10	抬刀
G49 G00 Z100	快速返回，取消长度补偿
M05	主轴停转
G91 G28 Z0	Z 向返回参考点
T03 M06	换 3 号刀
M03 S600	主轴正转，转速为 600r/min
G90 G43 G00 Z20 H03	绝对坐标编程，快速下刀至 Z20，建立长度补偿
G81 X−25 Y25 Z−15 R5 F60	钻孔循环，1 号孔，返回 R 平面
X25	2 号孔，返回 R 平面
Y−25	3 号孔，返回 R 平面
G98 X−25	4 号孔，返回初始平面
G80 G49 G00 Z100	取消循环，取消长度补偿，快速抬刀
M05	主轴停转
M30	程序结束并复位
%2000	外轮廓加工子程序

G41 G01 X20	建立刀具半径左补偿，路径①
G03 X0 Y-37 R20	逆时针方向圆弧切入，路径②
G01 X-37	轮廓切削，路径③
Y37	
X37	
Y-37	
X0	
G03 X-20 Y-57 R20	逆时针方向圆弧切出，路径④
G40 G00 X0	取消刀补，路径⑤
M99	子程序结束
%3000	内轮廓加工子程序
G42 G01 X-10 Y0	建立刀具半径右补偿，路径①
Y15	切向切入，路径②
G02 X10 R10	
G01 Y10	
X15	
G02 Y-10 R10	
G01 X10	
Y-15	
G02 X-10 R10	
G01 Y-10	
X-15	
G02 Y10 R10	
G01 X0	切向切出，路径③
G40 Y0	取消刀补，路径④
M99	子程序结束

注意：在数控机床上实际运行程序时，必须在刀具表中设置具体的长度和半径补偿值，如图 6-8 所示。

刀具表：

刀号	组号	长度	半径	寿命	位置
#0000	0	0.000	0.000	0	0
#0001	0	0.000	5.000	0	0
#0002	0	5.000	4.000	0	0
#0003	0	10.000	15.000	0	0
#0004	0	0.000	5.200	0	0
#0005	0	0.000	5.000	0	0
#0006	0	0.000	0.000	0	0
#0007	0	0.000	0.000	0	0
#0008	0	0.000	0.000	0	0
#0009	0	0.000	0.000	0	0
#0010	0	0.000	0.000	0	0
#0011	0	0.000	0.000	0	0

图 6-8　刀具半径补偿值设定

6.2 加工中心加工实例

6.2.1 加工中心的对刀

加工中心在加工零件时，刀库上通常可能装有多把刀。如图 6-9 所示，这些刀具的形状、尺寸可能差别很大。这时选用一把刀作为标准刀，按照 5.3.1 所叙述的方法进行对刀，确定工件原点在机床坐标系中的坐标值 X、Y、Z，并将 X、Y、Z 输入 G54 中，从而建立工件坐标系。虽然刀具的直径会有差异，但刀具装在主轴上时刀具中心与主轴中心是一致的，而长度差异可以通过长度补偿解决，所以不需要再对每把刀逐个对刀，只需要对其进行长度和半径补偿即可。

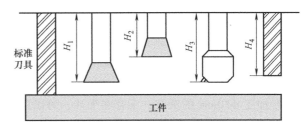

图 6-9 刀具长度补偿值设定

6.2.2 加工实例

如图 6-10 所示零件（单件生产），毛坯为 100mm×100mm×30mm 长方体，材料为 45 钢。分析并制订该零件的加工工艺，编写零件加工程序，完成零件加工。

1. 加工工艺的确定

（1）分析零件图样 该零件加工包含外形轮廓、型腔和孔的加工，均有尺寸精度要求，表面粗糙度值全部为 $Ra3.2\mu m$，没有几何公差要求。

（2）工艺分析

1）加工方案的确定。根据零件的要求，上表面采用立铣刀粗铣→精铣完成，其余表面采用带中心刃立铣刀粗铣→精铣完成。

2）确定装夹方案。该零件为单件生产，且零件外形为长方体，可选用机用平口钳装夹。工件上表面高出钳口 11mm 左右。

3）工艺处理。零件加工顺序如图 6-11 所示。

① 加工深度为 10mm 的台（以下简称台 1），其轮廓圆角为凸圆弧，不存在干涉，完全可以用加大刀补的方法去除余量。

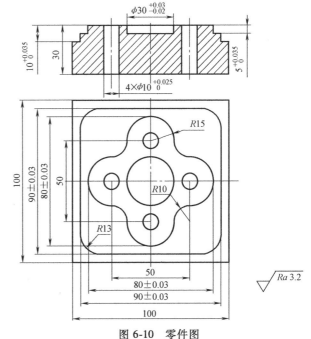

图 6-10 零件图

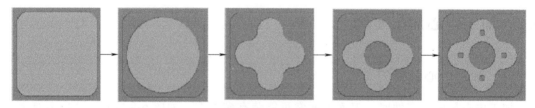

图 6-11　零件加工顺序

② 加工深度为 5mm 的台（以下简称台 2），其轮廓带有 4 个半径为 R10mm 的凹圆弧，如果按图 6-12a 所示理想加工路线，按表 6-1 分配的刀补值进行去余量加工，在刀补大于 10mm 时，系统会提示干涉而无法继续去余量。此时必须将编程轮廓处理成加去余量轮廓来完成去余量加工，加工路线如图 6-12b 所示，刀补值的分配见表 6-2。

③ 加工 $\phi30$mm 的圆腔，不存在干涉，可以用加大刀补的方法去除余量。

④ 应用钻孔循环功能完成孔加工。

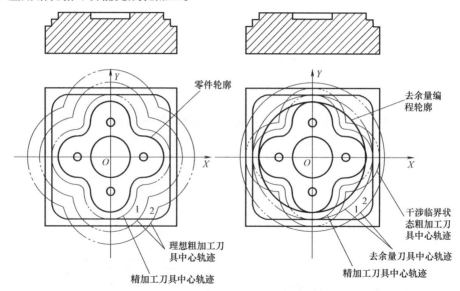

a) 理想加工路线　　　　　　　b) 干涉处理后的加工路线

图 6-12　刀补干涉时的处理

表 6-1　外轮廓理想加工路线的刀补情况

编程轮廓	零件轮廓	零件轮廓	零件轮廓
刀具中心轨迹	精加工刀具中心轨迹	图 6-12a 轨迹 1	图 6-12a 轨迹 2
刀补号	1	2	3
刀具半径补偿值	5	14	23

表 6-2　外轮廓加工路线在干涉处理后的刀补情况

编程轮廓	零件轮廓	零件轮廓	去余量编程轮廓	去余量编程轮廓
刀具中心轨迹	精加工刀具中心轨迹	干涉临界状态粗加工刀具中心轨迹	图 6-12b 轨迹 1	图 6-12b 轨迹 2
刀补号	1	2	3	4
刀具半径补偿值	5	10（轮廓最小曲率半径）	5	14

4）走刀路线的确定　加工台1的走刀路线如图6-13所示，顺时针方向走刀，附加了半圆弧，采用弧向切入切出路径。图6-14所示为台2的去余量走刀路线，可以不使用弧向切入切出，但由于立铣刀无法在Z向直接下刀，需要设置刀具切入路径，而且建立和撤销刀补必须要有相应的路径，所以为了编程方便，仍然使用了弧向切入切出。图6-15所示为台2的轮廓加工走刀路线。

内轮廓加工的走刀路线如图6-16所示，采用弧向切入切出路径，也为顺时针方向走刀。

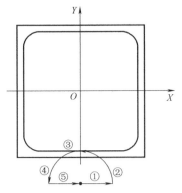

图6-13　加工台1的走刀路线

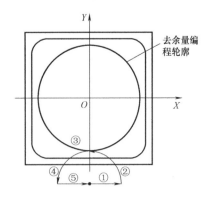

图6-14　台2的去余量走刀路线

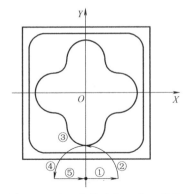

图6-15　台2的轮廓加工走刀路线

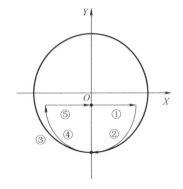

图6-16　内轮廓加工的走刀路线

5）刀具及切削参数的确定　数控加工刀具卡及数控加工工序卡分别见表6-3、表6-4。

表6-3　数控加工刀具卡

数控加工刀具卡		零件号	程序编号	零件名称		加工材料	
						45	
序号	刀具号	刀具名称	刀具规格/mm	加工内容		备注	
1	T01	立铣刀	φ12	粗、精加工外轮廓			
2	T02	带中心刃立铣刀	φ10	粗、精加工内轮廓			
3	T03	中心钻	A2.5	钻中心孔			
4	T04	麻花钻	φ9	钻底孔			
5	T05	扩孔钻	φ9.8	扩孔			
6	T06	铰刀	φ10	铰孔			

6）工件坐标系的建立　以工件上表面中心作为G54工件坐标系原点，加工时要先进行对刀。

表 6-4　数控加工工序卡

数控加工工序卡			产品名称	零件名称	材　料		零件图号
					45		
工序号	程序编号	夹具名称	夹具编号	使用设备		车间	
		机用平口钳					
工步号	工　步　内　容	刀具号	主轴转速 /(r/min)	进给速度 /(mm/min)	背吃刀量 /mm		刀补号
1	台1的 Z 向粗加工	T01	600	120	9.8		H01、D01、D02、D03
2	台1的 Z 向精加工	T01	1000	60	0.2		H01、D01、D02、D03
3	台2的 Z 向去余量粗加工	T01	600	120	4.8		H01、D01、D02、D03
4	台2的 Z 向去余量精加工	T01	1000	60	0.2		H01、D01、D02、D03
5	台2的轮廓粗加工	T01	600	120	4.8		H01、D01、D02、D03
6	台2的轮廓精加工	T01	1000	60	0.2		H01、D01、D02、D03
7	内轮廓粗加工	T02	600	120	4.8		H02、D04、D05、D06
8	内轮廓精加工	T02	1000	60	0.2		H02、D04、D05、D06
9	钻中心孔	T03	1500	100			H03
10	钻底孔	T04	600	60			H04
11	扩孔	T05	700	50			H05
12	铰孔	T06	200	30			H06

2. 编写加工程序

O1111;	主程序
G54 G90 G00 X0 Y0 Z100.;	调用 G54 坐标系,绝对坐标编程,刀具快速定位到起点
G91 G28 Z0;	Z 向返回参考点
T01 M06;	换1号立铣刀
M03 S600;	主轴正转,转速为 600r/min
G90 G43 G00 Z10. H01;	绝对坐标编程,快速下刀至钻孔初始平面,建立长度补偿
X0 Y-65.;	快速定位到图 6-13 所示半圆圆心
G01 Z-9.8 F120;	Z 向下刀, Z 向粗加工
D01 M98 P1122;	给定刀补值 D01 = 16,调用 1112 号子程序去余量
D02 M98 P1122;	给定刀补值 D02 = 6.2,调用 1112 号子程序去余量
D03 M98 P1122;	给定刀补值 D03 = 6,调用 1112 号子程序精加工
G01 Z-10. F60 S1000;	Z 向下刀, Z 向精加工
D01 M98 P1122;	给定刀补值 D01 = 16,调用 1112 号子程序去余量
D02 M98 P1122;	给定刀补值 D02 = 6.2,调用 1112 号子程序去余量
D03 M98 P1122;	给定刀补值 D03 = 6,调用 1112 号子程序精加工
G49 G00 Z100.;	Z 向快速抬刀,取消刀具长度补偿
G01 Z-4.8. F120 S600;	Z 向下刀, Z 向粗加工
X0 Y-66.	定位到图 6-14 所示半圆圆心
D01 M98 P1133;	给定刀补值 D01 = 16,调用 1113 号子程序去余量
D02 M98 P1133;	给定刀补值 D02 = 6.2,调用 1113 号子程序去余量

D03 M98 P1133；	给定刀补值 D03 = 6，调用 1113 号子程序精加工
G01 Z-5. F60 S1000；	Z 向下刀，Z 向精加工
D01 M98 P1133；	给定刀补值 D01 = 16，调用 1113 号子程序去余量
D02 M98 P1133；	给定刀补值 D02 = 6.2，调用 1113 号子程序去余量
D03 M98 P1133；	给定刀补值 D03 = 6，调用 1113 号子程序精加工
G00 Z10. ；	Z 向快速抬刀
X0 Y-60. F120 S600；	快速定位到图 6-15 所示半圆圆心
G01 Z-4.8. ；	Z 向下刀，台 2 轮廓粗加工
D01 M98 P1144；	给定刀补值 D03 = 16，调用 1114 号子程序去余量
D02 M98 P1144；	给定刀补值 D03 = 6.2，调用 1114 号子程序去余量
D03 M98 P1144；	给定刀补值 D03 = 6，调用 1114 号子程序精加工
G01 Z-5. ；	Z 向下刀，台 2 轮廓精加工
D01 M98 P1144；	给定刀补值 D03 = 16，调用 1114 号子程序去余量
D02 M98 P1144；	给定刀补值 D03 = 6.2，调用 1114 号子程序去余量
D03 M98 P1144；	给定刀补值 D03 = 6，调用 1114 号子程序精加工
G49 G00 Z100. ；	Z 向快速抬刀，取消刀具长度补偿
M05；	主轴停转
G91 G28 Z0；	Z 向返回参考点
T02 M06；	换 2 号带中心刃立铣刀
M03 S600；	主轴正转，转速为 600r/min
G90 G43 G00 Z10. H02；	绝对坐标编程，快速下刀至 Z10，建立长度补偿
X0 Y-3. ；	快速定位到图 6-16 所示半圆圆心
G01 Z-4.8 F120 S600；	Z 向下刀，Z 向粗加工
D04 M98 P1155；	给定刀补值 D04 = 12，调用 1115 号子程序去余量
D05 M98 P1155；	给定刀补值 D05 = 5.2，调用 1115 号子程序去余量
D06 M98 P1155；	给定刀补值 D06 = 5，调用 1115 号子程序精加工
G01 Z-5. F60 S1000；	Z 向下刀，Z 向精加工
D04 M98 P1155；	给定刀补值 D04 = 12，调用 1115 号子程序去余量
D05 M98 P1155；	给定刀补值 D05 = 5.2，调用 1115 号子程序去余量
D06 M98 P1155；	给定刀补值 D06 = 5，调用 1115 号子程序精加工
G49 G00 Z100. ；	Z 向快速抬刀，取消刀具长度补偿
M05；	主轴停转
G91 G28 Z0；	Z 向返回参考点
T03 M06；	换 3 号中心钻
M03 S1500；	主轴正转，转速为 1500r/min
G90 G43 G00 Z10. H03；	绝对坐标编程，快速下刀至 Z10，建立长度补偿
G99 G81 X-25. Y0 Z-6. R3. F100；	钻孔循环，返回 R 点平面，钻左侧中心孔
X0 Y25. ；	钻上方中心孔
X25. Y0；	钻右侧中心孔

G98 X0 Y−25. ;	钻下方中心孔，返回初始平面
G49 G00 Z100. ;	Z 向快速抬刀，取消刀具长度补偿
M05;	主轴停转
G91 G28 Z0;	Z 向返回参考点
T04 M06;	换 4 号刀
M03 S600;	主轴正转，转速为 600r/min
G90 G43 G00 Z10. H04;	绝对坐标编程，快速下刀至 Z10，建立长度补偿
G99 G83 X−25. Y0 Z−6. R3. Q6. F60;	
	钻孔循环，返回 R 点平面，钻左侧孔
X0 Y25. ;	钻上方孔
X25. Y0;	钻右侧孔
G98 X0 Y−25. ;	钻下方孔，返回初始平面
G49 G00 Z100. ;	Z 向快速抬刀，取消刀具长度补偿
M05;	停主轴
G91 G28 Z0;	Z 向返回参考点
T05 M06;	换 5 号刀
M03 S700;	主轴正转，转速为 700r/min
G90 G43 G00 Z10. H05;	绝对坐标编程，快速下刀至 Z10，建立长度补偿
G99 G83 X−25. Y0 Z−6. R3. Q6. F50;	
	钻（扩）孔循环，返回 R 点平面，钻左侧孔
X0 Y25. ;	钻（扩）上方孔
X25. Y0;	钻（扩）右侧孔
G98 X0 Y−25. ;	钻（扩）下方孔，返回初始平面
G49 G00 Z100. ;	Z 向快速抬刀，取消刀具长度补偿
M05;	主轴停转
G91 G28 Z0;	Z 向返回参考点
T06 M06;	换 6 号铰刀
M03 S200;	主轴正转，转速为 200r/min
G90 G43 G00 Z10. H06;	绝对坐标编程，快速下刀至 Z10，建立长度补偿
G99 G82 X−25. Y0 Z−6. R3. P2000 Q6. F30;	
	铰孔循环，返回 R 点平面，铰左侧孔
X0 Y25. ;	铰上方孔
X25. Y0;	铰右侧孔
G98 X0 Y−25. ;	铰下方孔，返回初始平面
G49 G80 G00 Z100. ;	Z 向快速抬刀，取消循环，取消刀具长度补偿
X0 Y0;	
M05;	主轴停转
M30;	主程序结束并复位
O1122;	台 1 加工子程序

G41 G01 X20. ;	建立刀具半径左补偿，路径①
G03 X0 Y-46. R20. ;	逆时针方向圆弧切入，路径②
G01 X-33. ;	轮廓切削，路径③
G02 X-46. Y-33. R13. ;	
G01 Y33. ;	
G02 X-33. Y46. R13. ;	
G01 X33. ;	
G02 X46. Y33. R13. ;	
G01 Y-33. ;	
G02 X33. Y-46. R13. ;	
G01 X0 ;	
G03 X-20. Y-66. R20. ;	逆时针圆弧切出，路径④
G40 G01 X0 ;	取消刀补，路径⑤
M99 ;	子程序结束
O1133 ;	台2去余量加工子程序
G41 G01 X25. ;	建立刀具半径左补偿，路径①
G03 X0 Y-41. R25. ;	逆时针方向圆弧切入，路径②
G02 I0 J41. ;	轮廓切削，路径③
G03 X-25. Y-66. R25. ;	逆时针方向圆弧切出，路径④
G40 G01 X0 ;	取消刀补，路径⑤
M99 ;	子程序结束
O1144 ;	台2精加工子程序
G41 G01 X20. ;	建立刀具半径左补偿，路径①
G03 X0 Y-40. R20. ;	逆时针方向圆弧切入，路径②
G02 X-15. Y-25. R15. ;	轮廓切削，路径③
G03 X-25. Y-15. R10. ;	
G02 Y15. R15. ;	
G03 X-15. Y25. R10. ;	
G02 X15. R15. ;	
G03 X25. Y15. R10. ;	
G02 Y-15. R15. ;	
G03 X15. Y-25. R10. ;	
G02 X0 Y-40. R15. ;	
G03 X-20. Y-60. R20. ;	逆时针方向圆弧切出，路径④
G40 G01 X0 ;	取消刀补，路径⑤
M99 ;	子程序结束
O1155 ;	内轮廓加工子程序
G42 G01 X12. ;	建立刀具半径右补偿，路径①
G02 X0 Y-15. R12. ;	顺时针方向圆弧切入，路径②

I0 J15.;	轮廓切削，路径③
X-12. Y-3. R12.;	顺时针方向圆弧切出，路径④
G40 G01 X0;	取消刀补，路径⑤
M99;	子程序结束

思考与训练

6-1 编写图 6-17、图 6-18 所示零件（轮廓不需要加工）孔的加工程序。根据孔的特点，选择合适的孔加工循环指令、孔加工刀具及切削参数。

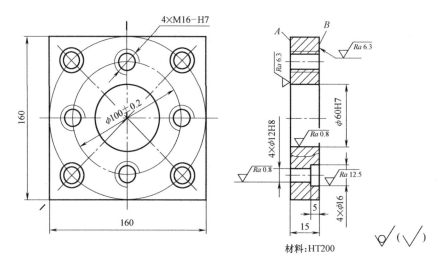

材料:HT200

图 6-17 孔加工编程训练 1

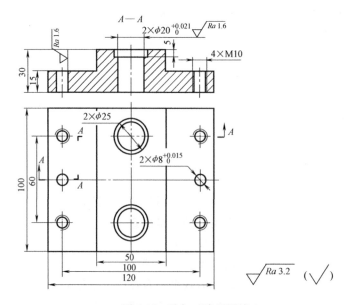

图 6-18 孔加工编程训练 2

6-2 编写图 6-19、图 6-20 所示零件的加工程序。毛坯尺寸分别为 70mm×70mm×20mm、100mm×100mm×28mm，选择合适的刀具及切削参数。

6-3 编写图 6-21、图 6-22 所示零件的加工程序。毛坯尺寸分别为 100mm×80mm×15mm、80mm×80mm×10mm，选择合适的刀具及切削参数。

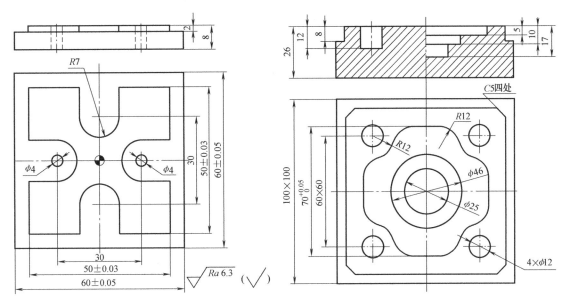

图 6-19 综合编程训练 1

图 6-20 综合编程训练 2

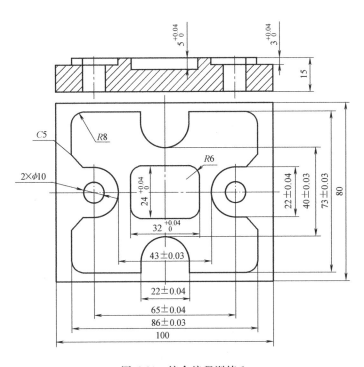

图 6-21 综合编程训练 3

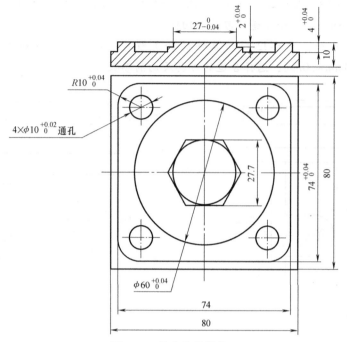

图 6-22　综合编程训练 4

6-4　编写图 6-23 所示零件的加工程序。毛坯尺寸为 100mm×100mm×23mm、选择合适的刀具及切削参数。

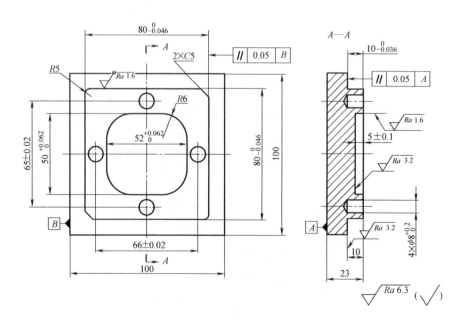

图 6-23　综合编程训练 5

6-5　在加工中心上加工图 6-24 所示零件，毛坯为预先处理好的 100mm×100mm×30mm 合金铝锭，选择合适的刀具及切削参数。

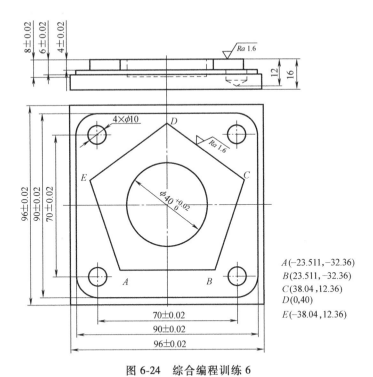

图 6-24 综合编程训练 6

$A(-23.511, -32.36)$
$B(23.511, -32.36)$
$C(38.04, 12.36)$
$D(0, 40)$
$E(-38.04, 12.36)$

提 高 篇

第7章

数控车床宏程序

> **知识提要**：本章主要介绍数控车床的宏程序。主要内容包括宏程序的变量功能、运算功能、转移功能、循环功能、宏程序的格式及简单调用、宏程序编程实例等。为了满足不同学习者的需要，主要以 FANUC 0i 系统为例来介绍，同时也介绍了 HNC-21T 系统的宏指令编程。
>
> **学习目标**：通过学习本章内容，学习者应对数控车床的宏程序编程有全面认识，系统掌握数控车床的宏程序编制方法，能够编写椭圆、抛物线等非圆曲线的加工程序。注意不同系统的编程差异，应掌握其编程特点及要点。

7.1　FANUC 0i 系统宏程序

在程序中使用变量，通过对变量进行赋值及处理的方法实现程序功能，这种有变量的程序称为宏程序。宏程序是手工编程的高级形式。宏程序的功能是：适合抛物线、椭圆、双曲线等没有插补指令的曲线编程；适合图形一样，只是尺寸不同的系列零件的编程；适合工艺路径一样，只是位置参数不同的系列零件的编程；较大地简化编程，扩展应用范围。

宏程序的特点是：①将有规律的形状或尺寸用最简短的程序表达出来。②具有极好的易读性和易修改性，编写出来的程序非常简洁，逻辑严密。③宏程序的运用是手工编程中的亮点。④宏程序具有灵活性、智能性、通用性。

宏程序与普通程序相比，有如下优势：宏程序可以使用变量，并且能实现给变量赋值，变量之间可以运算，程序运行可以跳转。普通编程只能使用常量，常量之间不能运算，程序只能顺序执行，不能跳转。

FANUC 宏程序分为两类：A 类和 B 类。A 类宏程序是机床的标配，用"G65 H××"来调用。B 类宏程序相比 A 类来说比较简单，可以直接赋值运算，所以目前 B 类宏程序用得比较多，下面重点以 B 类宏程序为例来介绍。

7.1.1　变量功能

（1）变量的形式　变量可用"变量符号+变量号"来表示。

FANUC 系统变量符号为#，变量号为 1、2、3 等。

（2）变量的种类　变量可分为空变量、局部变量、公共变量和系统变量四类。

空变量：#0。该变量永远是空的，没有值能赋它。

局部变量：#1～#33。只在本宏程序中有效，断电后数值清除，调用宏程序时赋值。

公共变量：#100～#199、#500～#999。在不同的宏程序中意义相同，#100～#199 断电后清除，#500～#999 断电后不清除。

系统变量：#1000 以上。系统变量用于读写数控系统运行时的各种数据，如刀具补偿等。

提示：局部变量和公共变量称为用户变量。

（3）赋值　赋值是指将数值或表达式的值赋予一个变量。例如#1 = 2，#1 表示变量，"="为赋值符号，起语句定义作用，数值 2 就是给变量#1 赋的值。

（4）赋值的规律

1）赋值符号"="两边内容不能随意互换，左边只能是变量，右边可以是表达式、数值或者变量。

2）一个赋值语句只能给一个变量赋值。

3）可以多次给一个变量赋值，新值将取代旧值，即最后一个赋值有效。

4）赋值语句具有运算功能，形式是：变量 = 表达式。在运算中，表达式可以是变量自身与其他数据的运算结果，如#1 = #1 + 2，则表示新的#1 等于原来的#1 + 2，这点与数学等式是不同的。

5）赋值表达式的运算顺序与数学运算的顺序相同。

（5）变量的引用

1）当用表达式指定变量时，必须把表达式放在括号中，如"G01 X［#1 + #2］F#3;"。

2）引用变量的值的相反数时，要把负号放在#的前面，如"G01 X-#6 F100;"。

7.1.2　运算功能

（1）运算符号　宏程序的运算符号有加（+）、减（-）、乘（*）、除（/）、正切（TAN）、反正切（ATAN）、正弦（SIN）、余弦（COS）、开平方根（SQRT）、绝对值（ABS）、增量值（INC）、四舍五入（ROUND）、舍位去整（FIX）、进位取整（FUP）等。

（2）混合运算

1）运算顺序：函数—乘除—加减。

2）运算嵌套：最多五重，最里面的"［　］"运算优先。

7.1.3　转移功能

（1）无条件转移

格式：GOTO + 目标段号（不带顺序字 N）。

例如"GOTO50;"，当执行该程序段时，将无条件转移到 N50 程序段执行。

（2）有条件转移

格式：IF + ［条件表达式］+ GOTO + 目标段号（不带顺序字 N）。

例如"IF［#1GT#100］GOTO50;"，表示的意思是：如果条件成立，则转移到 N50 程序段执行；如果条件不成立，则执行下一程序段。

（3）转移条件　转移条件的符号及编程格式见表 7-1。

表 7-1　转移条件的符号及编程格式

条件	符号	宏指令	编程格式
等于	=	EQ	IF［#1EQ#2］GOTO10
不等于	≠	NE	IF［#1NE#2］GOTO10
大于	>	GT	IF［#1GT#2］GOTO10
小于	<	LT	IF［#1LT#2］GOTO10
大于或等于	≥	GE	IF［#1GE#2］GOTO10
小于或等于	≤	LE	IF［#1LE#2］GOTO10

7.1.4　循环功能

循环指令格式：WHILE［条件表达式］DOm；$m=1$，2，3…

…

ENDm；

指令说明：当条件满足时，就循环执行 WHILE 与 END 之间的程序；当条件不满足时，就执行 ENDm 语句的下一个程序段。

示例程序如下

#1 = 5；

WHILE［#1LE30］DO1；

#1 = #1+5；

G00 X#1 Y#1；

END1；

执行该程序，当#1≤30 时，执行循环程序，当#1>30 时执行 END1 之后的程序。

7.1.5　宏程序的格式及简单调用

（1）宏程序的格式　宏程序的编写格式与子程序相同。其格式为：

O××××；（0001～8999 为宏程序号）　　　宏程序名

N10…

…　　　　　　　　　　　　　　　　　　｝宏程序内容

M99；　　　　　　　　　　　　　　　　宏程序结束

上述宏程序内容中，除通常使用的编程指令外，还可使用变量、算术运算指令及其他控制指令。变量值在宏程序调用指令中赋给。

（2）宏程序的简单调用　宏程序的简单调用是指在主程序中，宏程序可以被单个程序段单次调用。

调用指令格式：G65 P ＿＿ L ＿＿（变量分配）；

指令说明：G65 为宏程序调用指令；P 为被调用的宏程序代号；L 为宏程序重复运行的次数，重复次数为 1 时，可省略不写；（变量分配）是为宏程序中使用的变量赋值。

宏程序与子程序的相同之处是一个宏程序可被另一个宏程序调用，最多可调用 4 重。

7.1.6　宏程序编程实例

【例 7-1】　如图 7-1 所示零件，毛坯为 ϕ30mm×70mm（细双点画线所示），编制椭圆

（Z 向有偏心）部分的加工程序（粗、精加工）。

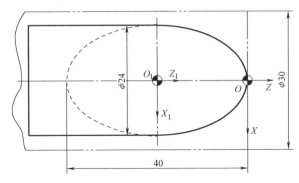

图 7-1　宏程序编程实例 1

参考程序如下：

O0071；	程序名
G40 G98；	初始化
T0101；	换 1 号刀，建立工件坐标系
M03 S600；	主轴正转，转速为 600r/min
G00 X32. Z2. ；	快速定位到循环起点
G73 U14. 8 R7. ；	闭合车削复合循环
G73 P10 Q20 U0. 4 W0 F100；	
N10 G00 X0；	精加工开始
G01 Z0 F50；	
#1=20；	定义椭圆坐标系 $X_1O_1Z_1$ 中的 Z 坐标为自变量，初始值为 20
N11 #2=12*SQRT［20*20-#1*#1］/20；	通过本公式算出对应的椭圆坐标系 $X_1O_1Z_1$ 中的 X 坐标
#3=2*#2；	将 $X_1O_1Z_1$ 坐标系中的 X 值转换到工件坐标系 XOZ 中
#4=#1-20；	将 $X_1O_1Z_1$ 坐标系中的 Z 值转换到工件坐标系 XOZ 中
G01 X#3 Z#4；	进行直线插补
#1=#1-0.5；	自变量递减，步距为 0.5
IF［#1GE0］GOTO11；	设定转移条件，条件成立时，转移到 N11 程序段执行，0 是所加工椭圆轮廓终点在椭圆坐标系 $X_1O_1Z_1$ 中的 Z 坐标值
G01 X24. Z-20. ；	插补到椭圆轮廓终点
N20 X28. ；	X 方向退刀，精加工结束
G00 X100. Z100. ；	快速返回换刀点
M05；	主轴停转
M30；	程序结束并复位

【例 7-2】　如图 7-2 所示，毛坯为 $\phi30$mm×100mm，编制椭圆（X 向有偏心）部分的加工程序（粗、精加工）。参考程序如下：

```
O0072;                       程序名
G40 G98;                     初始化
T0101;                       换 1 号刀，建立工件坐标系
M03 S600;                    主轴正转，转速为 600r/min
G00 X32. Z2. ;               快速定位到循环起点
G73 U7. 8 R7. ;              闭合车削复合循环
G73 P10 Q20 U0. 4 W0 F100;
N10 G00 X14. ;               精加工开始
G01 Z0 F50;
#1 = 0;                      定义椭圆轮廓的 Z 坐标为自变量，初始值为 0
N11 #2 = 8 * SQRT[ 15 * 15-#1 * #1]/15;
                             通过本公式算出对应的椭圆坐标系中的 X 坐标值
#3 = 30 −2 * #2;             将椭圆坐标系中的 X 值转换到工件坐标系 XOZ 中
#4 = #1;                     将椭圆坐标系中的 Z 值转换到工件坐标系 XOZ 中
G01 X#3 Z#4;                 进行直线插补
#1 = #1-0. 5;                自变量递减，步距为 0. 5
IF[ #1GE−15] GOTO11;         设定转移条件，条件成立时，转移到 N11 程序段执行，
                             −15是所加工椭圆轮廓终点在椭圆坐标系中的 Z 坐标值
G01 X30. Z−15. ;             插补到椭圆轮廓终点
N20 X32. ;                   X 方向退刀，精加工结束
G00 X100. Z100. ;            快速返回换刀点
M05;                         主轴停转
M30;                         程序结束并复位
```

【例 7-3】 如图 7-3 所示，毛坯为 ϕ45mm×100mm（细双点画线所示），编制其加工程序（粗、精加工）。椭圆在 X 向、Z 向都有偏心。参考程序如下：

```
O0073;                       程序名
G40 G98;                     初始化
T0101;                       换 1 号刀，建立工件坐标系
M03 S600;                    主轴正转，转速为 600r/min
G00 X28. Z2. ;               快速定位到循环起点
G73 U7. 3 R7. ;              闭合车削复合循环
G73 P10 Q20 U0. 4 W0 F100;
N10 G00 X30. ;               精加工开始
G01 Z−12. 68 F50;
#1 = 17. 32;                 定义椭圆轮廓的 Z 坐标为自变量，初始值为 17. 32
N11 #2 = 10 * SQRT[ 20 * 20-#1 * #1]/20;
                             通过本公式算出对应的椭圆坐标系中的 X 坐标值
#3 = 2 * #2+20;              将椭圆坐标系中的 X 值转换到工件坐标系 XOZ 中
#4 = #1-30;                  将椭圆坐标系中的 Z 值转换到工件坐标系 XOZ 中
```

G01 X#3 Z#4；	进行直线插补
#1＝#1－0.5；	自变量递减，步距为 0.5
IF［#1GE0］GOTO11；	设定转移条件，条件成立时，转移到 N11 程序段执行，0 是所加工椭圆轮廓终点在椭圆坐标系中的 Z 坐标值
G01 X30．Z－47.32.；	插补到椭圆轮廓终点
Z－55.	
N20 X47.；	X 方向退刀，精加工结束
G00 X100．Z100.；	快速返回换刀点
M05；	主轴停转
M30；	程序结束并复位

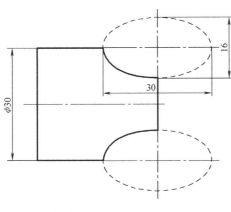

图 7-2　宏程序编程实例 2

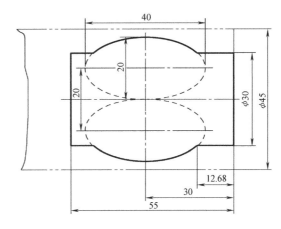

图 7-3　宏程序编程实例 3

【例 7-4】 完成图 7-4 所示零件右端加工的编程，毛坯为 ϕ60mm×100mm，椭圆部分用宏程序编写，并使用 G73（FANUC 系统宏程序必须编入 G73）指令完成粗车加工。所用刀具为外轮廓粗车刀 T01、外轮廓精车刀 T02、刀宽为 4mm 的切槽刀 T03、螺纹车刀 T04。

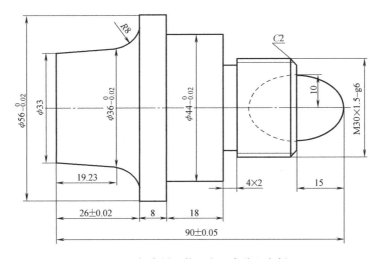

图 7-4　复合循环使用宏程序编程实例

参考程序如下：

O0074；	程序名
N10 G40 G98；	初始化
N11 T0101；	换 1 号刀，建立工件坐标系，粗加工
N12 M03 S600；	主轴正转，转速为 600r/min
N13 G00 X62.Z2.；	快速定位到 G71 循环起点
N14 G71 U1.5 R1.；	外径车削复合循环
N15 G71 P16 Q24 U0.3 W0 F100；	
N16 G00 X21.；	精加工开始，留下加工椭圆部分的余量
N17 G01 Z-15.F50；	
N18 X26.；	
N19 X29.8 W-2.；	为了便于螺纹配合，将螺纹大径切至 29.8mm
N20 Z-38.；	
N21 X43.99；	考虑直径精度要求，X 值用上、下极限偏差的平均值编程，下同
N22 W-18.；	
N23 X55.99；	
N24 W-8.；	精加工结束
N25 X62.；	退刀
N26 G00 X100.；	X 向快速返回换刀点
N27 Z100.；	Z 向快速返回换刀点
N28 M05；	主轴停转
N29 M00；	程序暂停，测量
N30 T0202；	换 2 号刀，建立工件坐标系，精加工
N31 M03 S1000；	主轴正转，转速为 1000r/min
N32 G00 X62.Z2.；	快速定位到循环起点
N33 G70 P16 Q24；	精车循环
N34 G00 X100.Z100.；	快速返回换刀点
N35 T0101；	换 1 号刀，建立工件坐标系，粗加工
N36 G00 X23.Z2.S600；	快速定位到 G73 循环起点
N37 G73 U10.3 R7.；	闭合车削复合循环
N38 G73 P39 Q46 U0.4 W0 F100；	
N39 G00 X0；	精加工开始
N40 G01 Z0 F50；	
N41 #1=15；	定义椭圆轮廓的 Z 坐标为自变量，初始值为 15
N42 #2=10*SQRT[15*15-#1*#1]/15；	
	通过本公式算出对应的椭圆坐标系中的 X 坐标值
N43 G01 X[2*#2] Z[#1-15]；	
	直线插补，逼近椭圆
N44 #1=#1-0.5；	自变量递减，步距为 0.5

N45 IF［#1GE0］GOTO42；设定转移条件，条件成立时，转移到 N42 程序段执行，0 是
所加工椭圆轮廓终点在椭圆坐标系中的 Z 坐标值

N46 G01 X20. Z−15. ;　　　插补到椭圆轮廓终点，精加工结束

N47 X26. ;　　　　　　　　*X* 向退刀

N48 G00 X100. Z100. ;　　快速返回换刀点

N49 M05;　　　　　　　　　主轴停转

N50 M00;　　　　　　　　　程序暂停，测量

N51 T0202;　　　　　　　　换 2 号刀，建立工件坐标系，精加工

N52 M03 S1000;　　　　　　主轴正转，转速为 1000r/min

N53 G00 X23. Z2. ;　　　快速定位到循环起点

N54 G70 P39 Q46;　　　　精车循环

N55 G00 X100. Z100. ;　　快速返回换刀点

N56 T0303;　　　　　　　　换 3 号刀，建立工件坐标系，切槽

N57 G00 X46. Z−38. S300;快速定位到切槽位置

N58 G01 X26. F20;　　　　切槽

N59 G04 P2000;　　　　　　槽底暂停 2 秒

N60 G00 X46. ;　　　　　快速退刀

N61 X100. Z100. ;　　　快速返回换刀点

N62 T0404;　　　　　　　　换 4 号刀，建立工件坐标系，车螺纹

N63 G00 X32. Z−13. S400;快速定位到螺纹循环起点

N64 G92 X29.2 Z−32. F1.5;单一螺纹循环，第一次切削深度为 0.8mm

N65 X28.6;　　　　　　　　第二次切削深度为 0.6mm

N66 X28.2;　　　　　　　　第三次切削深度为 0.4mm

N67 X28.04;　　　　　　　第四次切削深度为 0.16mm

N68 G00 X100. Z100. ;　　快速返回换刀点

N69 M05;　　　　　　　　　主轴停转

N70 M30;　　　　　　　　　程序结束并复位

【例 7-5】　如图 7-5 所示，毛坯为 $\phi72mm \times 150mm$，编制其加工程序（粗、精加工）。所用刀具为外轮廓粗车刀 T01、外轮廓精车刀 T02。

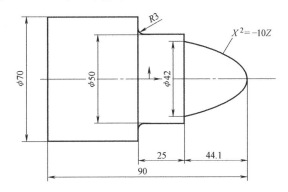

图 7-5　抛物线宏程序编程实例

参考程序如下：

O0075；	程序名
G98；	初始化，指定分进给
T0101；	换 1 号刀，建立工件坐标系，粗加工
M03 S600；	主轴正转，转速为 600r/min
G00 X74. Z2.；	快速定位到 G71 循环起点
G71 U1.5 R1.；	外径车削复合循环
G71 P10 Q20 U0.3 W0 F100；	
N10 G00 X43.；	精加工开始，留下加工椭圆部分的余量
G01 Z-29.614 F50；	
X50.；	
W-22.；	
G02 X56. W-3. R3.；	
G01 X70.；	
N20 Z-90.；	精加工结束
X74.；	退刀
G00 X100. Z100.；	快速返回换刀点
M05；	主轴停转
M00；	程序暂停，测量
T0202；	换 2 号刀，建立工件坐标系，精加工
M03 S1000；	主轴正转，转速为 1000r/min
G00 X74. Z2.；	快速定位到循环起点
G70 P10 Q20；	精车循环
G00 X100. Z100.；	快速返回换刀点
T0101；	换 1 号刀，建立工件坐标系，粗加工
G00 X45. Z2. S600；	快速定位到 G73 循环起点
G73 U21.3 R18.；	闭合车削复合循环
G73 P30 Q40 U0.4 W0 F100；	
N30 G00 X0；	精加工开始
G01 Z0 F50；	
#1=0；	定义抛物线轮廓的 X 坐标为自变量，初始值为 0
N35 #2=-#1*#1/10；	通过本公式算出对应的抛物线坐标系中的 Z 坐标值
G01 X[2*#1] Z[#2]；	直线插补，逼近抛物线
#1=#1+0.5；	自变量递增，步距为 0.5
IF[#1LE21]GOTO35；	设定转移条件，条件成立时，转移到 N35 程序段执行，21 是抛物线轮廓终点在抛物线坐标系中的 X 坐标值
N40 G01 X42. Z-44.1；	插补到抛物线轮廓终点，精加工结束
X45.；	X 向退刀
G00 X100. Z100.；	快速返回换刀点

T0202；	换2号刀，建立工件坐标系，精加工
M03 S1000；	主轴正转，转速为1000r/min
G00 X45. Z2.；	快速定位到循环起点
G70 P30 Q40；	精车循环
G00 X100. Z100.；	快速返回换刀点
M05；	主轴停转
M30；	程序结束并复位

7.2 华中系统宏程序

7.2.1 宏指令

HNC-21/22T系统为用户配备了强有力的类似于高级语言的宏程序功能，其运算符、表达式及赋值功能基本和FANUC系统一样，这里只阐述和FANUC系统有区别的地方。

1. 宏变量及常量

（1）宏变量 #0~#49为当前局部变量；#50~#199为全局变量；#200~#249为0层局部变量；#250~#299为1层局部变量；#300~#349为2层局部变量；#350~#399为3层局部变量；#400~#449为4层局部变量；#450~#499为5层局部变量；#500~#549为6层局部变量；#550~#599为7层局部变量；#600~#699为刀具长度寄存器H0~H99；#700~#799为刀具半径寄存器D0~D99；#800~#899为刀具寿命寄存器。

（2）常量 PI为圆周率π；TRUE为条件成立（真）；FALSE为条件不成立（假）。

2. 宏程序语句

（1）条件判别语句 IF，ELSE，ENDIF

格式①：IF 条件表达式

  …

  ELSE

  …

  ENDIF

格式②：IF 条件表达式

  …

  ENDIF

（2）循环语句 WHILE，ENDW

格式：WHILE 条件表达式

  …

  ENDW

7.2.2 宏程序编程实例

【例7-6】 完成图7-6所示零件的编程，毛坯为 $\phi52$mm×140mm，椭圆部分用宏程序编写，并嵌入G71循环中（HNC-21/22T系统宏程序可以直接编入G71指令）。所用刀具为外轮廓粗车刀 T01、外轮廓精车刀 T02。参考程序如下：

%0076	程序名
T0101	换 1 号刀，建立工件坐标系，粗加工
M03 S600	主轴正转，转速为 600r/min
G00 X54 Z2	快速定位到 G71 循环起点
G71 P10 Q20 X0.3 Z0.1 F100	外径车削复合循环
N10 G00 X0	精加工开始
G01 Z0 F50	
#2 = 40	定义 Z 坐标为自变量#2，初始值为 40
WHILE #2 GE 0	设定循环条件（#2 大于或等于 0）
#3 = 20 * SQRT[40 * 40−#2 * #2]/40	
	X 坐标计算（椭圆坐标系中）
#4 = 2 * #3	将椭圆坐标系中的 X 值转换到工件坐标系 XOZ 中
#5 = #2−40	将椭圆坐标系中的 Z 值转换到工件坐标系 XOZ 中
G01 X#4 Z#5	直线插补拟合椭圆轨迹
#2 = #2−0.5	自变量递减，步长为 0.5
ENDW	循环结束
G01 Z−50	其他轮廓开始
X50	
Z−65	
G02 X50 Z−90 R18.1	
N20 G01 Z−100	精加工结束
X54	X 方向退刀
G00 X100 Z100	快速返回换刀点
M05	主轴停转
M30	程序结束并复位

【例 7-7】 完成图 7-7 所示零件的编程，毛坯为 φ30mm×80mm 棒料。抛物线部分用宏程序编写，并嵌入 G71 循环中。所用刀具为 90°外圆粗车刀 T01、90°外圆精车刀 T02。参考程序如下：

%0077	程序名
T0101	换 1 号刀，建立工件坐标系，粗加工
M03 S600	主轴正转，转速为 600r/min
G00 X32 Z2	快速定位到 G71 循环起点
G71 U1.5 R1 P10 Q20 X0.3 Z0.1 F100	
	外径车削复合循环
N10 G00 X0 S1000	精加工开始
G01 Z0 F50	
#10 = 0	定义 X 坐标为自变量#10，初始值为 0
WHILE #10 LE 10	设定循环条件（#10 小于或等于 10）

G01 X [2*#10] Z [-#11]	直线插补拟合抛物线轨迹
#10=#10+0.5	自变量递增，步长为 0.5
#11=#10*#10/4	Z 坐标计算（抛物线坐标系）
ENDW	循环结束
Z-30	其他轮廓开始
X28 Z-40	
N20 Z-50	精加工结束
X32	退刀
G00 X100 Z100	快速返回换刀点
M05	主轴停转
M30	程序结束并复位

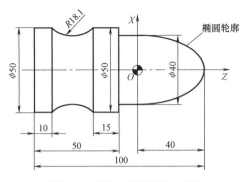

图 7-6 椭圆宏程序编制实例

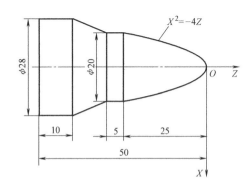

图 7-7 抛物线宏程序编制实例

思考与训练

7-1 什么是宏程序？宏程序有哪些特点？

7-2 FNAUC 0i 系统的局部变量和公共变量有何区别？

7-3 FNAUC 0i 系统和 HNC-21/22T 系统的 WHILE 循环有何异同？

7-4 什么叫赋值？请举例说明。

7-5 完成图 7-8、图 7-9 所示椭圆轮廓的精加工编程。

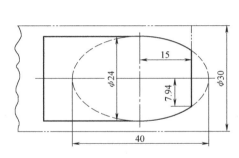

图 7-8 宏程序编程训练 1

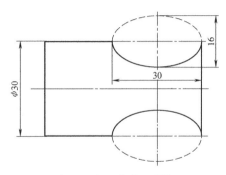

图 7-9 宏程序编程训练 2

7-6 完成图 7-10、图 7-11 所示零件椭圆轮廓的粗、精加工编程，粗加工用 G71 指令，毛坯分别为 $\phi35mm\times68mm$ 和 $\phi52mm\times90mm$。

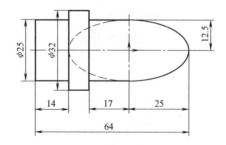

图 7-10 宏程序编程训练 3

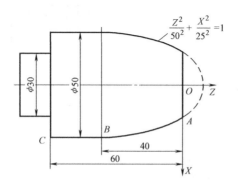

图 7-11 宏程序编程训练 4

7-7 完成图 7-12、图 7-13 所示零件的车削编程，毛坯分别为 $\phi60mm\times115mm$ 和 $\phi50mm\times105mm$。椭圆部分用宏程序编写，并嵌入 G71 指令中。选择合适的刀具及切削参数。

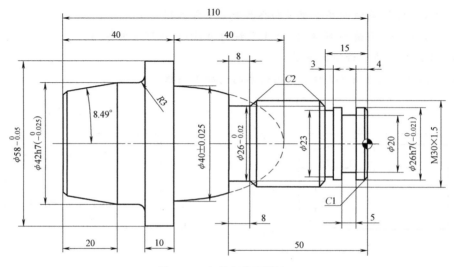

图 7-12 宏程序编程训练 5

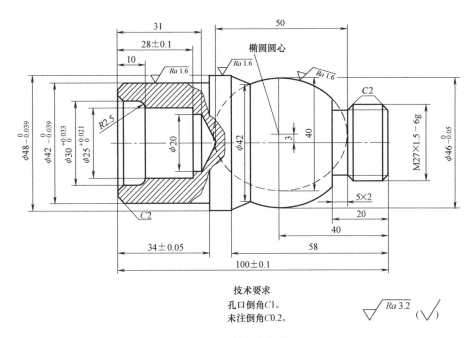

技术要求
孔口倒角C1。
未注倒角C0.2。

图 7-13　宏程序编程训练 6

第8章

数控铣床的简化编程指令及宏程序

> **知识提要：** 本章主要介绍数控铣床的简化编程指令及宏程序。主要内容包括镜像指令、缩放指令、旋转指令等的编程格式及编程实例，以及宏程序编程实例等。为了满足不同学习者的需要，主要以 FANUC 0i 系统为例来介绍，同时也介绍了 HNC-21 系统的简化编程指令及宏程序。
>
> **学习目标：** 通过学习本章内容，学习者应对数控铣床的简化编程及宏程序功能有全面的认识，系统掌握数控铣床的简化编程及宏程序编制方法，能够编写椭圆、抛物线等非圆曲线及空间倒角、空间倒圆、球面的加工程序。注意不同系统的编程差异，应掌握其编程特点及要点。

8.1　FANUC 0i 系统的简化编程指令及宏程序

8.1.1　简化编程指令

1. 镜像指令

镜像指令可以实现坐标轴的对称加工。

指令格式：G17/G18/G19 G51.1 X __ Y __ Z __；

　　　　　　M98 P __；

　　　　　　G50.1；

指令说明：G51.1 为建立镜像功能，G50.1 为取消镜像功能。G17、G18、G19 指令选择镜像平面，X、Y、Z 指定镜像的对称轴或中心，立式数控铣床通常是在 XY 平面上镜像，所以 G17 和程序字 Z 均可省略。P 指定镜像加工所调用的子程序号。

注意：①使用镜像功能后，G02 指令和 G03 指令，G42 指令和 G41 指令互换。②在可编程镜像方式中，与返回参考点指令和改变坐标系指令（G54~G59）等有关的代码不允许指定。

如图 8-1 所示，①为原刀路径，执行"G51.1 X50"后，以 $X=50$ 为对称轴镜像加工，得到路径②；执行"G51.1 Y50"后，以 $Y=50$ 为对称轴镜像加工，得到路径④；执行"G51.1 X50 Y50"，以点（50，50）为对称中心镜像加工，得到路径③。

【例 8-1】　使用镜像功能编制图 8-2 所示轮廓的加工程序，编程坐标系如图所示，切削深度为 5mm。刀具为 ϕ10mm 的三刃高速钢立铣刀。参考程序如下：

O0081；　　　　　　　　　　　　　主程序

G54 G90 G00 X0 Y0 Z100.；　　　　　调用 G54 坐标系，绝对坐标编程，刀具快速定位到起点

M03 S800；	主轴正转，转速为800r/min
Z5.；	刀具快速接近工件
M98 P1000；	加工件①
G51.1 X0；	Y轴镜像，镜像位置为 $X=0$
M98 P1000；	加工件②
G51.1 X0 Y0；	原点镜像，镜像位置为（0，0）
M98 P1000；	加工件③
G50.1 X0；	取消Y轴镜像
G51.1 Y0；	X轴镜像，镜像位置为 $Y=0$
M98 P1000；	加工④
G50.1 Y0；	取消X轴镜像
G00 Z100.；	快速抬刀
M05；	主轴停转
M30；	主程序结束并复位
O1000；	子程序
G41 G00 X10. Y4. D01；	快速定位，建立刀具半径补偿
G01 Z-5. F100；	下刀
Y25.；	
X20.；	
G03 X30. Y15. R10.；	
G01 Y10.；	
X4.；	
G00 Z5.	
G40 X0 Y0；	取消刀具半径补偿
M99；	子程序结束

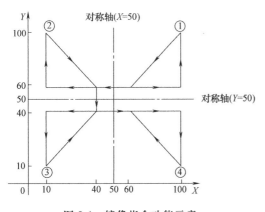

图8-1　镜像指令功能示意

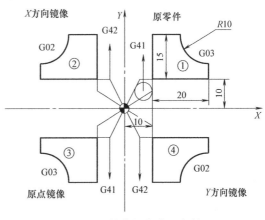

图8-2　镜像指令编程实例

2. 比例缩放指令 G50、G51

（1）各轴以相同的比例放大或缩小

指令格式：G51 X ＿ Y ＿ Z ＿ P ＿；

　　　　　M98 P ＿；

　　　　　G50；

指令说明：G51 为比例缩放功能生效，G50 为取消比例缩放。X、Y、Z 指定缩放中心，G51 后的 P 指定缩放比例系数，最小输入量为 0.001，比例系数范围为 0.001～999.999。如果比例系数 P 未在程序段中指定，则使用参数 No.5411 设定的比例。如果在 G51 编程格式中省略 X、Y 和 Z，则刀具当前位置为缩放中心。M98 后的 P 指定缩放加工所调用的子程序号。

如图 8-3 所示，以 P_0 为缩放中心，将矩形 $P_1P_2P_3P_4$ 沿 X 轴、Y 轴以相同比例缩小一半（比例系数为 0.5），得到矩形 $P_1'P_2'P_3'P_4'$。

（2）各轴以不同的比例放大或缩小

指令格式：G51 X ＿ Y ＿ Z ＿ I ＿ J ＿ K ＿；

　　　　　M98 P ＿；

　　　　　G50；

指令说明：I、J、K 分别为 X 轴、Y 轴、Z 轴对应的缩放比例系数，在 ±0.001～±9.999 范围内。FANUC 0i 系统中设定 I、J、K 不能带小数点，比例为 1 时，应输入 1000，并在程序中都应输入，不能省略。

如图 8-4 所示，以点 O 为缩放中心，X 轴、Y 轴的缩放比例系数分别为 b/a、d/c。

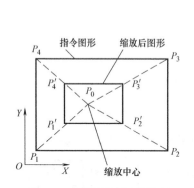

图 8-3　各轴以相同比例缩放

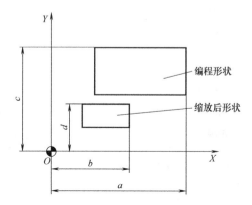

图 8-4　各轴以不同比例缩放

注意：①G51 指令需在单独程序段指定，比例缩放之后必须用 G50 指令取消。②在使用 G51 指令时，当不指定 P 而是用参数设定缩放比例系数时，其他任何指令不能改变这个值。③比例缩放对刀具偏置值无效。

【例 8-2】　如图 8-5 所示零件，材料为铝合金，零件已经过粗加工。刀具为 ϕ10mm 的三刃高速钢立铣刀，主轴转速为 800r/min，进给速度为 100mm/min，刀具长度补偿值为 H01＝3mm，刀具沿顺时针方向路线进给。编制两个三角形凸台的加工程序。

分析：中间层三角形凸台尺寸是顶层三角形凸台的 2 倍，因此，本例先编制顶层三角形凸台的加工程序，在加工中间层三角形凸台时用顶层三角形凸台的加工程序放大 2 倍。

设工件坐标系原点在工件中心，起刀点坐标为（70，-40），加工顶层三角形凸台的走刀路线为 A→B→C→D→B→A，加工中间层三角形凸台的走刀路线为 A→E→F→G→E→A，

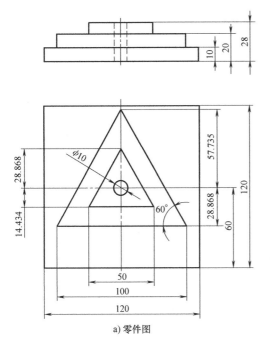
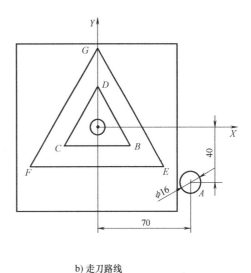

a) 零件图　　　　　　　　　　　　　　　b) 走刀路线

图 8-5　缩放指令编程实例

B、C、D 三点的坐标分别为 B（25，-14.434）、C（-25，-14.434）、D（0，28.868）。

参考程序如下：

O0082；	主程序
N10 G90 G40 G49；	初始化
N11 G00 G54 X70. Y-40. ；	调用 G54 坐标系，快速移动到起刀点
N12 G91 G28 Z0；	Z 轴返回参考点
N13 T01 M06；	换 1 号刀
N14 M03 S800；	主轴正转，转速为 800r/min
N15 G43 H01 G00 Z5. ；	快速接近至 Z5 处，建立刀具长度补偿
N16 Z-8. M08；	下刀，开切削液
N17 M98 P1000；	调用小三角形凸台子程序
N18 G00 Z-18. ；	下刀，准备切下一层三角形凸台
N19 G51 X0 Y0 P2	利用缩放功能放大 2 倍
N20 M98 P1000；	调用小三角形凸台子程序
N21 G50；	取消缩放
N22 G00 Z100. ；	抬刀
N23 M09 M30；	主程序结束，关切消液，停主轴
O1000；	子程序
N11 G41 G01 X25. Y-14. 434 F100. ；	左刀补，$A{\rightarrow}B$
N12 X-25. ；	$B{\rightarrow}C$
N13 X0 Y28. 868；	$C{\rightarrow}D$

N14 X25. Y-14.434; $D \rightarrow B$

N15 G40 G00 X70. Y-40. ; $B \rightarrow A$，取消刀补

N16 M99;   子程序结束，返回主程序

3. 旋转指令

旋转指令的功能是把编程位置（轮廓）旋转某一角度。具体功能为：①可以将编程形状旋转某一指定的角度。②如果工件的形状由许多相同的轮廓单元组成，且分布在由单元图形旋转便可达到的位置上，则可将轮廓单元编成子程序，然后用主程序通过旋转指令旋转轮廓单元，从而得到工件整体形状。

指令格式：G17/G18/G19 G68 X __ Y __ Z __ R __ ;

　　　　　　M98 P __ ;

　　　　　　G69；

指令说明：G68 为建立坐标系旋转，G69 为取消坐标系旋转。G17、G18、G19 选择旋转平面。X、Y、Z 指定旋转中心，立式数控铣床通常是在 X、Y 平面上旋转，所以 G17 和程序字 Z 均可省略。R 指定旋转角度，以度（°）为单位，一般逆时针方向旋转角度为正。P 指定旋转加工所调用的子程序号。

注意：①坐标系旋转 G 指令（G68）的程序段之前要指定平面选择指令（G17、G18 或 G19），平面选择指令不能在坐标系旋转指令中指定。②当指令字 X、Y 省略时，G68 指令认为当前的刀具位置即为旋转中心。③若程序中未编 R 值，则参数 No.5410 中的值被认为是旋转角度值。④取消坐标系旋转 G 指令（G69）可以指定在其他指令的程序段中。

【例 8-3】　图 8-6 中有四个形状完全相同的槽，用坐标系旋转指令完成程序编制。*XY* 平面的编程原点在工件中心，*Z* 轴原点在工件上表面，刀具为 $\phi20$mm 的键槽铣刀，刀具长度补偿值为 H01 = -3mm。参考程序如下：

O0083；

G54 G90 G00 X0 Y0 Z100. ;   调用 G54 坐标系，绝对坐标编程，刀具快速定位到起点

M03 S800；   主轴正转，转速为 800r/min

G43 H01 Z10. ;   快速接近至 Z10 处，建立刀具长度补偿

X20. Y20. ;   快速定位至（X20，Y20）处

M98 P1000；   加工右上角轮廓

G00 X-20. Y20. ;   快速定位至（X-20，Y20）处

G68 X0 Y0 R90；   以坐标原点为旋转中心，旋转 90°

M98 P1000；   加工左上角轮廓

G69；   取消旋转

G00 X-20. Y-20. ;   快速定位至（X-20，Y-20）处

G68 X0 Y0 R180. ;   以坐标原点为旋转中心，旋转 180°

M98 P1000；   加工左下角轮廓

G69；   取消旋转

G00 X20. Y-20. ;   快速定位至（X20，Y-20）处

G68 X0 Y0 R270；   以坐标原点为旋转中心，旋转 270°

M98 P1000；	加工右下角轮廓
G69；	取消旋转
G49 G00 Z100.；	快速抬刀，取消刀具长度补偿
M05；	主轴停转
M30；	主程序结束并复位
O1000；	子程序
G01 Z-5. F60；	下刀至 Z-5 处
G91 G01 X14.14. Y14.14 F100；	X 向、Y 向分别增量移动 14.14mm
G90 G01 Z5.；	抬刀至 Z5 处
M99；	子程序结束

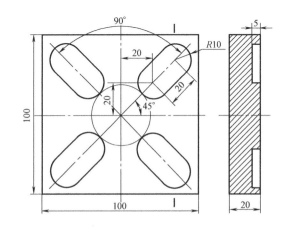

图 8-6　旋转编程实例

8.1.2　宏程序

宏程序的基本知识已在车削编程部分讲述，这里不再赘述，只举具体实例。

球面加工的编程思想是以若干个不等半径的整圆代替曲面。

【例 8-4】　用平底立铣刀加工凸半球。已知凸半球的半径为 R，刀具半径为 r，建立图 8-7 所示几何模型，数学变量表达式为：

$#1 = \theta = 0$（$0° \sim 90°$，设定初始值 $#1 = 0$）

$#2 = x = R * SIN[#1] + r$（刀具中心坐标）

$#3 = z = R - R * COS[#1]$

编程时以圆球的顶面为 Z 向 0 平面，参考程序如下：

O0084；	程序名
M03 S800；	主轴正转，转速为 800r/min
G90 G54 G00 X0 Y0 Z100.；	绝对坐标编程，调用 G54 坐标系，刀具快速定位到起点
G00 Z3.；	Z 向快速下刀
#1 = 0；	定义角度变量 #1，初值为 0°
WHILE[#1LE90]DO1；	设定循环条件

#2＝R＊SIN［#1］+r;	刀具动点的 X 坐标值（几何坐标系中）
#3＝R-R＊COS［#1］;	刀具动点的 Z 坐标值（几何坐标系中）
G01 X#2 Y0 F100;	随着角度变化，刀具在 XY 平面上不断偏移
G01 Z-#3 F60;	刀具在 Z 方向不断下刀
G02 X#2 Y0 I-#2 J0 F100;	XY 平面上圆弧插补
#1＝#1+1;	角度变量递增
END1;	循环结束
G00 Z100.;	快速抬刀
M05;	主轴停转
M30;	程序结束并复位

注意：当加工的球面为非半球面时，可以通过调整#1，也就是 θ 角变化范围来改变程序。

【**例8-5**】 用球头铣刀加工凸半球。已知凸半球的半径为 R，刀具半径为 r，建立图8-8所示几何模型，设定变量表达式为：

#1＝θ＝0（0°~90°，设定初始值#1＝0）

#2＝x＝［R+r］＊SIN［#1］（刀具中心坐标）

#3＝z＝R-［R+r］＊COS［#1］+r＝［R+r］＊［1-COS［#1］］

编程时以圆球的顶面为 Z 向0平面，参考程序如下：

O 0085;	程序名
M03 S800;	主轴正转，转速为 800r/min
G90 G54 G00 X0 Y0 Z100.;	绝对坐标编程，调用 G54 坐标系，刀具快速定位到起点
Z3.;	Z 向快速下刀
#1＝0;	定义角度变量#1，初值为0°
WHILE［#1LE90］DO1;	设定循环条件
#2＝［R+r］＊SIN［#1］;	刀具动点的 X 坐标值（几何坐标系中）
#3＝［R+r］＊［1-COS［#1］］;	刀具动点的 Z 坐标值（几何坐标系中）
G01 X#2 Y0 F100;	随着角度变化，刀具在 XY 平面上不断偏移
G01 Z-#3 F60;	刀具在 Z 方向不断下刀
G02 X#2 Y0 I-#2 J0 F100;	XY 平面上圆弧插补
#1＝#1+1;	角度变量递增
END1;	循环结束
G00 Z100.;	快速抬刀
M05;	主轴停转
M30;	程序结束并复位

【**例8-6**】 用球头铣刀加工凹半球。已知凹半球的半径 R，刀具半径 r，建立图8-9所示几何模型，设定变量表达式为：

#1＝θ＝0（0°~90°，设定初始值#1＝0）

#2＝x＝［R-r］＊COS［#1］（刀具中心坐标）

#3＝z＝［R-r］＊SIN［#1］+r

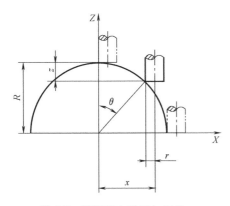

图 8-7 用平底立铣刀加工凸
半球面程序编制实例

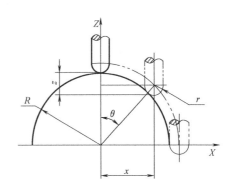

图 8-8 用球头铣刀加工凸半
球面程序编制实例

编程时以圆球的顶面为 Z 向 0 平面，参考程序如下：

O0086；	程序名
M03 S800；	主轴正转，转速为 800r/min
G90 G54 G00 X0 Y0 Z100.；	绝对坐标编程，调用 G54 坐标系，刀具快速定位到起点
G00 Z3.；	Z 向快速下刀
#1＝0；	定义角度变量#1，初值为 0°
WHILE［#1LE90］DO1；	设定循环条件
#2＝［R-r］＊COS［#1］；	刀具动点的 X 坐标值（几何坐标系中）
#3＝［R-r］＊SIN［#1］+r；	刀具动点的 Z 坐标值（几何坐标系中）
G01 X#2 Y0 F100；	随着角度变化，刀具在 XY 平面上不断偏移
G01 Z-#3 F60；	刀具在 Z 方向不断下刀
G03 X#2 Y0 I-#2 J0 F100；	XY 平面上圆弧插补
#1＝#1+1；	角度变量递增
END1；	循环结束
G00 Z100.；	快速抬刀
M05；	主轴停转
M30；	程序结束并复位

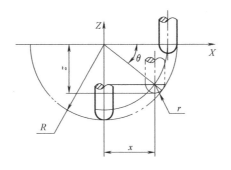

图 8-9 用球头铣刀加工凹半球面程序编制实例

注意：当加工凸半球或凹半球的一部分时，可以通过改变#1即 θ 角来实现。如果凹半球底部不加工可以利用平头铣刀加工，方法相似。

为了避免重复，孔口倒角和倒圆的宏程序编制在8.2.2中讲述。

8.2 华中系统的简化编程指令及宏程序

8.2.1 简化编程指令

1. 子程序调用指令 M98 及从子程序返回指令 M99

M98 指令用来调用子程序；M99 指令表示子程序结束，执行该指令，使控制返回到主程序。

（1）子程序的结构

%××××

…

M99

在子程序开头必须规定子程序号，以作为调用入口地址；在子程序的结尾用 M99 指令，以控制执行完该子程序后返回主程序。

（2）调用子程序的格式

指令格式：M98 P __ L __

指令说明：P 指定被调用的子程序号；L 指定重复调用次数。

2. 镜像指令 G24、G25

当零件（或其某部分）具有相对于某一轴对称的形状时，可以利用镜像功能和子程序的方法，简化编程。镜像指令能将数控加工刀具轨迹沿某坐标轴做镜像变换而形成对称零件的刀具轨迹。对称轴可以是 X 轴、Y 轴，也可以是对称中心（即原点对称）。

指令格式：G24 X __ Y __ Z __

　　　　　　M98 P __

　　　　　　G25 X __ Y __ Z __

指令说明：G24 指令用于建立镜像，由指令坐标轴后的坐标值指定镜像位置；G25 指令用于取消镜像；G24、G25 指令为模态指令，可相互注销，G25 指令为默认值。

注意：有刀补时，先镜像，然后进行刀具长度补偿、半径补偿。当某一轴的镜像有效时，该轴执行与编程方向相反的运动。

【例8-7】　使用镜像功能编制图8-10所示轮廓的加工程序，设刀具起点距工件上表面100mm，切削深度为5mm。使用刀具半径补偿和长度补偿，补偿号分别为 D01 和 H01。参考程序如下：

%0087	主程序
N01 G54 G00 X0 Y0 Z100	调用 G54 坐标系，刀具快速定位到起点
N02 G91 M03 S800	增量坐标编程，主轴正转，转速为 800r/min
N03 M98 P1000	加工件①
N04 G24 X0	Y 轴镜像，镜像位置为 $X=0$

N05 M98 P1000	加工件②
N06 G25 X0	取消 Y 轴镜像
N07 G24 X0 Y0	原点镜像，镜像位置为（0，0）
N08 M98 P1000	加工件③
N09 G25 X0 Y0	取消原点镜像
N10 G24 Y0	X 轴镜像，镜像位置为 Y=0
N11 M98 P1000	加工件④
N12 G25 Y0	取消 X 轴镜像
N13 M05	主轴停转
N14 M30	主程序结束并复位
%1000	子程序（件①的加工程序）
N100 G41 G00 X10 Y6 D01	快速定位，建立刀具半径补偿
N120 G43 Z-98 H01	快速下刀，建立刀具长度补偿
N130 G01 Z-7 F100	
N140 Y24	
N150 X10	
N160 G03 X10 Y-10 I10 J0	
N170 G01 Y-10	
N180 X-24	
N190 G49 G00 Z105	快速抬刀，取消刀具长度补偿
N200 G40 X-5 Y-10	快速返回坐标原点，取消刀具半径补偿
N210 M99	子程序结束

3. 缩放指令 G50、G51

使用 G51 指令可用一个程序加工出形状相同、尺寸不同的零件。

指令格式：G51 X ＿ Y ＿ Z ＿ P ＿

　　　　　M98 P ＿

　　　　　G50

指令说明：G51 指令中的 X、Y、Z 给出缩放中心的坐标值，P 后跟缩放比例系数。G51 指令既可指定平面缩放，也可指定空间缩放。用 G51 指令指定缩放开，G50 指令指定缩放关。有刀补时，先缩放，然后进行刀具长度补偿和半径补偿。

在 G51 指令后，运动指令的坐标值以（X，Y，Z）为缩放中心，按 P 规定的缩放比例系数进行计算。G51、G50 指令为模态指令，可相互注销，G50 指令为默认值。

【例 8-8】　使用缩放功能编制图 8-11 所示轮廓的加工程序，已知三角形 ABC 的顶点坐标为 A（10，30）、B（90，30）、C（50，110），三角形 $A'B'C'$ 是缩放后的图形，其中缩放中心为 D（50，50），缩放比例系数为 0.5，编程坐标系如图 8-11 所示。使用刀具半径补偿，补偿号为 D01。参考程序如下：

%0088	主程序
G90 G54 G00 X0 Y0 Z100	绝对坐标编程，调用 G54 坐标系，刀具快速定位到起点
M03 S800	主轴正转，转速为 800r/min

G00 X50 Y50 Z14	快速定位到缩放中心 D 点，距工件上表面 4mm 处
#51 = 14	第一次变量赋值
M98 P1000	加工三角形 ABC
#51 = 8	第二次变量赋值
G51 X50 Y50 P0.5	缩放中心坐标为（50，50），缩放比例系数为 0.5
M98 P1000	加工三角形 A'B'C'
G50	取消缩放
G00 Z100	快速抬刀
M05	主轴停转
M30	主程序结束并复位
%1000	子程序（三角形 ABC 的加工程序）
N10 G42 G00 X10 Y30 D01	快速定位到 A 点，建立刀具半径补偿
N11 G91 Z [−#51]	增量下刀
N12 G90 G01 X90 F100	
N13 X50 Y110	
N14 X10 Y30	
N15 G91 Z [#51]	增量提刀
N16 G90 G40 G00 X50 Y50	快速返回缩放中心 D 点，取消刀具半径补偿
N17 M99	子程序结束

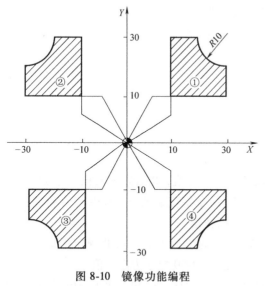

图 8-10　镜像功能编程

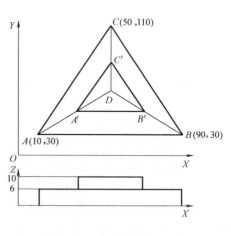

图 8-11　缩放功能编程

4. 旋转变换指令 G68、G69

旋转变换指令可使编程图形按照指定旋转中心及旋转方向旋转一定角度，通常和子程序一起使用，加工旋转到一定位置的重复程序段。

指令格式：G68 X＿ Y＿/X＿ Z＿/Y＿ Z＿ P＿

　　　　　　M98 P＿

　　　　　　G69

指令说明：X、Y，X、Z 或 Y、Z 是由 G17、G18 或 G19 定义的旋转中心，P 为旋转角度，单位是度（°），0 ≤ P ≤ 360°。G68 为坐标旋转功能，G69 为取消坐标旋转功能。G68 指令、G69 指令为模态指令，可相互注销，G69 指令为默认值。

注意：在有刀具补偿的情况下，先进行坐标系旋转，然后才进行刀具半径补偿和长度补偿。在有缩放功能的情况下，先缩放后旋转。

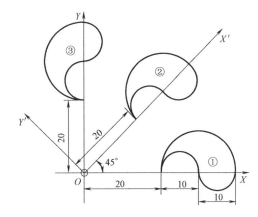

图 8-12 旋转功能编程

【例 8-9】 使用旋转功能编制图 8-12 所示轮廓的加工程序，设刀具起点距工件上表面 50mm，切削深度为 5mm，使用刀具半径补偿和长度补偿，补偿号分别为 D02 和 H02。参考程序如下：

%0089	
N05 G54 G00 X0 Y0 Z100	绝对坐标编程，调用 G54 坐标系，刀具快速定位到起点
N10 M03 S800	主轴正转，转速为 800r/min
N15 G43 Z-5 H02	快速下刀，建立刀具长度补偿
N20 M98 P1000	加工轮廓①
N25 G68 X0 Y0 P45	旋转 45°
N30 M98 P1000	加工轮廓②
N35 G69	取消旋转
N40 G68 X0 Y0 P90	旋转 90°
N45 M98 P1000	加工轮廓③
N50 G69	取消旋转
N55 G49 G00 Z100	快速抬刀，取消刀具长度补偿
N60 M05	主轴停转
N65 M30	主程序结束并复位
%1000	子程序（轮廓①的加工程序）
N10 G41 G00 X20 Y-5 D02	快速定位，建立刀具半径补偿
N11 G01 Y0 F100	
N12 G02 X40 I10	
N13 X30 I-5	
N14 G03 X20 I-5	
N15 G00 Y-6	
N16 G40 X0 Y0	取消刀具半径补偿
N17 M99	子程序结束

8.2.2 宏程序

华中系统宏程序的有关内容已在 7.2.1 介绍，这里只举例说明 HNC-21/22M 系统如何使用宏程序编程。

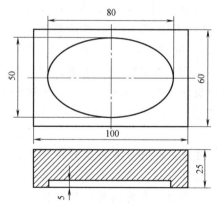

【例 8-10】 椭圆的宏程序编制：如图 8-13所示，毛坯尺寸为 100mm×60mm×25mm，加工椭圆型腔，其长半轴为 40mm，短半轴为 25mm，编制其粗、精加工程序。刀具为 φ10mm 的带中心刃立铣刀，编程原点在工件上表面中心。参考程序如下：

图 8-13 椭圆型腔程序编制实例

%0810	主程序
G90 G54 G00 X0 Y0 Z100	绝对坐标编程，调用 G54 坐标系，刀具快速定位到起点
M03 S800	主轴正转，转速为 800r/min
G00 Z10	刀具快速接近工件
G01 Z-5 F60	下刀
D01 M98 P1000	第一次刀补去余量（D01＝23）
D02 M98 P1000	第二次刀补去余量（D02＝14）
D03 M98 P1000	第三次刀补去余量（D03＝6）
D04 M98 P1000	第四次刀补（D04＝5），精加工
G00 Z100	快速抬刀
X0 Y0	XY 平面返回编程原点
M05	主轴停转
M30	主程序结束并复位
%1000	子程序
G41 G01 X40 Y0	建立刀具半径补偿
#1＝0	定义椭圆离心角 θ 为自变量，赋初值为 0°
WHILE #1LE360	设置循环条件
G01 X[#3] Y[#4] F100	直线插补，逼近椭圆
#3＝40＊COS[#1＊PI/180]	刀具动点的 X 坐标（华中系统需要转换为弧度，下同）
#4＝20＊SIN[#1＊PI/180]	刀具动点的 Y 坐标
#1＝#1+1	自变量递增
ENDW	循环结束
G40 G01 X0	
M99	子程序结束

【例 8-11】 用平底立铣刀倒孔口凸圆角：已知孔口直径为 φ，孔口圆角半径为 R，平底立铣刀半径为 r。建立图 8-14 所示的几何模型，设定变量表达式为：

$#1＝θ＝0$（θ＝0°～90°，设定初始值 #1＝0）

$#2＝x＝φ/2+R-r-R＊SIN[#1＊PI/180]$

$#3＝z＝R-R＊COS[#1＊PI/180]$

编程时以工件上表面为 Z 向 0 平面，参考程序如下：

%0811	程序名
G90 G54 G00 X0 Y0 Z100	绝对坐标编程，调用 G54 坐标系，刀具快速定位到起点
M03 S800	主轴正转，转速为 800r/min
G00 Z3	Z 向快速下刀
#1=0	定义角度变量#1，赋初值为 0°
WHILE #1LE90	设定循环条件
#2=ϕ/2+R-r-R*SIN[#1*PI/180]	
	刀具动点的 X 坐标值（几何坐标系中）
#3=R-R*COS[#1*PI/180]	刀具动点的 Z 坐标值（几何坐标系中）
G01 X#2 Y0 F100	随着角度变化，刀具在 XY 平面上不断偏移
G01 Z-#3 F60	刀具在 Z 方向不断下刀
G03 X#2 Y0 I-#2 J0 F100	XY 平面上圆弧插补
#1=#1+1	角度变量递增
ENDW	循环结束
G00 Z100	快速抬刀
M05	主轴停转
M30	程序结束并复位

【例 8-12】 用平底立铣刀加工孔口凹圆角：已知孔口直径为 ϕ，孔口圆角半径为 R，平底立铣刀半径为 r，建立图 8-15 所示的几何模型，设定变量表达式为

#1=θ=0 （θ=0°~90°，设定初始值#1=0）

#2=x=ϕ/2+R*COS[#1*PI/180]-r

#3=z=R*SIN[#1*PI/180]

编程时以工件上表面为 Z 向 0 平面，参考程序如下：

%0812	程序名
G90 G54 G00 X0 Y0 Z100	绝对坐标编程，调用 G54 坐标系，刀具快速定位到起点
M03 S800	主轴正转，转速为 800r/min
G00 Z3	Z 向快速下刀
#1=0	定义角度变量#1，初值为 0°
WHILE #1LE90	设定循环条件
#2=ϕ/2+R*COS[#1*PI/180]-r	刀具动点的 X 坐标值（几何坐标系中）
#3=R*SIN[#1*PI/180]	刀具动点的 Z 坐标值（几何坐标系中）
G01 X#2 Y0 F100	随着角度变化，刀具在 XY 平面上不断偏移
G01 Z-#3 F60	刀具在 Z 方向不断下刀
G03 X#2 Y0 I-#2 J0 F100	XY 平面上圆弧插补
#1=#1+1	角度变量递增
ENDW	循环结束
G00 Z100	快速抬刀
M05	主轴停转
M30	程序结束并复位

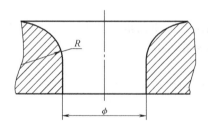

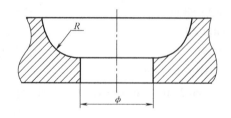

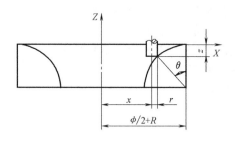

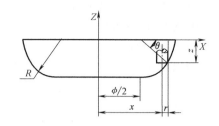

图 8-14　用平底立铣刀倒孔口凸圆角　　　　　图 8-15　用平底立铣刀加工孔口凹圆角

【例 8-13】　用球头铣刀倒孔口凸圆角：已知孔口直径为 ϕ，孔口圆角半径为 R，球头铣刀半径为 r，建立图 8-16 所示的几何模型，设定变量表达式为：

$\#1 = \theta = 0$（$\theta = 0° \sim 90°$，设定初始值 $\#1 = 0$）

$\#2 = x = \phi/2 + R - [R+r] * SIN[\#1 * PI/180]$

$\#3 = z = R - [R+r] * COS[\#1 * PI/180] + r$
$= [R+r] * [1 - COS[\#1 * PI/180]]$

编程时以工件上表面为 Z 向 0 平面，参考程序如下：

%0813	程序名
G54 G00 X0 Y0 Z100	调用 G54 坐标系，刀具快速定位到起点
M03 S800	主轴正转，转速为 800r/min
G00 Z3	Z 向快速下刀
#1 = 0	定义角度变量#1，赋初值为 0°
WHILE #1LE90	设定循环条件
#2 = $\phi/2$ +R-[R+r] * SIN[#1 * PI/180]	刀具动点的 X 坐标值（几何坐标系中）
#3 = [R+r] * [1-COS[#1 * PI/180]]	刀具动点的 Z 坐标值（几何坐标系中）
G01 X#2 Y0 F100	随着角度变化，刀具在 XY 平面上不断偏移
G01 Z-#3 F60	刀具在 Z 方向不断下刀
G03 X#2 Y0 I-#2 J0 F100	XY 平面上圆弧插补
#1 = #1+1	角度变量递增
ENDW	循环结束
G00 Z100	快速抬刀
M05	主轴停转

M30 程序结束并复位

【例8-14】 用平底立铣刀倒孔口斜角：已知内孔直径为 ϕ，倒角角度为 θ，倒角深度为 z_1，平底立铣刀半径为 r，建立图8-17所示几何模型，设定变量表达式为：

$\#1 = z = 0$（z 从 0 变化到 z_1，设定初始值 $\#1 = 0$）

$\#2 = x = \phi/2 + z_1 * \mathrm{COT}[\theta] - \#1 * \mathrm{COT}[\theta] - r$

$\#3 = z = \#1$

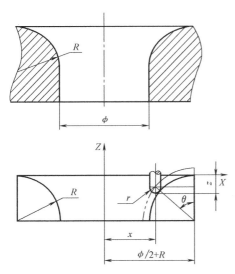

图8-16 用球头铣刀倒孔口凸圆角

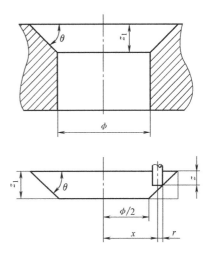

图8-17 用平底立铣刀倒孔口斜角

编程时以工件上表面为 Z 向 0 平面，参考程序如下：

%0814	程序名
G54 G00 X0 Y0 Z100	调用 G54 坐标系，刀具快速定位到起点
M03 S800	主轴正转，转速为 800r/min
G00 Z3	Z 向快速下刀
$\#1 = 0$	定义 Z 向每次下降高度为变量 $\#1$，初值为 0
WHILE $\#1 \mathrm{LE} z_1$	设定循环条件
$\#2 = \phi/2 + z_1 * \mathrm{COT}[\theta * \mathrm{PI}/180] - \#1 * \mathrm{COT}[\theta * \mathrm{PI}/180] - r$	
	刀具动点的 X 坐标值（几何坐标系中）
$\#3 = \#1$	刀具动点的 Z 坐标值（几何坐标系中）
$\#1 = \#1 + 0.5$	下降高度变量递增
G01 X$\#2$ Y0 F100	随着高度变化，刀具在 XY 平面上不断偏移
G01 Z-$\#3$ F60	刀具在 Z 方向不断下刀
G03 X$\#2$ Y0 I-$\#2$ J0 F100	XY 平面上圆弧插补
ENDW	循环结束
G00 Z100	快速抬刀
M05	主轴停转
M30	程序结束并复位

思考与训练

8-1 FNAUC 0i 系统和 HNC-21/22M 系统的镜像指令分别是什么，有何差异？

8-2 以 FNAUC 0i 系统为例，请分别写出关于 X 轴、Y 轴镜像的编程指令。

8-3 使用镜像功能时，所调用子程序中的刀具半径补偿会不会发生变化？如何变化？

8-4 请写出华中 HNC-21/22M 系统的缩放编程格式，并说明各参数的具体含义。

8-5 请写出 FNAUC 0i 系统的旋转编程格式，并说明各参数的具体含义。

8-6 使用镜像功能，完成图 8-18、图 8-19 所示零件的加工编程。

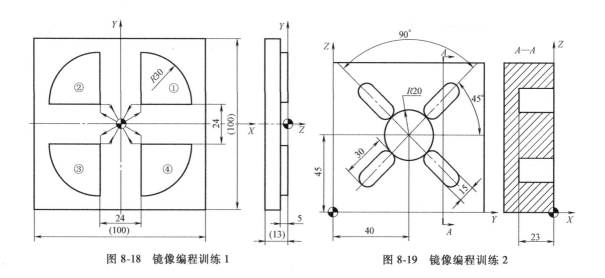

图 8-18 镜像编程训练 1   图 8-19 镜像编程训练 2

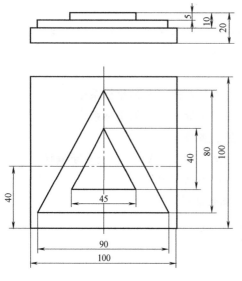

图 8-20 缩放编程训练 1

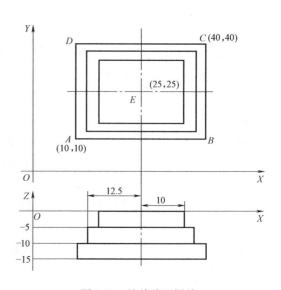

图 8-21 缩放编程训练 2

8-7 使用缩放功能，编制图 8-20 所示零件的加工程序，上面的三角形凸台可由下面的三角形凸台缩放得到，缩放中心如图所示，缩放系数为 0.5。

8-8 使用缩放功能，编制图 8-21 所示零件的加工程序，底部方台的轮廓为四边形 ABCD，上面两个方台可由底部方台缩放得到，缩放中心为 E 点，缩放系数分别为 0.83、0.67。

8-9 使用旋转功能，编制图 8-22 所示槽的加工程序。

8-10 使用宏程序功能，编制图 8-23 所示椭圆凸台的加工程序。

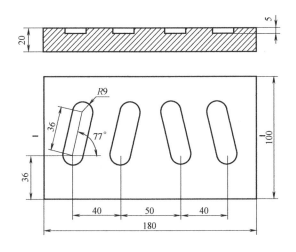

图 8-22 旋转编程训练

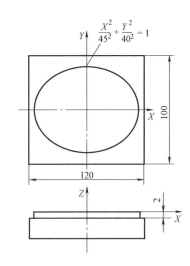

$$\frac{X^2}{45^2} + \frac{Y^2}{40^2} = 1$$

图 8-23 宏程序编程训练 1

8-11 使用宏程序功能，编制图 8-24 所示零件的倒角加工程序。

8-12 使用宏程序功能，编制图 8-25 所示零件的倒圆角加工程序。

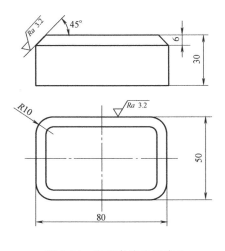

图 8-24 宏程序编程训练 2

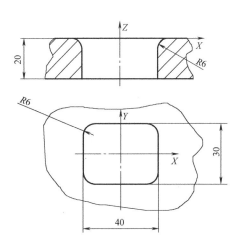

图 8-25 宏程序编程训练 3

8-13 编制图 8-26 所示零件的加工程序，其中椭圆部分使用宏程序功能编程。

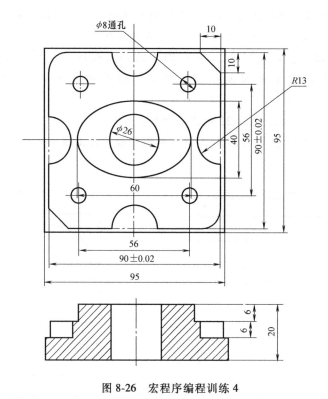

图 8-26 宏程序编程训练 4

参 考 文 献

[1] 蒙斌. 机床数控技术与系统［M］. 北京：机械工业出版社，2015.

[2] 刘力健，牟盛勇. 数控加工编程及操作［M］. 北京：清华大学出版社，2007.

[3] 周虹. 数控加工工艺设计与程序编制［M］. 2版. 北京：人民邮电出版社，2012.

[4] 王睿鹏. 数控机床编程与操作［M］. 北京：机械工业出版社，2009.

[5] 翟瑞波. 数控车床编程与操作实例［M］. 2版. 北京：机械工业出版社，2012.

[6] 夏燕兰. 数控机床编程与操作［M］. 北京：机械工业出版社，2012.

[7] 赵华，许杰明. 数控机床编程与操作模块化教程［M］. 北京：清华大学出版社，2011.

[8] 陈智刚. 数控加工综合实训教程［M］. 北京：机械工业出版社，2013.

[9] 韩鸿鸾，董先. 数控车削加工一体化教程［M］. 2版. 北京：机械工业出版社，2014.

[10] 韩鸿鸾，刘书峰. 数控铣削加工一体化教程［M］. 北京：机械工业出版社，2013.

[11] 张国峰. 数控铣床编程与操作［M］. 北京：北京邮电大学出版社，2013.

[12] 曹著明，刘京华. 组合件数控加工综合实训［M］. 北京：机械工业出版社，2013.

[13] 马金平. 数控机床编程与操作项目教程［M］. 2版. 北京：机械工业出版社，2016.

[14] 朱明松，王翔. 数控车床编程与操作项目教程［M］. 2版. 北京：机械工业出版社，2017.

[15] 周保牛. 数控编程与加工技术［M］. 2版. 北京：机械工业出版社，2014.

[16] 李东君. 数控加工技术项目教程［M］. 北京：北京大学出版社，2010.

[17] 黄华. 数控车削编程与加工技术［M］. 北京：机械工业出版社，2008.

[18] 陈洪涛. 数控加工工艺与编程［M］. 3版. 北京：高等教育出版社，2015.

[19] 晏初宏. 数控加工工艺与编程［M］. 2版. 北京：化学工业出版社，2010.

[20] 周保牛. 数控铣削与加工中心技术［M］. 北京：高等教育出版社，2007.